U0629139

21 世纪高等学校大学数学系列

大学文科高等数学

文凤春　主编

科学出版社

北　京

版权所有，侵权必究

举报电话：010-64030229；010-64034315；13501151303

内 容 简 介

本书是文科类专业大学数学教育的一本校级规划教材，是根据文科专业对数学的需求，并结合作者多年从事文科专业数学课程教学实践编写而成的.

本书主要包括一元微积分和概率统计初步两大部分内容.在一元微积分章节的编写中，采用图像、数值、符号和语言结合的方式介绍函数、极限、连续、微分和积分等数学知识；在概率统计初步中，安排了随机变量和数据整理两章内容，实例丰富、通俗易懂.每章节都配备了习题和两套总习题，以供学生课外训练和学习检测.本书还安排了7个阅读材料，供同学进一步了解课本中相关数学概念产生的背景、思想方法以及学习方法.

本书可作为文科大学生数学素质教育数学教材，也可作为学生进一步提高数学的基础教材和从事数据处理人员的参考书籍.

图书在版编目(CIP)数据

大学文科高等数学/文凤春主编.—北京：科学出版社，2013.1
(21世纪高等学校大学数学系列教材)
ISBN 978-7-03-036652-8

Ⅰ.①大…　Ⅱ.①文…　Ⅲ.①高等数学-高等学校-教材　Ⅳ.O13

中国版本图书馆 CIP 数据核字(2013)第 024074 号

责任编辑：曾　莉／责任校对：蔡　莹
责任印制：彭　超／封面设计：苏　波

科 学 出 版 社 出版

北京东黄城根北街 16 号
邮政编码：100717
http://www.sciencep.com

武汉市新华印刷有限责任公司
科学出版社发行　各地新华书店经销

*

开本：B5(720×1000)
2013 年 2 月第 一 版　　印张：15
2013 年 2 月第一次印刷　　字数：292 000

定价：**28.00元**
(如有印装质量问题，我社负责调换)

《大学文科高等数学》编委会

主　编　文凤春

副主编　龙　容　沈婧芳　陈华锋　陈海英

编　委　(以姓氏笔画为序)

马晓燕　文凤春　龙　容　李　燕

李娜娜　沈婧芳　张四兰　陈华锋

陈海英　徐艳玲

前　言

随着计算机的出现和发展,数学的研究领域、研究方法与研究手段已发生了深刻的变化,其应用范围越来越广泛,已经进入了许多以往不曾涉及的领域.原来只作定性分析的学科也开始了定量分析,如社会学、生态学、语言学、法学等."文科生与数学无关"的观念早已成为过去时.

如今,在大学里,数学不再被理工科学生独享,更多的文科生加入到这个学科中来.文科生学习高等数学不仅仅是为计算、为应用,更主要的是完善思维、培养分析与逻辑判断能力、提升数学基本素养.从 2000 年以来,我校的英语、文法、社会学等文科专业中开设了大学数学课程,在十多年的课程教学期间,我们在课程内容体系上进行了多次改革与实践,最终一致认为,一元微积分和概率统计初步作为文科高等数学的教学内容比较合理,这两部分内容的教学时数在 64 学时左右,也满足了文科专业学生对高等数学知识的基本要求.

在一元微积分中,学生将系统地学习函数、极限、连续、导数、微分、积分等数学知识.通过学习,学生的逻辑思维能力、分析问题能力能够得到训练和提高;通过学习,学生能够正确领会并掌握微积分中的数学思想和基本方法,提升自身的数学素养.在概率统计初步中,学生将学习随机变量和数据整理等数学知识,通过学习,学生能够掌握一些实用的方法和技术,为今后从事工作打下基础.

全书共 7 章,绪论、第 1 章由文凤春编写,第 2 章、第 3 章由龙容编写,第 4 章、第 5 章由沈婧芳编写,第 6 章、第 7 章由文凤春、陈华锋、陈海英编写.在本书编写前,华中农业大学理学院高等数学教学团队负责人邓小炎教授提出了许多前瞻性与指导性意见,使得本书特色明显,并在本书的编写和出版过程中给予全方位的支持.本系文科高等数学课程任课教师通过他们自己的教学体会,给我们编写文科高等数学教材提出了许多宝贵意见.本书的编写工作也得到华中农业大学教务处、理学院和华中农业大学楚天学院陈海英老师的大力支持.对于他们的支持与帮助,在此表示诚挚的谢意!

本书出版得到科学出版社的大力支持和帮助,在此也表示衷心的感谢!

本书不妥之处在所难免,敬请批评指正!

编　者

2012 年 9 月

目　录

第一篇　一元微积分

第二篇 概率统计初步

绪　论

从小学到高中,我们一直在学习数学,为什么到了大学还要学习高等数学呢?高等数学与过去学习的数学有什么不同之处呢? 文科专业的学生为什么也要学习高等数学呢? 下面我们从数学的发展历程和数学的作用来回答这几个问题,并介绍如何学好高等数学.

1. 数学的发展历程

数学是一门古老的学科,它伴随着人类文明的产生而产生,至少有四五千年的历史,它是人们在生产斗争和科学实践中逐渐形成和发展的. 数学最初的概念和原理在远古时代就萌芽了,经过四千多年世界许多民族的共同努力,才发展到今天这样内容丰富、分支众多、应用广泛的庞大系统. 目前学术界通常将从远古至今的数学发展划分为以下五个时期.

(1) 数学萌芽期(公元前 6 世纪以前).

这个时期是原始社会和奴隶社会的初期. 这个时期数学的成就以巴比伦、埃及和中国的数学为代表.

古巴比伦是位于幼发拉底河和底格里斯河两河流域的一个文明古国,相当于现在的伊拉克一带. 巴比伦王国形成于约公元前 19 世纪,从出土的古巴比伦的泥板上的楔形文字中发现,古巴比伦人具有算术和代数方面的知识,建立了六十进位制的计数系统,掌握了自然数的四则运算,广泛使用分数,能进行平方、立方和简单的开平方、开立方运算,能解特殊的几种一元一次、二元一次方程和一元二次方程,并且能够把它们应用于天文学和商业等实际问题中. 四千年前的泥板中有平方表、立方表和乘法表. 在几何方面,他们掌握了简单平面图形的面积和简单立体的体积的计算方法.

古埃及的主要数学成就记录在两卷纸草书上. 一卷藏在伦敦,叫莱因德纸草书,一卷藏在莫斯科. 莱因德纸草书的内容是从公元前 2200 年的旧纸草书转录下来的,全书分为算术、几何、杂题三章,共有题目 85 个,是当时一种实用计算手册. 古埃及人创造了一套有趣的从 1 到 1000 万的象形数字记号,有自然数和分数的算术四则运算,但分数的表示和运算方法繁杂,没有成套的运算符号. 有简单的开平方方法,能解一些一元一次方程问题,有等差、等比数列的初步知识. 代数知识和技能比古巴比伦人低,但在几何方面超过了古巴比伦人. 尼罗河定期泛滥,水退后要重新丈量土地,测地知识逐渐发展成为几何学. 莱因德纸草书上有 19 个关于土地面积和谷仓容积的问题,都给出了准确答案.古埃及人能够计算矩形、三角形和梯形的面积,有计算立方体、柱体和其他圆形体积的法则,并能把天文学知识和几何知识结合起来建造神庙和金字塔.

中国是最早使用十进位值制计数法的国家.早在三千多年前的商代中期,在甲骨文中产生了一套十进制数字和计数法,最大的数为三万.与此同时,殷人用十个天干和十二个地支组成六十甲子,用以记日、记月、记年.春秋战国之际,筹算已普遍应用,其计数法是十进位值制.数的概念从整数扩充到分数、负数,建立了数的四则运算的算术系统.几何方面,4500年前就有测量工具规、矩、准、绳,有圆、方、平、直的概念.《史记》记载,夏禹治水"左准绳,右规矩";公元前1100年左右的商高知道"勾三股四弦五"的勾股定理;春秋末战国初的墨子在《墨经》中给出了一些数学定义,包含许多算术、几何方面的知识和无穷、极限的概念.

在这个历史时期,由于生产水平很低,商品生产极其有限,社会实践对数学的要求不高.因此只是在长期实践中逐渐形成了数的概念,初步掌握了数的运算方法,积累了几何学的一些知识.但这些知识是片断的、零碎的,没有形成体系,缺少逻辑因素,没有命题的证明和演绎推理.小学数学内容就是这一时期的数学成果.

(2) 初等数学时期(公元前6世纪至公元17世纪中叶).

公元前6世纪至公元17世纪上半叶,人类处于原始社会和封建社会,对自然的认识主要限于陆地,依靠感观认识世界,所以这个时期数学研究的主要是常量和不变的图形,形成比较系统的知识体系、比较抽象的并有独立演绎体系的学科.中国古代数学名著《九章算术》和古希腊的《几何原本》是代表作.中学数学课程的主要内容基本是这一时期的数学成果.

从公元前6世纪至公元前3世纪是古希腊数学的古典时期.这段时期,古希腊形成了很多学派,广泛探讨哲学和自然科学问题,促进了数学理论的建立.数学方面主要在初等几何取得了辉煌的成就,不仅创造了逻辑推理的演绎方法,而且使几何形成系统的理论.在数的研究方面,使算术应用过渡到理论讨论,建立了整除性理论,产生了数论.数学成就的精华是欧几里得的《几何原本》和阿波罗尼奥斯的《圆锥曲线论》.古希腊数学的第二个时期(公元前3世纪至公元6世纪)的数学特点是基础研究与应用紧密结合,几何学开始了定量的研究,阿基米德求面积与体积的计算接近于微积分的计算方法.丢番图发展了古巴比伦的代数,采用了一整套符号,使代数发展到一个新阶段.托勒密等人奠定了球面三角和平面三角的基础,公元6世纪,由于外族入侵和古希腊后期数学缺少活力,古希腊数学衰落了,数学发展的中心转移到了东方的中国、印度和阿拉伯及中亚国家.

公元2世纪至公元12世纪是印度数学高潮时期,印度人大大推进了算术和代数的进展.他们最先制定了现在世界通用的印度-阿拉伯数码(0,1,2,3,…,9)及十进制计数法,正确使用了零,形成了整套计算技术,建立了使用分数、负数、无理数的代数学,给出了二次方程和不定方程的解法.

从公元 9 世纪开始,外国数学发展的中心转向了阿拉伯和中亚细亚地区.阿拉伯数学起着承前启后的作用,阿拉伯人大量搜集、翻译古希腊的著作,并把这些著作、印度数码、计数法及中国的四大发明(火药、印刷术、指南针和造纸术)传到欧洲.他们发展了代数,建立了解方程的方法,得到一元二次方程的求根公式,并把三角学发展成一门独立的、系统的学科.1427 年伊朗数学家阿尔·卡西求得圆周率的 17 位准确值.

独立发展的中国数学从公元 1 世纪至 13 世纪一直处于世界领先地位.公元 1 世纪《九章算术》的出现,标志着中国古代数学体系的形成,书中有世界最先进的分数四则运算,各种面积、体积的计算,并最早引入负数和线性方程组的解法.魏晋时的刘徽为中国古代数学体系奠定了理论基础,并创立了割圆术和重差术.南北朝的祖冲之用割圆术求得圆周率的 7 位准确值,领先世界一千多年.到宋元时期,中国古代数学取得一系列辉煌成果,秦九韶的剩余定理和高次方程的数值解法、贾宪和杨辉的二项系数表、李冶的天元术、朱世杰的四元术、朱世杰和沈括的等差级数求和都领先西方五百多年.明清以后,中国数学发展缓慢,逐渐落后西方.

中世纪(公元 5 世纪至 15 世纪)的欧洲,由于罗马和基督教的统治使欧洲数学一直处于落后状态.文艺复兴时期(公元 15 世纪至 17 世纪上半叶)欧洲数学开始繁荣,他们吸取古希腊和东方数学的精华,取得了许多重要成就.在代数方面,韦达等系统地使用符号,使代数产生巨大变革.意大利数学家得到三次、四次方程的公式解法,韦达得到根与系数之间的关系定理,笛卡儿引入待定系数原理,帕斯卡得到指数是正整数的二项式展开定理,牛顿又把指数推广到分数和实数.1654 年,巴斯加、费马得到排列组合公式.公元 17 世纪上半叶,初等代数的理论和内容全部完成了.初等代数的建立,标志着常量数学也就是初等数学时期的结束,接着是向高等数学——变量数学过渡.

这个时期是数学发展的初等数学时期,又称常量数学或有限数学时期.

(3) 变量数学时期(公元 17 世纪中叶至 19 世纪 20 年代).

1637 年,笛卡儿通过引进坐标把几何曲线表示成代数方程,然后通过方程的研究来揭示曲线的性质.他把变量、函数引进数学,把几何和代数密切地联系起来,这是数学史上的一个转折点,也是变量数学发展的第一个决定性步骤.第二个决定性步骤是牛顿和莱布尼茨在 17 世纪后半叶各自独立地建立了微积分.力学问题的研究、函数概念的产生以及几何问题用代数方法来解决等促使了微积分的产生.17 世纪还创立了概率论和射影几何等新的数学学科.17 世纪的另一特点是代数化的趋势,古希腊数学的主体是几何学,三角学从属于几何,代数问题也往往要用几何方法论证.17 世纪代数比几何占有更重要的地位,几何问题常常反过来用代数方法去解决.

　　17 世纪是变量数学的产生阶段,18 世纪是变量数学的发展阶段. 在 18 世纪,英国开始工业革命,生产力迅速提高,刺激数学向前发展. 法国和德国相继兴起的启蒙运动,反对封建制度和宗教权威,提倡民主自由,人类思想进一步解放,为数学的发展创造了良好的条件. 微积分产生若干新科目,如微分方程、变分法、级数论、函数论等,形成广阔的分析领域. 18 世纪的欧洲大陆成为分析数学的中心,出现了伯努利家族(13 位数学家)、欧拉、拉格朗日等一大批著名数学家. 18 世纪的数学有三个特征:第一是数学家从物理、力学、天文学的研究中发现并创立了许多数学新分支,如变分法、无穷级数、常微分方程、偏微分方程、微分几何和高等代数等;第二是自古以来的几何论证方法在 17 世纪被代数方法所代替,到 18 世纪又被分析方法代替了,代数也变成从属于数学分析;第三是直觉性和经验性,因为缺乏严密逻辑和理论基础,由物理见解所指引,所以是直观的,不严密的,结果出现谬误越来越多的混乱局面. 因此,19 世纪在德国数学家的倡导下,对数学进行了一场批判性的检查运动. 这场运动不仅使数学奠定了坚实的基础,而且产生了公理化方法和许多新颖学科.

　　高等数学的主要内容就是这个时期的部分成果.

　　(4) 近代数学时期(公元 19 世纪 20 年代至第二次世界大战).

　　近代数学时期是数学的全面发展和成熟阶段,数学的面貌发生了深刻的变化,数学绝大多数分支在这个时期都已形成,整个数学呈现全面繁荣的景象. 在这一时期,新思想、新概念、新方法不断涌现.

　　19 世纪是几何复兴时期,继罗巴切夫斯基几何之后,又出现了更广泛的一类非欧几何,并产生拓扑流形的概念. 克莱因提出爱尔朗根纲领,用群的观点统一了各种度量几何,在这个时期还产生了一系列新的几何分支——画法几何、射影几何、微分几何和拓扑学. 希尔伯特的《几何基础》不仅使古老的几何——欧几里得几何的基础得到完善,而且开始了数学公理化运动. 在代数方面,不仅开创了抽象代数,而且产生了以方程论为主要内容的,包括行列式与矩阵理论、二次型和线性变换在内的高等代数. 数论方面产生了解析数论,分析方面产生了微分方程、积分方程、复变函数论、实变函数论和泛函分析. 分析的严格化是从博尔扎诺和柯西开始的,他们用极限概念给出了导数和连续的定义. 1856 年魏尔斯特拉斯发展了柯西极限的概念,用 $\varepsilon-\delta$ 语言给出了函数连续性的定义,确定了一致性收敛的概念. 1872 年德国数学家戴德金、康托尔、魏尔斯特拉斯建立了实数的严格定义. 1881 年佩亚诺给出了自然数的公理化方法,为分析的算术化提供了条件. 从此,数学分析的理论有了精确和坚实的基础.

　　19 世纪末,关于数学基础的讨论形成了三大学派,以罗素为代表的逻辑主义学派、以布劳威尔为代表的直觉主义学派和以希尔伯特为代表的形式主义学派,三大学派激烈论战,对数学基础进行了深入的考察. 集合论的建立,数理逻辑、罗素悖论、哥德尔定理的出现更深化了数学基础的研究. 这个时期,不仅数学成果硕果累累,分支众多,分科越来越细,而且人才辈出. 没有哪个时期像近代数学时期那样出现这么多杰出的数学巨人,并形成许多著名的学派,如法国数学学派、哥廷根学派和后来崛起的波兰学派、彼得堡学派、莫斯科学派以及布尔巴基学派.

这些理论已进入大学高年级及研究生的学位课程中.

(5) 现代数学时期(公元 20 世纪 40 年代以来).

20 世纪的数学出现了三种新趋势:一是不同分支交错发展. 多种理论高度综合,数学逐步走向统一的趋势.1872 年德国数学家克莱因用"群"的观点统一了当时的各种度量几何,1930 年美国的基尔霍夫提出"格"的概念统一代数系统的各种理论和方法,1938 年法国布尔巴基学派提出"数学结构"的观点来统一整个数学,1948 年爱伦伯克和桑•麦克伦提出用范畴和函子理论作为统一数学的基础. 二是产生了一些边缘学科、综合性学科和交叉学科,如随机微分方程、计算物理学、生物数学、经济数学、数理语言学、计算化学等. 三是数学的形式、对象、内容和方法越来越抽象. 例如,代数由方程求解的一般研究引出群论并发展成抽象代数,使代数学转向对代数系统结构的研究;几何由于非欧几何的发现拓广了人们的空间观念,形成了对各种抽象空间的研究.

20 世纪 60 年代以后,数学界的思想异常活跃,出现了多种新思潮,如模糊数学、突变理论等. 模糊数学使数学由研究精确领域发展到研究模糊领域和模拟人脑功能的领域;突变理论使数学由研究连续变量和平滑过程发展到研究不连续(突变)过程. 这些新的数学课题在现实生活中有着重要意义.

21 世纪,科技的进步、网络的发展、生产实际的需要都将向数学提出更多、更复杂的新课题,必将产生许多更深刻的数学思想和更强有力的数学方法. 数学将探索更高、更广、更深的领域,成为分析和理解世界上各种现象的重要工具和手段.

2. 数学的作用

数学课程是一门工具课程,为工程计算提供数学方法,但数学主要是运用逻辑、思辨和推演等理性的思维方法,它也是培养理性思维的重要载体. 古希腊大哲学家柏拉图曾经创办了一所学校,学校设置的课程都是关于社会学、政治学和伦理学一类课程,所探讨的问题也都是关于社会、政治和道德方面的问题. 这类课程与论题并不需要直接以几何知识作为学习或研究的工具,但他在校门口张榜声明:不懂几何学的人不要进入他的学校就读. 由此可见,柏拉图之所以要求他的弟子先通晓几何学并不是着眼于数学的工具作用,而是立足于数学的思维品格. 他充分认识到数学思维能力的训练对于陶冶一个人的情操、锻炼一个人的思维能力、直到提升一个人的综合素质,都有非凡的功效.

数学在绘画创造和音乐乐器制作中有着独特的应用. 例如,著名意大利画家达•芬奇在创造《最后的晚餐》、《蒙娜•丽莎》等作品中用到了黄金分割、透视原理、对称性等数学知识. 20 世纪 70 年代诞生的数学分支混沌动力学和分形几何学,很快被人们运用到音乐、美术创造和影视特技中. 在计算机的帮助下,用数学方法可以绘出五彩缤纷、绚丽斑斓的分形图案. 在古代中国和世界其他文明古国就发现声音的高低与发音体的长度、大小有关. 数学家毕达哥拉斯发现当弦长之比为 $1:2,2:3,3:4$ 时声音就和谐、悦耳. 当今钢琴和所有键盘乐器采用十二平均律也源于数学. 十二平均律是把八度分成 12 个半音,这些半音的频率构成一个等比数列,公比为 $\sqrt[12]{2}$.

语言文字学和数学也有着深刻的内在联系. 一般语言和数学语言都是由符号组成的,都遵循一定的规则和结构. 而语言符号所具有的特点和数学的思想方法有着内在的关联. 1916 年,瑞士著名语言学家索绪尔在名著《普通语言学教程》中指出,语言学好比一个几何系统,"它归结为一些特征的定理". 1904 年,波兰语言学家库尔特内认为,语言学家不仅应该掌握初等数学,而且还有必要掌握高等数学,他认为语言学将日益接近精密科学. 早在 19 世纪中叶,西方学者就运用概率统计方法研究语言,并逐步形成了语言计算风格学. 20 世纪 80 年代,我国复旦大学李贤平教授用数学方法对《红楼梦》作者进行了研究,得出《红楼梦》的前 80 回是曹雪芹先生撰写的,后 40 回的写作风格与曹公的不同,与高鹗作品的风格相似.

高等数学的教学内容主要是 17 世纪中叶至 19 世纪 20 年代数学的主要成果. 这一时期,称为变量数学时期,也就是用运动的观点、极限方法研究数学. 恩格斯说过,在现实生活中,运动是绝对的,静止是相对的. 学习高等数学,可以培养我们的辩证观点,培养我们的思辨能力和数学思维. 数学思维被认为是人类思维的一种典范. 有数学思维能力的人,思考问题严谨缜密,善于洞察真伪,做事有计划,办事讲效率,不说大话空话,实事求是. 这种数学思维的培养对于文科大学生全面素质的提高,分析问题能力的加强,创新意识的启迪都是至关重要的.

3. 如何学习高等数学

学生学习高等数学,要做到以下几点:

(1) 尽快适应高等数学课程的教学特点.

随着计算机的发展,高等数学课程的教学也发生了很大的变化,在传统的教学手段的基础上,采用了更加具体化、形象化的现代教育技术,这也是中学所没有的,因此,同学们在进入大学以后,不仅要注意高等数学课程的内容与中学数学的区别与联系,还要尽快适应高等数学课程新的教学特点.

高等数学内容多,课堂教学信息量大,课堂教学人数多,学生基础不同,老师不可能照顾到每一个学生,这需要学生尽快适应老师,适应大课堂教学. 学生应坚持做到:课前预习,课上听讲,课后复习,认真、及时完成作业,课后对所学的知识进行归纳总结,加深对所学内容的理解,有问题及时向老师和同学请教,上好每一堂课,学好每一章节.

(2) 学习中注意基本概念、基本原理和典型范例.

我们在学习高等数学时,首先要了解数学概念产生的背景.极限、导数、微分、积分都是由实际问题抽象概括形成的.例如,微商概念是通过曲线切线的斜率和变速直线运动的瞬时速度抽象概括出来的;定积分的概念是求不规则图形的面积抽象出来的.理解数学概念、掌握数学的基本原理是学好数学的关键,因此,学习数学概念也是训练抽象概括能力的基础.数学基本原理反映概念之间内在关系.典型例题的学习也是学好数学不可少的环节,典型例题体现了如何应用基本性质和基本原理以及解题的步骤、方法.只有通过典型例题的学习,我们才能掌握基本的解题方法,才能触类旁通,才能灵活多变,最后综合运用.

(3) 做好笔记.

大学教师讲课注入了自己的理解与观点,使教学更体现教材内容与方法的本质.新生在学习高等数学课程时要适当预习,把比较难的地方做好笔记,上课认真听讲,特别是笔记中记下的问题要认真听讲,弄清楚.在课堂中,在笔记中记录老师的理解与观点及最本质的地方.通过做笔记,还可以使思路跟着老师走,使学习主动,效率提高.

第一篇

一元微积分

微积分中的极限、穷竭思想可以追溯到两千五百年前的古希腊文明,著名的毕达哥拉斯学派经过了漫长的酝酿,直到 17 世纪,随着航海业和手工业的发展,要求精确地测定经度和纬度,计算不规则图形的面积、体积,物体运动的瞬时速度以及物体运动的路程等,建立在函数与极限概念基础上的微积分理论应运而生.

　　牛顿,英国数学家、物理学家、天文学家、哲学家.自 1664 年起开始钻研伽利略、开普勒尤其是笛卡儿的著作.牛顿是在力学研究的基础上,运用几何方法研究微积分,在微积分的应用上更多地结合了运动学,造诣精深.在对微积分具体内容的研究上,牛顿先有导数概念,后有积分概念.

　　莱布尼茨,德国自然科学家、数学家、物理学家、历史学家和哲学家,一位举世罕见的科学天才.莱布尼茨主要是在研究曲线的切线和面积的问题上,运用分析学方法引进微积分的要领,在对微积分具体内容的研究上,莱布尼茨则先有积分概念,后有导数概念.莱布尼茨的表达形式简洁准确,他所创设的微积分符号对微积分的发展有极大影响,一直沿用至今.

　　微分和积分是两种数学运算、两类数学问题.牛顿和莱布尼茨找到了两者内在的直接联系:微分和积分是互逆的两种运算.通过这一基本关系的确定,微积分学才能系统地构建.因此,微积分是牛顿和莱布尼茨共同发明的.

　　本篇主要介绍一元微积分学的基本知识,包括函数、极限与连续、导数与微分、不定积分以及定积分.

第1章 函数、极限与连续

微积分是研究变量的一门学科.函数是微积分研究的主要对象,极限是微积分的一个基本概念.在微积分中,我们以极限为主要工具来研究函数的一些分析性质,如连续性、可微性、可积性等.本章通过复习函数,引入函数的极限概念与函数的连续性概念,为后续章节的学习打下理论基础.

1.1 函　数

1.1.1　函数的概念

函数是反映变量与变量之间的一种依赖关系,在现实世界中无处不在.

例 1.1.1　一圆的半径为 r ($r>0$)（图 1.1.1）,则圆的面积 $S=\pi r^2$ 为半径 r 的函数.

当半径 $r=1$ 时,面积 $S=\pi$;当半径 $r=2$ 时,面积$S=4\pi$.

例 1.1.2　某市移动通信公司开设了一种通信业务:"全球通"使用者先缴 50 元月基础费,然后每通话 1 分钟,再付电话费 0.1 元,若一个月内通话 t 分钟,则这种通信方式的费用 $y=50+0.1t$ 为通话时间 t 的函数.

下面,我们给函数下一个精确的定义.

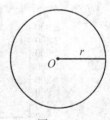

图 1.1.1

定义 1.1.1　设 x 和 y 是两个变量,D 是一个给定的非空数集.如果对于 D 中的每一个 x,变量 y 按照一定法则 f 总有确定的数值和它对应,则称变量 y 是变量 x 的函数,记为

$$y=f(x) \quad (x\in D).$$

其中,x 称为自变量,y 称为因变量.数集 D 称为这个函数的定义域,记为 D_f,即 $D_f=D$.

对于 $x_0\in D$,按照对应法则 f,总有确定的值 y_0(记为 $f(x_0)$)与之对应,称 $f(x_0)$ 为函数在点 x_0 处的函数值.因变量与自变量的这对对应关系通常称为函数关系.

当自变量 x 取遍数集 D 的所有数值时,对应的函数值 $f(x)$ 的全体组成的集合称为函数 f 的值域,记为 R_f 或 $f(D)$,即

$$R_f = f(D) = \{y \mid y = f(x), x \in D\}.$$

我们可以把函数 f 看成一部机器,定义域是这部机器的输入集合,对应法则就是描述如何进行加工的,函数值是这部机器输出的产品.如图 1.1.2 所示就是函数机器.

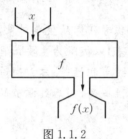

图 1.1.2

函数的定义域是实数集合,常见的定义域是数轴上的区间,区间可分为开区间 (a, b),闭区间 $[a, b]$,半开半闭区间 $[a, b)$,$(a, b]$,无穷区间 $[a, +\infty)$,$(a, +\infty)$,$(-\infty, b)$,$(-\infty, b]$,$(-\infty, +\infty)$. 今后我们一般把区间用 I 表示.

为了叙述方便,我们称开区间 $(a-\delta, a+\delta)$(δ 为正数)为 a 的 **δ 邻域**,简称**邻域**. a 为这个邻域的中心,δ 为这个邻域的半径.

表示函数常用的方法有三种:解析法,图像法与表格法,有时还可以用语言来描述.

(1) **解析法**   自变量和因变量之间的关系用数学表达式(又称为解析表达式)来表示,如 $y = \sqrt{1-x^2}$,$y = \pi x^2$ 等.

(2) **图像法**   在坐标系中用图形来表示函数关系的方法. 例如,图 1.1.3 是某学生 8 月 29 号到 9 月 12 号每天写作的字数.

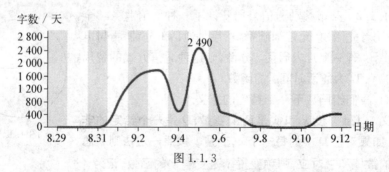

图 1.1.3

(3) **表格法**   自变量的值与对应的函数值列成表格的方法. 例如,表 1.1.1 是某城市实测 2010 年的月降雨量.

表 1.1.1 某城市实测月降雨量   单位:mm

月 份	1	2	3	4	5	6	7	8	9	10	11	12
降雨量	10	25	31	28	35	49	87	122	90	61	20	11

这三种表示法各有优点,解析法便于分析和计算,它在数学中的应用最为广泛;图像法直观,函数的变化情况一目了然,在工程问题中经常使用;表格法的数据方便查找.

例 1.1.3 求下列各函数的定义域:

(1) $f(x) = \sqrt{x-1}$; (2) $f(x) = \dfrac{1}{x^2-4}$; (3) $f(x) = x^2 + 1$.

解 (1) 因为负数没有平方根,所以 $x - 1 \geqslant 0$. 则函数的定义域是区间 $[1, +\infty)$.

(2) 因为分母为零时函数无意义,而当 $x = 2$ 或 $x = -2$ 时 $x^2 - 4 = 0$,故函数的定义域是区间 $(-\infty, -2), (-2, 2)$ 和 $(2, +\infty)$.

(3) 因为一切实数函数都有意义,所以函数的定义域为全体实数集,即无穷区间 $(-\infty, +\infty)$.

注意,在确定函数的定义域不仅要考虑函数有意义,还要考虑自变量的实际意义.

例 1.1.4 用一个长为 16 英寸,宽为 10 英寸的长方形铁皮,在四个角处分别剪裁边长为 x 英寸的小正方形(图 1.1.4),做成一个高为 x 英寸的无盖长方体盒子.求出长方体盒子的体积 V 与 x 的函数关系式,并指出函数的定义域.

解 根据题意有,长方体的盒子的长为 $(16-2x)$ 英寸,宽为 $(10-2x)$ 英寸,高为 x 英寸,则体积为

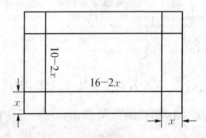

图 1.1.4

$$
\begin{aligned}
V = f(x) &= (16-2x)(10-2x)x \\
&= (160 - 52x + 4x^2)x \\
&= 4x^3 - 52x^2 + 160x.
\end{aligned}
$$

因为盒子的每边要都大于或等于零,则有

$$16 - 2x \geqslant 0, \qquad 10 - 2x \geqslant 0, \qquad x \geqslant 0.$$

从而有

$$x \leqslant 8, \qquad x \leqslant 5, \qquad x \geqslant 0.$$

故函数的定义域要满足三边要求的取值范围,即 $[0, 5]$.

1.1.2 函数的图形

对于函数 $y = f(x)$,$x \in D$,若取自变量 x 为横坐标,因变量 y 为纵坐标,则在平面直角坐标系 xOy 中就确定了一个点 (x, y),当 x 取遍定义域 D 中的每一个数值时,平面上的点集

$$C = \{(x,\ y) \mid y = f(x),\ x \in D\}$$

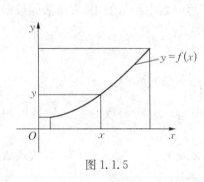

图 1.1.5

称为函数 $y = f(x)$ 的图形. 如果 x 为实数,则函数图形在平面直角坐标系上呈现为一条曲线(图 1.1.5).

例 1.1.5 画出函数 f 由方程 $y = x^2 + 1$ 确定的图形,指出函数的值域.

解 函数的定义域是全体实数集,根据变量 x 每取一个值,可以计算相应的 y 值,计算结果如表 1.1.2 所示.

表 1.1.2 自变量 x 与函数 $y = x^2 + 1$ 的对应值

x	$\cdots$	-3	-2	-1	0	1	2	3	$\cdots$
y	$\cdots$	10	5	2	1	2	5	10	$\cdots$

在平面直角坐标系 xOy 中描出这些点 $(x,\ y)$,然后用光滑的曲线连接,便得到函数 $y = x^2 + 1$ 的图形是一条抛物线,如图 1.1.6 所示.

对于一切实数 x,有 $x^2 \geqslant 0$,$x^2 + 1 \geqslant 1$. 则函数的值域是 $[1,\ +\infty)$.

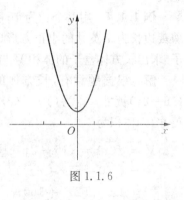

图 1.1.6

1.1.3 反函数

在函数关系 $y = 2x + 1$ 中,如果我们用变量 y 表示 x,则有函数关系 $x = \dfrac{y-1}{2}$.它们的对应关系是相反的,我们称函数 $x = \dfrac{y-1}{2}$ 为 $y = 2x + 1$ 的反函数.

定义 1.1.2 设函数 $y = f(x)$ 的定义域为 D,值域为 W.对于值域 W 中的任一数值 y,在定义域 D 上可以唯一地确定一个数值 x 与 y 对应,使得 $f(x) = y$. 这样就定义了 W 上的一个函数,此函数称为函数 $y = f(x)$ 的反函数,记为

$$x = f^{-1}(y),\quad y \in W.$$

相对反函数而言,函数 $y = f(x)$ 称为直接函数.

因为函数的实质是对应关系,只要对应关系不变,自变量与因变量用什么字母表示是无关紧要的. 我们习惯上用 x 表示自变量,y 表示因变量,因此函数 $y = f(x)$ 的反函数一般看成是 $y = f^{-1}(x)$.

在同一平面直角坐标系中,直接函数 $y = f(x)$ 和反函数 $y = f^{-1}(x)$ 的图形关于直线 $y = x$ 对称,如图 1.1.7 所示.

例 1.1.6　求函数 $y = \dfrac{1 - \sqrt{1 + 4x}}{1 + \sqrt{1 + 4x}}$ 的反函数.

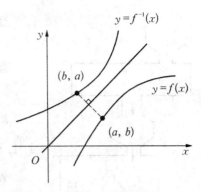

图 1.1.7

解　分析　求反函数的表达式,就是从直接函数中解出 x.

令 $z = \sqrt{1 + 4x}$,则 $y = \dfrac{1 - z}{1 + z}$,故 $z = \dfrac{1 - y}{1 + y}$. 即

$$\sqrt{1 + 4x} = \frac{1 - y}{1 + y}.$$

解得

$$x = -\frac{y}{(1 + y)^2}.$$

改变变量的记号,即得到所求反函数为 $y = -\dfrac{x}{(1 + x)^2}$.

1.1.4　复合函数

在实际问题中,有些变量不是直接联系在一起,而是通过其他的变量联系起来的.

例 1.1.7　一个家庭贷款购房的能力 y 是其偿还能力 u 的 100 倍,而家庭偿还能力 u 是月收入 x 的 30%,则家庭贷款能力

$$y = f(u) = f[u(x)] = f(0.3x) = 30x.$$

这说明,这个家庭的贷款能力 y 是月收入 x 的 30 倍. 由此看出,y 与 x 的函数关系是由两个函数 $y = f(u)$ 与 $u = u(x)$ 复合而成的.

定义 1.1.3　设函数 $y = f(u)$ 的定义域为 D_f,函数 $u = g(x)$ 的值域为 R_g,$D_f \cap R_g \neq \varnothing$,则称函数 $y = f[g(x)]$ 为 x 的复合函数. 其中 x 为自变量,y 为因变量,u 为中间变量.

注意 g 和 f 能构成复合函数 $f \circ g$ 的条件是:$D_f \cap R_g$ 非空,否则,g 和 f 不能构成复合函数.

复合函数可以看成是两个加工过程,自变量 x 是原始输入,函数 g 是第一个加工机器,u 是中间产品,函数 f 是第二个加工机器,y 是最终产品. 如图 1.1.8 所示.

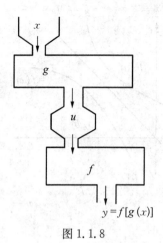

图 1.1.8

例 1.1.8 设函数 $f(x) = x^2 - 1$ 和 $g(x) = \sqrt{x} + 1$，计算 $f \circ g$，$g \circ f$.

解 $f \circ g = f[g(x)] = g(x)^2 - 1$

$$= (\sqrt{x} + 1)^2 - 1 = x + 2\sqrt{x},$$

$$g \circ f = g[f(x)] = \sqrt{f(x)} + 1 = \sqrt{x^2 - 1} + 1.$$

1.1.5 初 等 函 数

在中学数学里，我们已经学习过**幂函数、指数函数、对数函数、三角函数和反三角函数**. 我们把这五类函数称为**基本初等函数**.

1. 幂函数

$y = x^\alpha$，其中 α 为实数. 幂函数的定义域与 α 有关.

例如，$y = \dfrac{1}{x}$ 的定义域为 $(-\infty, 0) \bigcup (0, +\infty)$. 它的图形如图 1.1.9 所示.

又如，$y = x^2$ 的定义域为 $(-\infty, +\infty)$. 它的图形如图 1.1.10 所示.

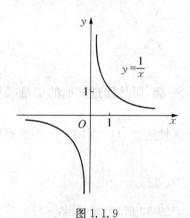

图 1.1.9

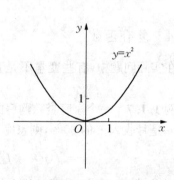

图 1.1.10

2. 指数函数

$y = a^x$，其中 $a > 0$ 且 $a \neq 1$. 指数函数的定义域为 $(-\infty, +\infty)$，值域为 $(0, +\infty)$. 当 $a > 1$ 时，指数函数 $y = a^x$ 单调增加；当 $0 < a < 1$ 时，指数函数 $y = a^x$ 单调减少. 它的图形如图1.1.11 所示.

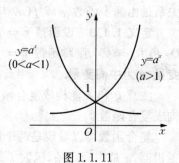

图 1.1.11

3. 对数函数

$y = \log_a x$，其中 $a > 0$ 且 $a \neq 1$. 对数函数的定义域为 $(0, +\infty)$，值域为 $(-\infty, +\infty)$. 当 $a > 1$ 时，对数函数 $y = \log_a x$ 单调增加；当 $0 < a < 1$ 时，对数函数 $y = a^x$ 单调减少. 它的图形如图 1.1.12 所示.

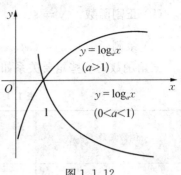

图 1.1.12

4. 三角函数

(1) **正弦函数**　$y = \sin x$，定义域为 $(-\infty, +\infty)$，值域为 $[-1, 1]$，是奇函数，是以 2π 为周期的周期函数，它图形如图 1.1.13 所示.

(2) **余弦函数**　$y = \cos x$，定义域为 $(-\infty, +\infty)$，值域为 $[-1, 1]$，是偶函数，是以 2π 为周期的周期函数，它图形如图 1.1.14 所示.

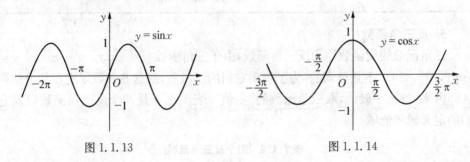

图 1.1.13　　　　　　　　　　　　图 1.1.14

(3) **正切函数**　$y = \tan x$，定义域为 $\left\{ x \,\middle|\, k\pi - \dfrac{\pi}{2} < x < k\pi + \dfrac{\pi}{2}, k \in \mathbf{Z} \right\}$，值域为 $(-\infty, +\infty)$，是奇函数，是以 π 为周期的周期函数，它图形如图 1.1.15 所示.

(4) **余切函数**　$y = \cot x$，定义域为 $\{ x \mid k\pi < x < k\pi + \pi, k \in \mathbf{Z} \}$，值域为 $(-\infty, +\infty)$，是奇函数，是以 π 为周期的周期函数，它图形如图 1.1.16 所示.

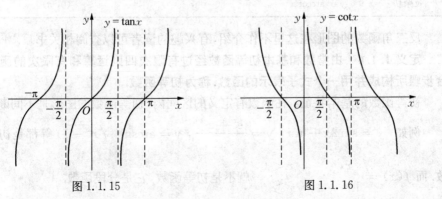

图 1.1.15　　　　　　　　　　　　图 1.1.16

(5) **正割函数**　$y = \sec x, x \in (-\infty, +\infty)$ 且 $x \neq n\pi + \dfrac{\pi}{2}\ (n \in \mathbf{Z})$.

(6) **余割函数**　$y = \csc x, x \in (-\infty, +\infty)$ 且 $x \neq n\pi\ (n \in \mathbf{Z})$.

三角函数的一些重要关系如表 1.1.3 所示.

表 1.1.3　三角函数的重要关系式

倒数关系	$\tan x \cot x = 1$ $\sin x \csc x = 1$ $\cos x \sec x = 1$
平方关系	$\tan^2 x + 1 = \sec^2 x$ $\cot^2 x + 1 = \csc^2 x$ $\sin^2 x + \cos^2 x = 1$
两倍角关系	$\sin 2x = 2\sin x \cos x$ $\cos 2x = \cos^2 x - \sin^2 x$

5. 反三角函数

三角函数的反函数称为反三角函数,由于三角函数 $y = \sin x, y = \cos x, y = \tan x, y = \cot x$ 不是单调的,为了得到它们的反函数,对这些函数限定在某个单调区间内来讨论. 一般地,取三角函数的"主值". 表 1.1.4 是四个反三角函数以及它们的定义域和值域.

表 1.1.4　四个反三角函数

函数名	函数表达式	定义域	值域
反正弦	$y = \arcsin x$	$[-1, 1]$	$\left[-\dfrac{\pi}{2}, \dfrac{\pi}{2}\right]$
反余弦	$y = \arccos x$	$[-1, 1]$	$[0, \pi]$
反正切	$y = \arctan x$	$(-\infty, +\infty)$	$\left(-\dfrac{\pi}{2}, \dfrac{\pi}{2}\right)$
反余切	$y = \text{arccot}\, x$	$(-\infty, +\infty)$	$(0, \pi)$

反三角函数的图形在这里不作介绍,有兴趣的读者可以查阅相关书籍.

定义 1.1.4　由常数和基本初等函数经过有限次四则运算和有限次的函数复合步骤所构成并用一个式子表示的函数,称为初等函数.

初等函数的基本特征:在函数有定义的区间内,初等函数的图形是不间断的.

例如,$y = \sin 2x + \ln x$,$y = \dfrac{e^x + e^{-x}}{x}$,$y = \arcsin(\sqrt{x^2 - 1})$ 等都是初等函数.而 $f(x) = \begin{cases} x, & x < 0, \\ x^2 + 1, & x \geqslant 0 \end{cases}$ 就不是初等函数,它是**分段函数**.

习　题　1.1

1. 设函数 $f(x) = 3x^2 - 6x - 3$，计算 $f(0)$，$f(-1)$，$f(a)$，$f(-a)$ 和 $f(x+1)$.

2. 设函数 $f(t) = \dfrac{2t^2}{\sqrt{t-1}}$，计算 $f(2)$，$f(5)$，$f(a)$，$f(x+1)$ 和 $f(x-1)$.

3. 画出下列函数的图像，并求出函数的定义域与值域：

(1) **绝对值函数**

$$f(x) = |\,x\,| = \begin{cases} x, & x > 0, \\ 0, & x = 0, \\ -x, & x < 0; \end{cases}$$

(2) **符号函数**

$$f(x) = \operatorname{sgn} x = \begin{cases} 1, & x > 0, \\ 0, & x = 0, \\ -1, & x < 0; \end{cases}$$

(3) **取整函数**

$f(x) = [x]$，　$x \in \mathbf{R}$ 表示不超过 x 的最大整数.

4. 求下列函数的复合函数 $f \circ g$ 和 $g \circ f$.

(1) $f(x) = \sqrt{x} + 1$，$g(x) = x^2 + 1$；

(2) $f(x) = 2\sqrt{x} + 1$，$g(x) = x^2 - 1$.

5. 判断下列函数 $h(x)$ 是由哪些函数复合而成的.

(1) $h(x) = (x^2 + x + 1)^5$；　　　　(2) $h(x) = (3x^2 - 4)^{-3}$；

(3) $h(x) = \dfrac{1}{x^2 - 1}$；　　　　　　(4) $h(x) = \sqrt{x-1}$.

6. 火车站收取行李费的规定如下：当行李不超过 50 kg 时，按基本运费计算，如从上海到某地每千克收 0.15 元，当超过 50 kg 时，超重部分按每千克 0.25 元收费，试求上海到该地的行李费 y(元)与重量 x(kg)之间的函数式，并画出这函数的图形.

7. 某产品的固定成本为 1560 元，每单位产品的可变成本为 4 元，商品售价每单位 12 元，试求：(1) 总成本函数；(2) 总收益函数；(3) 产量为 1000 单位时的总利润.

8. 某城市为了尽快改善职工住房条件，积极鼓励个人购房和积累建房基金，

决定住公房的职工按工资的高低交纳建房公积金.办法如下:

每 月 工 资	交纳公积金比率/%
1000 元以下(含 1000 元)	不交纳
1000 元至 2000 元(含 2000 元)	交纳超过 1000 元部分的 5%
2000 元至 3000 元(含 3000 元)	1000 元至 2000 元部分交纳 5%,超过 2000 元以上部分交纳 10%
3000 元以上	1000 元至 2000 元部分交纳 5%,2000 元至 3000 元部分交纳 10%,超过 3000 元以上部分交纳 15%

(1) 某职工每月交纳公积金 330 元,求他每月的工资;

(2) 设每月工资为 x 元,交纳公积金后实得金额为 y 元,试写出当 $1000 < x \leqslant 2000$ 时,y 与 x 之间的关系式.

1.2 函 数 极 限

极限的思想是由于求某些实际问题的精确解而产生的.例如,我国古代数学家刘徽(公元 3 世纪)利用圆内接正多边形来推算圆的面积的方法——割圆术,就是极限思想在几何上的应用.又如,战国时期的哲学家庄子在《庄子·天下篇》一书中对"截丈问题"有一段名言:"一尺之棰,日截其半,万世不竭."其中也隐含了深刻的极限思想.

极限是研究变量变化趋势的基本工具,极限方法是研究函数的一种基本方法.

1.2.1 生活中的极限问题

例 1.2.1 一个物体沿直线运动,运动的路程 s(m)与时间 t(s)的关系为 $s = 4t^2 (0 \leqslant t \leqslant 30)$(图 1.2.1),计算物体在 $t=2$ 时刻的瞬时速度值.

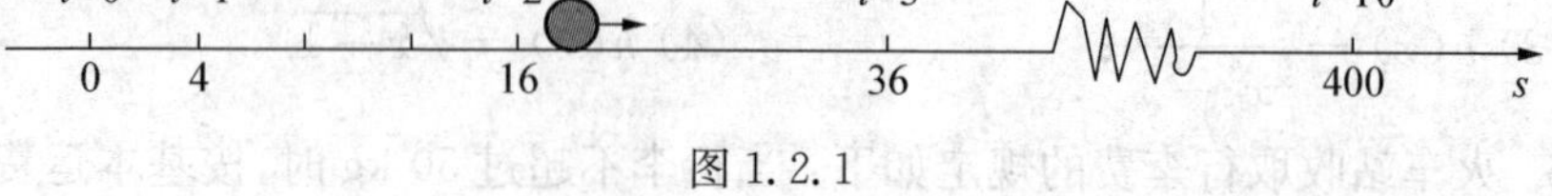

图 1.2.1

分析 我们可以计算出物体在时间区间[2,4]上的平均速度为

$$\bar{v} = \frac{路程}{时间} = \frac{f(4) - f(2)}{4 - 2} = \frac{64 - 16}{2} = 24.$$

我们可以用 24 代替物体在 $t=2$ 时的瞬时速度,但不够精确,怎样才能做得更好呢?实际上,以时间 $t=2$ 为左端点的时间间隔越小时,平均速度越接近物体在 $t=2$ 时的瞬时速度值.

在时间区间 $[2, t]$ $(t > 2)$ 的平均速度为

$$\bar{v} = \frac{f(t) - f(2)}{t - 2} = \frac{4t^2 - 4(2^2)}{t - 2} = \frac{4(t^2 - 2^2)}{t - 2}.$$

选择不同的 t 值,使它越来越接近 2,我们得到一系列时间间隔越来越小的平均速度值,很容易观察到在时刻 $t = 2$ 时的瞬时速度.

取 $t = 2.5, 2.1, 2.01, 2.001, 2.0001$ 时,平均速度值如表 1.2.1 所示.

表 1.2.1　$[2, t]$ 区间上的平均速度值

t	2.5	2.1	2.01	2.001	2.0001
平均速度值	18	16.4	16.04	16.004	16.0004

从表 1.2.1 可得,t 从右边趋于 2 时,平均速度趋近 16,则得到物体在 $t = 2$ 时刻的瞬时速度值为 16 m/s.

注意,我们从平均速度公式中不能将 $t = 2$ 代入计算得到 $t = 2$ 时刻的瞬时速度值,因为分母为零,函数无意义.

1.2.2　函数极限的定义

我们考虑如下函数

$$g(t) = \frac{4(t^2 - 2^2)}{t - 2}$$

当 t 趋近于固定值 2 时,函数值的变化趋势.

$g(t)$ 是上述物体运动的平均速度函数. 当 t 从右边趋近于 2 时,函数值趋近 16. 同样,t 从左边取一列数趋近于 2,如当 $t = 1.5, 1.9, 1.99, 1.999, 1.9999$ 时,计算结果如表 1.2.2 所示.

表 1.2.2　函数 $g(t)$ 的变化趋势

t	1.5	1.9	1.99	1.999	1.9999
$g(t)$	14	15.6	15.96	15.996	15.9996

从表 1.2.2 可得,当 t 从左边趋于 2 时,$g(t)$ 的函数值也趋于 16. 换句话说,自变量 t 无论是从哪边趋于 2,$g(t)$ 的函数值都趋于 16. 在这种情况下,我们就说当 t 趋于 2 时,函数 $g(t)$ 的极限值是 16,记为

$$\lim_{t \to 2} g(t) = \lim_{t \to 2} \frac{4(t^2 - 2^2)}{t - 2} = 16.$$

函数 $g(t)$ 的图像如图 1.2.2 所示. 当 $t=2$ 时函数无意义.

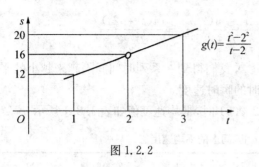

图 1.2.2

下面给出函数极限的一般定义.

定义 1.2.1 设函数 $f(x)$ 在点 x_0 的附近有定义,A 是一个确定的常数. 如果当自变量 x 无限逼近 x_0 时,函数 $f(x)$ 无限逼近 A,那么常数 A 就称为函数 $f(x)$ 当 $x \to x_0$ 时的极限,记为

$$\lim_{x \to x_0} f(x) = A \quad \text{或} \quad f(x) \to A \,(\text{当 } x \to x_0).$$

1.2.3 函数极限的计算

例 1.2.1 设函数 $f(x) = x^3$,计算 $\lim\limits_{x \to 2} f(x)$.

解 当 x 充分接近 2 时,函数 $f(x)$ 无限接近 8,因此 $\lim\limits_{x \to 2} x^3 = 8$.

例 1.2.2 设 $g(x) = \begin{cases} x+2, & x \neq 1, \\ 1, & x = 1. \end{cases}$ 计算 $\lim\limits_{x \to 1} g(x)$.

解 函数 $g(x)$ 的定义域是全体实数,从 $g(x)$ 的图像（图 1.2.3）我们得到,当 x 无限接近 1 时,$g(x)$ 无限接近 3. 因此 $\lim\limits_{x \to 1} g(x) = 3$.

从图 1.2.3 中观察到 $g(1) = 1$,但它不等于 x 趋于 1 时函数的极限值.

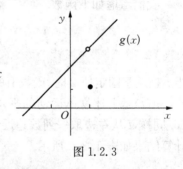

图 1.2.3

例 1.2.3 计算下列函数在给定点的极限值:

(1) $f(x) = \begin{cases} -1, & x < 0, \\ 1, & x \geqslant 0, \end{cases}$ $x = 0$;

(2) $g(x) = \dfrac{1}{x^2}$, $x = 0$.

解 函数 $f(x)$ 和 $g(x)$ 的图像如图 1.2.4 和 1.2.5 所示.

从图 1.2.4 中看到,当 x 从小于 0 的方向趋于 0 时,$f(x)$ 趋于 -1;当 x 从大于 0 的方向趋于 0 时,$f(x)$ 趋于 1. 也就是说,当 x 趋于 0 时,$f(x)$ 不趋于一个唯一的实数,因此我们说它的极限不存在.

从图 1.2.5 中看到,当 x 趋近于 0 时,函数 $g(x)$ 的函数值无限增大,但不趋于任何确定的实数.同样地,我们得出 x 趋于 0 时,$f(x)$ 极限不存在.

思考题 函数 $f(x)$ 在点 x_0 处的极限值与 $f(x_0)$ 的函数值有关系吗?

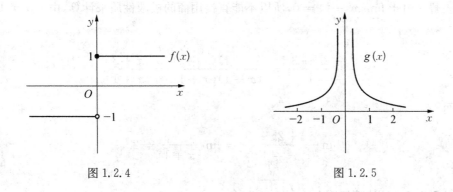

图 1.2.4　　　　　　　　　　图 1.2.5

1.2.4　极限的运算法则

定理 1.2.1　在自变量的同一变化过程中,如果 $\lim f(x) = A$, $\lim g(x) = B$,则有

(1) $\lim [f(x) \pm g(x)] = \lim f(x) \pm \lim g(x) = A + B$;

(2) $\lim [f(x)]^r = [\lim f(x)]^r = A^r$($r$ 是实数);

(3) $\lim cf(x) = c\lim f(x) = cA$($c$ 是实数);

(4) $\lim f(x)g(x) = \lim f(x)\lim g(x) = AB$;

(5) $\lim \dfrac{f(x)}{g(x)} = \dfrac{\lim f(x)}{\lim g(x)} = \dfrac{A}{B}$($B \neq 0$);

(6) $\lim f(x)^{g(x)} = \lim f(x)^{\lim g(x)} = A^B$($A > 0$).

例 1.2.4　用极限法则计算下列函数的极限:

(1) $\lim\limits_{x \to 2} x^3$;　　　　　　　　　(2) $\lim\limits_{x \to 1}(5x^4 - 2)$;

(3) $\lim\limits_{x \to 3} 2x^3 \sqrt{x^2 + 7}$;　　　　　　(4) $\lim\limits_{x \to 1} \dfrac{x^2 + 2x + 3}{x^2 + 1}$.

解　(1) $\lim\limits_{x \to 2} x^3 = [\lim\limits_{x \to 2} x]^3 = 2^3 = 8$.

(2) $\lim\limits_{x \to 1}(5x^4 - 2) = \lim\limits_{x \to 1} 5x^4 - \lim\limits_{x \to 1} 2 = 5(1)^4 - 2 = 3$.

(3) $\lim\limits_{x \to 3} 2x^3 \sqrt{x^2 + 7} = 2\lim\limits_{x \to 3} x^3 \sqrt{x^2 + 7} = 2(3)^3 \sqrt{3^2 + 7} = 216$.

(4) 由于 $\lim\limits_{x \to 1}(x^2 + 1) = 2$,根据商的极限法则有

$$\lim_{x \to 1} \frac{x^2 + 2x + 3}{x^2 + 1} = \frac{\lim\limits_{x \to 1}(x^2 + 2x + 3)}{\lim\limits_{x \to 1}(x^2 + 1)} = 3.$$

例 1.2.5　求极限 $\lim\limits_{x \to 1} \dfrac{x^2 + 2x - 3}{x^2 - 1}$.

解 由于 $\lim_{x\to 1}(x^2-1)=0$,所以不能直接用商的极限性质来计算,由于 $x\neq 1$,
有

$$\frac{x^2+2x-3}{x^2-1}=\frac{(x-1)(x+3)}{(x-1)(x+1)}=\frac{x+3}{x+1},$$

从而

$$\lim_{x\to 1}\frac{x^2+2x-3}{x^2-1}=\lim_{x\to 1}\frac{x+3}{x+1}=2.$$

例 1. 2. 6 计算极限 $\lim_{h\to 0}\dfrac{\sqrt{1+h}-1}{h}$.

解 当 $h\to 0$ 时,我们得到一个"$\dfrac{0}{0}$"型的极限形式.下面我们将分子有理化,即
分子分母同乘以 $\sqrt{1+h}+1$,得到

$$\frac{\sqrt{1+h}-1}{h}=\frac{(\sqrt{1+h}-1)(\sqrt{1+h}+1)}{h(\sqrt{1+h}+1)}=\frac{1+h-1}{h(\sqrt{1+h}+1)}$$

$$=\frac{1}{\sqrt{1+h}+1},$$

因此

$$\lim_{h\to 0}\frac{\sqrt{1+h}-1}{h}=\lim_{h\to 0}\frac{1}{\sqrt{1+h}+1}=\frac{1}{2}.$$

例 1. 2. 7 计算极限 $\lim_{x\to 0}(3-2x)^{\sin x}$.

解 因为 $\lim_{x\to 0}(3-2x)=3$,$\lim \sin x=0$,所以 $\lim_{x\to 0}(3-2x)^{\sin x}=1$.
由函数极限定义,不难得出下列函数的极限:

(1) $\lim_{x\to x_0}x=x_0$; (2) $\lim_{x\to x_0}C=C$ (C 为常数);

(3) $\lim_{x\to 0}\sin x=0$; (4) $\lim_{x\to 0}\cos x=1$;

(5) $\lim_{x\to 0}\cos x=1$; (6) $\lim_{x\to 0}\mathrm{e}^x=1$.

1. 2. 5 单侧极限

x 从 x_0 的左侧趋于 x_0,记为 $x\to x_0-0$ 或 $x\to x_0^-$;x 从 x_0 的右侧趋于 x_0 记为
$x\to x_0+0$ 或 $x\to x_0^+$.下面给出单侧极限的概念.

定义 1. 2. 2 当 $x\to x_0-0$ 时,函数 $f(x)$ 无限逼近 A,则 A 为函数 $f(x)$ 当

$x \to x_0$ 时的左极限，记为 $\lim\limits_{x \to x_0^-} f(x) = A$ 或 $f(x_0 - 0) = A$；当 $x \to x_0 + 0$ 时，函数 $f(x)$ 无限逼近 A，则 A 称为函数 $f(x)$ 当 $x \to x_0$ 时的右极限，记为 $\lim\limits_{x \to x_0^+} f(x) = A$ 或 $f(x_0 + 0) = A$.

例 1.2.8 讨论函数 $f(x) = \dfrac{|x|}{x}$ 在点 $x = 0$ 处的极限.

解 函数 f 的图像如图 1.2.6 所示.

函数 $f(x) = \dfrac{|x|}{x}$ 在点 $x = 0$ 处无意义.

当 $x > 0$ 时，$f(x) = 1$，即 $\lim\limits_{x \to 0^+} f(x) = 1$；当 $x < 0$ 时，$f(x) = -1$，即 $\lim\limits_{x \to 0^-} f(x) = -1$. 也就是说，当 $x \to 0$ 时，$f(x)$ 的函数值没有固定的变化趋势，即当 $x \to 0$ 时，函数 $f(x)$ 没有极限.

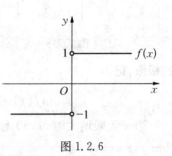

图 1.2.6

定理 1.2.2 函数 $f(x)$ 当 $x \to x_0$ 时极限存在的充分必要条件是左极限及右极限都存在并且相等，即 $\lim\limits_{x \to x_0^-} f(x) = \lim\limits_{x \to x_0^+} f(x)$.

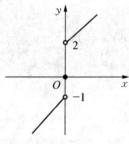

图 1.2.7

例 1.2.9 设函数

$$f(x) = \begin{cases} 2x - 1, & x < 0, \\ 0, & x = 0, \\ x + 2, & x > 0. \end{cases}$$

讨论当 $x \to 0$ 时 $f(x)$ 的极限情况.

解 在点 $x = 0$ 处，$f(x)$ 的左极限 $\lim\limits_{x \to 0^-} f(x) = \lim\limits_{x \to 0^-} (2x - 1) = -1$，而右极限 $\lim\limits_{x \to 0^+} f(x) = \lim\limits_{x \to 0^+} (x + 2) = 2$，因为左极限和右极限都存在但不相等，所以 $\lim\limits_{x \to 0} f(x)$ 不存在(图 1.2.7).

1.2.6 自变量趋于无穷大时函数的极限

考察函数

$$f(x) = \frac{2x^2}{1 + x^2}$$

当自变量 x 的绝对值越来越大时函数值的变化趋势.

很明显，自变量 x 的绝对值越来越大时，函数值越来越趋近于 2. 因此我们称函数 $f(x) = \dfrac{2x^2}{1 + x^2}$ 当 x 趋于无穷大时，函数的极限是 2，记为

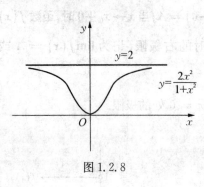

图 1.2.8

$$\lim_{x \to \infty} \frac{2x^2}{1+x^2} = 2.$$

函数 $f(x)$ 的曲线如图 1.2.8 所示. 我们称 $y = 2$ 为曲线 $y = f(x)$ 的**水平渐近线**.

结合上述示例,下面给出一般的定义.

定义 1.2.3　设给定函数 $f(x)$ 与常数 A,当自变量 x 的绝对值越来越大时,函数值 $f(x)$ 无限逼近 A,则称 A 是 $f(x)$ 当 $x \to \infty$ 时的极限,记为

$$\lim_{x \to \infty} f(x) = A \quad \text{或} \quad f(x) \to A \, (x \to \infty).$$

当 x 无限增大时,$f(x)$ 无限逼近 A,则称 A 是 $f(x)$ 当 $x \to +\infty$ 时的极限,记为 $\lim\limits_{x \to +\infty} f(x) = A.$

当 x 无限减小时,$f(x)$ 无限逼近 A,则称 A 是 $f(x)$ 当 $x \to -\infty$ 时的极限,记为 $\lim\limits_{x \to -\infty} f(x) = A.$

由定义 1.2.3 可知:$\lim\limits_{x \to \infty} \dfrac{1}{x} = 0$,$\lim\limits_{x \to \infty} \sin \dfrac{1}{x} = 0$,$\lim\limits_{x \to \infty} \cos \dfrac{1}{x} = 1$,$\lim\limits_{x \to +\infty} \mathrm{e}^{-x} = 0$,

而 $\lim\limits_{x \to -\infty} \mathrm{e}^{-x}$ 不存在.

例 1.2.10　求极限:

(1) $\lim\limits_{x \to \infty} \dfrac{4x^2+1}{2x^2+x}$;　　　　(2) $\lim\limits_{x \to \infty} \dfrac{4x+1}{2x^2+x}$.

解　这是"$\dfrac{\infty}{\infty}$"型有理分式的极限,计算方法如下:

(1) 分子、分母同时除以最高次幂 x^2,得

$$\lim_{x \to \infty} \frac{4x^2+1}{2x^2+x} = \lim_{x \to \infty} \frac{4 + \dfrac{1}{x^2}}{2 + \dfrac{1}{x}} = 2.$$

(2) 分子、分母同时除以最高次幂 x^2,得

$$\lim_{x \to \infty} \frac{4x+1}{2x^2+x} = \lim_{x \to \infty} \frac{\dfrac{4}{x} + \dfrac{1}{x^2}}{2 + \dfrac{1}{x}} = 0.$$

例 1.1.11 求曲线 $f(x) = \dfrac{1}{1+e^x}$ 的水平渐近线.

解 当 $x \to -\infty$ 时，$e^x \to 0$，$\lim\limits_{x \to -\infty} \dfrac{1}{1+e^x} = 1$；又当 $x \to +\infty$ 时，$e^x \to +\infty$，

$\lim\limits_{x \to +\infty} \dfrac{1}{1+e^x} = 0$. 则曲线 $f(x) = \dfrac{1}{1+e^x}$ 有两条水平渐近线，即 $y = 1$ 和 $y = 0$.

习 题 1.2

1. 求下列函数 $f(x)$ 在所示点的左、右极限，并说明在所示点处极限的存在性.

(1) $f(x) = \begin{cases} 0, & x > 1, \\ 1, & x = 1, \\ x^2 + 2, & x < 1 \end{cases}$（在点 $x = 1$ 处）;

(2) $f(x) = \begin{cases} \sqrt{x-4}, & x > 4, \\ 8 - 2x, & x < 4 \end{cases}$（在点 $x = 4$ 处）;

(3) $f(x) = \dfrac{x^2 - 1}{|x - 1|}$（在点 $x = 1$ 处）.

2. 求下列极限：

(1) $\lim\limits_{x \to -2}(3x^2 - 5x + 2)$;

(2) $\lim\limits_{x \to 2} \dfrac{x-2}{\sqrt{x+2}}$;

(3) $\lim\limits_{x \to 4}(x^2 - 7)$;

(4) $\lim\limits_{x \to 1}\left(\dfrac{1}{1-x} - \dfrac{3}{1-x^3}\right)$;

(5) $\lim\limits_{x \to -2} \dfrac{x^3 + 8}{x^2 + x + 1}$;

(6) $\lim\limits_{x \to 0}\left(\dfrac{x^2}{1 - \sqrt{1+x^2}}\right)$;

(7) $\lim\limits_{x \to 2} \dfrac{x^2 + x}{x^3 + 1}$;

(8) $\lim\limits_{k \to 0} \dfrac{(x+k)^3 - x^3}{k}$;

(9) $\lim\limits_{x \to 0} \dfrac{1}{x^3 + 6x + 2}$;

(10) $\lim\limits_{x \to \infty} \dfrac{x^2 + x}{x^3 + 1}$;

(11) $\lim\limits_{x \to \infty} \dfrac{2x^3 + x}{x^3 + 1}$;

(12) $\lim\limits_{x \to +\infty}(\sqrt{x+1} - \sqrt{x})$;

(13) $\lim\limits_{x \to +\infty} \dfrac{\sqrt{x^2 + x} - \sqrt{x^2 - x}}{x}$;

(14) $\lim\limits_{n \to \infty} \dfrac{3^n - 2^n}{1 + 3^n}$（$n$ 为正整数）.

3. 设 $f(x) = x^2$，求 $\lim\limits_{\Delta x \to 0} \dfrac{f(x + \Delta x) - f(x)}{\Delta x}$.

1.3 两个重要极限

前面介绍了极限的概念和一些简单的计算,但对于一些比较复杂的极限问题, 常常需要先判断其极限是否存在,如果存在,再设法求其极限,下面介绍一个极限 存在准则,并给出两个重要极限公式.

1.3.1 夹逼准则

定理 1.3.1 (夹逼准则) 如果
(1) 在 x_0 附近有 $g(x) \leqslant f(x) \leqslant h(x)$;
(2) $\lim\limits_{x \to x_0} g(x) = \lim\limits_{x \to x_0} h(x) = A$.

那么, $\lim\limits_{x \to x_0} f(x) = A$.

夹逼准则不仅可以说明极限的存在,而且是一种重要的求极限的方法.

图 1.3.1 是夹逼准则的几何解释.

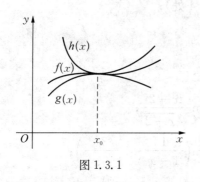

图 1.3.1

例 1.3.1 求极限 $\lim\limits_{n \to +\infty} \dfrac{\sin nx}{n}$.

解 因为 $-1 \leqslant \sin nx \leqslant 1$,所以 $-\dfrac{1}{n} \leqslant \dfrac{\sin nx}{n} \leqslant \dfrac{1}{n}$. 又 $\lim\limits_{n \to +\infty} \dfrac{1}{n} = 0$,故根据夹逼准 则有

$$\lim\limits_{n \to +\infty} \frac{\sin nx}{n} = 0.$$

1.3.2 第一个重要极限公式

$$\lim\limits_{x \to 0} \frac{\sin x}{x} = 1.$$

我们观察一下,当 $x \to 0 \ (x > 0)$ 时,$\sin x$ 的函数值变化情况如表 1.3.1 所示.

表 1.3.1 $\sin x$ 的函数值随 x 的变化情况

x	1	0.5	0.1	0.01	0.001	...
$\sin x$	0.8415	0.4794	0.0998	0.0100	0.0010	...

从表 1.3.1 看出,随着 x 不断接近于 0,$\sin x$ 与 x 的值越来越接近,则有

$\lim\limits_{x\to 0}\dfrac{\sin x}{x}=1$. 事实上,我们可以用**夹逼准则**证明.

证 作单位圆如图 1.3.2 所示,当 $0<x<\dfrac{\pi}{2}$ 时,有

$\triangle AOB$ 面积<扇形 AOB 面积<$\triangle AOD$ 面积,

即 $\qquad \dfrac{\sin x}{2}<\dfrac{x}{2}<\dfrac{\tan x}{2}$,

不等式各边都除以 $\dfrac{\sin x}{2}$,得

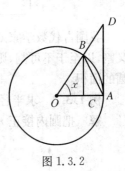

图 1.3.2

$$1<\dfrac{x}{\sin x}<\dfrac{1}{\cos x} \quad 或 \quad 1>\dfrac{\sin x}{x}>\cos x.$$

由于 $\dfrac{\sin x}{x}$,$\cos x$ 均为偶函数,由偶函数的性质知,上式对 $-\dfrac{\pi}{2}<x<0$ 时也

成立. 故当 $0<|x|<\dfrac{\pi}{2}$ 时,总有 $1>\dfrac{\sin x}{x}>\cos x$ 成立,而 $\lim\limits_{x\to 0}\cos x=1$,于是,得

$$\lim\limits_{x\to 0}\dfrac{\sin x}{x}=1.$$

例 1.3.2 求极限:

(1) $\lim\limits_{x\to 0}\dfrac{\tan x}{x}$; (2) $\lim\limits_{x\to 0}\dfrac{\sin 2x}{x}$; (3) $\lim\limits_{x\to 0}\dfrac{1-\cos x}{\dfrac{1}{2}x^2}$.

解 (1) $\lim\limits_{x\to 0}\dfrac{\tan x}{x}=\lim\limits_{x\to 0}\left(\dfrac{\sin x}{x}\cdot\dfrac{1}{\cos x}\right)=\lim\limits_{x\to 0}\dfrac{\sin x}{x}\cdot\lim\limits_{x\to 0}\dfrac{1}{\cos x}$

$\qquad\qquad = 1\times 1=1.$

(2) $\lim\limits_{x\to 0}\dfrac{\sin 2x}{x}=2\lim\limits_{x\to 0}\dfrac{\sin 2x}{2x}=2.$

(3) 因 $\lim\limits_{x\to 0}\dfrac{\sin\dfrac{x}{2}}{\dfrac{1}{2}x}=1$,因此

$$\lim\limits_{x\to 0}\dfrac{1-\cos x}{\dfrac{1}{2}x^2}=\lim\limits_{x\to 0}\dfrac{2\sin^2\dfrac{x}{2}}{\dfrac{1}{2}x^2}=\lim\limits_{x\to 0}\left(\dfrac{\sin\dfrac{x}{2}}{\dfrac{1}{2}x}\right)^2=1.$$

$$一般地,若 \varphi(x) \to 0,则 \lim_{\varphi(x) \to 0} \frac{\sin \varphi(x)}{\varphi(x)} = 1.$$

我国古代数学家刘徽提出用割圆术来推算圆面积,即"割之弥细,所失少,割之又割,以至于不可割,则与圆周合体而无所失矣".下面我们用重要极限公式来求出圆的面积.

例 1.3.3 求半径为 R 圆的面积.

解 把圆内接正 n 边形的面积记为 $A_n (n \in \mathbf{N})$,如图 1.3.3 所示.根据初中三角形的面积公式可知 $A_n = n \times \frac{1}{2} R^2 \sin \frac{2\pi}{n}$,记 $x = \frac{2\pi}{n}$,则当 $n \to \infty$ 时,$x \to 0$. 从而有

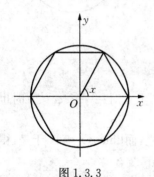

图 1.3.3

$$\lim_{n \to \infty} A_n = \pi R^2 \lim_{n \to \infty} \frac{\sin \frac{2\pi}{n}}{\frac{2\pi}{n}} = \pi R^2 \lim_{x \to 0} \frac{\sin x}{x} = \pi R^2.$$

则圆的面积为 πR^2.

1.3.3 第二个重要极限公式

1. 复利问题

复利,即利滚利,不仅是一个经济问题,而是一个古老又现代的经济问题,随着商品经济的发展,复利计息将日益普遍,同时复利的限期将日益变短,即不仅用年息、月息、而且用旬息、日息表示利息率.

设本金为 p,年利率为 r,若一年分为 n 期,每期利率为 r/n,存期为 t 年,则本利和为 $S_n = p \left(1 + \frac{r}{n}\right)^{tn}$.

问题:当计息时间越来越短,即 $n \to \infty$ 时,本利和 S_n 的极限值是多少?

我们先观察表 1.3.2 中数列 $x_n = \left(1 + \frac{1}{n}\right)^n$ 当 n 无限增大时的变化情况.

表 1.3.2 数列 $x_n = \left(1 + \frac{1}{n}\right)^n$ 的随 n 的变化趋势

n	x_n
1	2.000 000
10	2.593 742

续表

n	x_n
100	2. 704 814
1 000	2. 716 924
10 000	2. 718 146
100 000	2. 718 268
1 000 000	2. 718 280
10 000 000	2. 718 282
100 000 000	2. 718 282
$\vdots$	$\vdots$

从表 1.3.2 可以直观得到,当 n 无限增大时,$x_n = \left(1 + \dfrac{1}{n}\right)^n$ 无限趋向于 2.718 28⋯,我们记这个数为 e.

$$\lim_{n \to \infty} \left(1 + \frac{1}{n}\right)^n \triangleq e.$$

数 e 是一个无理数,它的值 $e = 2.718\,281\,828\,459\,045\cdots$,指数函数 $y = e^x$ 和自然对数 $y = \ln x$ 中的底就是这个数.

例 1.3.4　求 $\lim\limits_{n \to \infty} \left(1 + \dfrac{1}{n}\right)^{n+2}$.

解　$\lim\limits_{n \to \infty} \left(1 + \dfrac{1}{n}\right)^{n+2} = \lim\limits_{n \to \infty} \left[\left(1 + \dfrac{1}{n}\right)^n \cdot \left(1 + \dfrac{1}{n}\right)^2\right]$

$$= \lim_{n \to \infty} \left(1 + \frac{1}{n}\right)^n \cdot \lim_{n \to \infty} \left(1 + \frac{1}{n}\right)^2 = e \cdot 1 = e.$$

例 1.3.5　求 $\lim\limits_{x \to \infty} \left(1 - \dfrac{1}{n}\right)^n$.

解　$\lim\limits_{x \to \infty} \left(1 - \dfrac{1}{n}\right)^n = \lim\limits_{x \to \infty} \left[\left[\dfrac{1}{1 + \dfrac{1}{n-1}}\right]^{n-1} \cdot \left(1 - \dfrac{1}{n}\right)\right] = e^{-1}.$

例 1.3.6　求极限 $\lim\limits_{n \to \infty} A_0 \left(1 + \dfrac{r}{n}\right)^{nt}$.

解　$\lim\limits_{n \to \infty} A_0 \left(1 + \dfrac{r}{n}\right)^{nt} = \lim\limits_{n \to \infty} A_0 \left[\left(1 + \dfrac{1}{n/r}\right)^{n/r}\right]^{tr} = A_0 e^{rt}.$

注　在这个极限的结果中,若 r 是存款的年复利率,t 是存款年限,A_0 是本金,那么，$A_0\left(1+\dfrac{r}{n}\right)^{nt}$ 就是 t 年的存款分 nt 次计算本利和的表达式. 所以当 $n\to\infty$ 时，

极限 $\lim\limits_{n\to\infty}A_0\left(1+\dfrac{r}{n}\right)^{nt}$ 为 $A_0\mathrm{e}^{rt}$，这就是所求的连续复利和.

2. 第二个重要极限

$$\lim_{x\to\infty}\left(1+\frac{1}{x}\right)^x=\mathrm{e}.$$

利用夹逼法则可以证明.（证略）

$$\boxed{\text{一般地，若 }\varphi(x)\to\infty\text{，则 }\lim_{\varphi(x)\to\infty}\left[1+\frac{1}{\varphi(x)}\right]^{\varphi(x)}=\mathrm{e}.}$$

例 1.3.7　求下列函数极限：

(1) $\lim\limits_{x\to\infty}\left(1-\dfrac{1}{x}\right)^x$；　　(2) $\lim\limits_{x\to\infty}\left(1+\dfrac{2}{x}\right)^x$.

解　(1) 设 $t=-x$，当 $x\to\infty$ 时，$t\to\infty$. 于是，有

$$\lim_{x\to\infty}\left(1-\frac{1}{x}\right)^x=\lim_{t\to\infty}\left[\left(1+\frac{1}{t}\right)^t\right]^{-1}=\mathrm{e}^{-1}.$$

(2) $\lim\limits_{x\to\infty}\left(1+\dfrac{2}{x}\right)^x=\lim\limits_{x\to\infty}\left[\left(1+\dfrac{2}{x}\right)^{\frac{x}{2}}\right]^2=\mathrm{e}^2$.

例 1.3.8　求极限 $\lim\limits_{x\to0}(1+x)^{\frac{1}{x}}$.

解　令 $x=\dfrac{1}{u}$，则 $u=\dfrac{1}{x}$，当 $x\to0$ 时，$u\to\infty$，于是

$$\lim_{x\to0}(1+x)^{\frac{1}{x}}=\lim_{u\to\infty}\left(1+\frac{1}{u}\right)^u=\mathrm{e}.$$

$$\boxed{\text{一般地，若 }u(x)\to0\text{，则 }\lim_{u(x)\to0}[1+u(x)]^{\frac{1}{u(x)}}=\mathrm{e}.}$$

例 1.3.9　求极限 $\lim\limits_{x\to0}(1+2\sin x)^{\frac{1}{\sin x}}$.

解　因为当 $x\to0$ 时，$\sin x\to0$，故 $\lim\limits_{x\to0}(1+2\sin x)^{\frac{1}{2\sin x}\times2}=\mathrm{e}^2$.

例 1.3.10　求极限 $\lim\limits_{x\to0}(1-2\sin x)^{\frac{1}{\tan x}}$.

解　因为当 $x\to0$ 时，$\sin x\to0$，故

$$\lim_{x \to 0} (1 - 2\sin x)^{\frac{1}{\tan x}} = \lim_{x \to 0} \left[1 + (-2\sin x) \right]^{\frac{1}{-2\sin x} \times (-2\cos x)} = e^{-2}.$$

习 题 1.3

1. 利用重要极限 $\lim\limits_{x \to 0} \dfrac{\sin x}{x} = 1$，求下列各极限：

(1) $\lim\limits_{x \to 0} \dfrac{\sin 5x}{x}$；

(2) $\lim\limits_{x \to 0} \dfrac{1 - \cos x}{x \sin x}$；

(3) $\lim\limits_{x \to 0} x \cot x$；

(4) $\lim\limits_{x \to 0} \dfrac{\sin 2x}{\tan x}$；

(5) $\lim\limits_{n \to \infty} n \sin \dfrac{x}{n}$；

(6) $\lim\limits_{x \to 0} \dfrac{\sin mx}{\sin nx}$ （m，n 为自然数）；

(7) $\lim\limits_{x \to \frac{\pi}{2}} \dfrac{\cos x}{x - \dfrac{\pi}{2}}$；

(8) $\lim\limits_{x \to 0} \dfrac{\arctan x}{x}$；

(9) $\lim\limits_{x \to 0} \dfrac{\sin 2x}{\sqrt{x+1} - 1}$；

(10) $\lim\limits_{x \to 0} \dfrac{\arcsin 3x}{x}$；

(11) $\lim\limits_{x \to 0^+} \dfrac{\sqrt{1 - \cos x}}{x}$；

(12) $\lim\limits_{x \to 0} \dfrac{\sqrt{1 - \cos x^2}}{1 - \cos x}$.

2. 利用重要极限 $\lim\limits_{x \to \infty} \left(1 + \dfrac{1}{x} \right)^x = e$ 或 $\lim\limits_{n \to 0} (1 + x)^{\frac{1}{x}} = e$，求下列各极限：

(1) $\lim\limits_{x \to \infty} \left(1 + \dfrac{1}{x} \right)^{\frac{x}{2}}$；

(2) $\lim\limits_{x \to \infty} \left(\dfrac{k + x}{x} \right)^x$；

(3) $\lim\limits_{x \to \infty} \left(1 + \dfrac{2}{x} \right)^{2x}$；

(4) $\lim\limits_{x \to \infty} \left(\dfrac{x - 2}{x + 2} \right)^x$；

(5) $\lim\limits_{x \to \infty} \left(1 - \dfrac{1}{x^2} \right)^x$；

(6) $\lim\limits_{x \to +\infty} x \left[\ln(x + 2) - \ln x \right]$；

(7) $\lim\limits_{x \to 0} (1 + 2x^2)^{\frac{1}{x^2}}$；

(8) $\lim\limits_{x \to 0} (1 + \tan x)^{\cot x}$；

(9) $\lim\limits_{x \to 0} (1 - \arctan x)^{\frac{1}{x}}$；

(10) $\lim\limits_{x \to 0} (1 + 2\arcsin x)^{\csc x}$.

3. 已知 $\lim\limits_{x \to \infty} \left(\dfrac{x + c}{x - c} \right)^x = 4$，求 c.

4. 设本金为 p，年利率为 r，若一年分为 n 期，每期利率为 r/n，存期为 t 年，则本利和为多少？ 现某人有 $p = 1000$ 元，年利率 $r = 0.08$，$t = 5$，请按 (1) 年；(2) 半年；(3) 月；(4) 连续计算本利和，并作出评价.

1.4 无穷小量和无穷大量

1.4.1 无穷小量

当 $x \to 1$ 时，$f(x) = x - 1$ 的函数值趋于 0；当 $x \to \infty$ 时，$g(x) = \dfrac{1}{x+1}$ 的函数值趋于 0. 对于极限是零的变量，我们给出一个特殊的名称——无穷小.

定义 1.4.1 如果 $\lim\limits_{x \to x_0} f(x) = 0$，则称 $f(x)$ 当 $x \to x_0$ 时为无穷小量，简称为无穷小.

定义中的 $x \to x_0$ 可以换成 $x \to \infty$.

例如，因为 $\lim\limits_{x \to \infty} \dfrac{1}{x} = 0$，所以函数 $f(x) = \dfrac{1}{x}$ 当 $x \to \infty$ 时为无穷小. 又 $\lim\limits_{x \to 0} \sin x = 0$，所以函数 $f(x) = \sin x$ 当 $x \to 0$ 时为无穷小.

习惯上，无穷小用希腊字母 α, β, γ, $\cdots$ 表示.

例 1.4.1 当 $x \to 0$ 时，下列函数哪些是无穷小，

(1) $f_1(x) = x + 2x^2$; (2) $f_2(x) = 0$; (3) $f_3(x) = 0.0001$.

解 因为 (1) $\lim\limits_{x \to 0} f_1(x) = \lim\limits_{x \to 0} (x + 2x^2) = 0$;

(2) $\lim\limits_{x \to 0} f_2(x) = \lim\limits_{x \to 0} 0 = 0$;

(3) $\lim\limits_{x \to 0} f_3(x) = \lim\limits_{x \to 0} 0.0001 = 0.0001$;

所以当 $x \to 0$ 时，$f_1(x)$, $f_2(x)$ 是无穷小.

例 1.4.2 当 $x \to \infty$ 时，下列函数哪些是无穷小？

(1) $f_1(x) = \dfrac{1}{x+1}$; (2) $f_2(x) = \dfrac{x-1}{x+1}$; (3) $f_3(x) = \sin x$.

解 (1) 当 $x \to \infty$ 时，$\dfrac{1}{x+1} \to 0$，所以当 $x \to \infty$ 时 $f_1(x) = \dfrac{1}{x+1}$ 是无穷小.

(2) 当 $x \to \infty$ 时

$$\lim_{x \to \infty} f_2(x) = \lim_{x \to \infty} \frac{x-1}{x+1} = \lim_{x \to \infty} \frac{1 - \dfrac{1}{x}}{1 + \dfrac{1}{x}} = 1,$$

则当 $x \to \infty$ 时 $f_2(x) = \dfrac{x-1}{x+1}$ 不是无穷小.

（3）$f_3(x) = \sin x$ 的函数值的变化情况由表 1.4.1 给出.

表 1.4.1 $\sin x$ 的函数值随 x 的变化情况

x	0	1	10	100	10 000	1 000 000
$\sin x$	0	0.841 5	−0.544 0	−0.506 4	−0.305 6	0.035 7

从表 1.4.1 可得，当 $x \to \infty$ 时，$\lim\limits_{x\to\infty} f_3(x) = \lim \sin x$ 不存在，它不是无穷小.

注 （1）无穷小不是一个很小的常数；

（2）零是唯一的可以作为无穷小的常数；

（3）不能离开自变量的变化过程来谈无穷小.

例如，当 $x \to 0$ 时，x^2 是无穷小，但 $\lim\limits_{x\to2} x^2 = 4$，即当 $x \to 2$ 时，x^2 不是无穷小.

1.4.2 无穷小的比较

无穷小是以零为极限的变量，对于两个无穷小来说，没有大小之分，但对同一变化过程中，我们可以比较它们趋近于零的"快慢"程度. 例如，当 $x \to 0$ 时，$2x$，x^2，$\sin x$ 都是无穷小，表 1.4.2 却反映它们的变化情况.

表 1.4.2 $2x, x^2, \sin x$ 的函数值随 x 的变化情况

x	1	0.5	0.1	0.01	0.001	⋯
$2x$	2	1.0	0.2	0.02	0.002	⋯
x^2	1	0.25	0.01	0.000 1	0.000 001	⋯
$\sin x$	0.841 5	0.479 4	0.099 8	0.01	0.001	⋯

从表 1.4.2 可知，在 $x \to 0$ 的过程中时，$x^2 \to 0$ 比 $2x \to 0$ 要"快"，而 $x \to 0$ 与 $\sin x \to 0$ 的"快慢"程度几乎相同，$x \to 0$ 与 $2x \to 0$ 的"快慢"程度相近. 为了区别这种"快慢"程度，引进下面的定义.

定义 1.4.2 设 α, β 是同一变化过程中的无穷小.

如果 $\lim \dfrac{\alpha}{\beta} = C \neq 0$，则称 α 与 β 是同阶无穷小，记为 $\alpha = O(\beta)$；

如果 $\lim \dfrac{\alpha}{\beta} = 1$，则称 α 与 β 是等价无穷小，记为 $\alpha \sim \beta$；

如果 $\lim \dfrac{\alpha}{\beta} = 0$，则称 α 是比 β 高阶的无穷小，记为 $\alpha = o(\beta)$.

例如，当 $x \to 0$ 时，x^2 是 x 的高阶无穷小，而 $\sin x$ 与 x 是等价无穷小. 等价无穷小在极限计算中经常被用到，我们有

定理 1. 4. 1 （等价无穷小代换）设 $\alpha \sim \alpha'$，$\beta \sim \beta'$，且 $\lim \dfrac{\alpha'}{\beta'}$ 存在，则

$$\lim \frac{\alpha}{\beta} = \lim \frac{\alpha'}{\beta'}.$$

这个性质表明，计算两个无穷小之比的极限，分子和分母都可以用等价无穷小来代替，这样可以使求极限的计算简化.

下面是几个常见的等价无穷小：当 $x \to 0$ 时，

$$\sin x \sim x; \quad \tan x \sim x; \quad e^x - 1 \sim x;$$

$$\ln(x+1) \sim x; \quad (1+x)^\alpha - 1 \sim \alpha x; \quad 1 - \cos x \sim \frac{x^2}{2}.$$

例 1. 4. 3 求 $\lim\limits_{x \to 0} \dfrac{\tan 3x}{2x}$.

解 当 $x \to 0$ 时，$\tan 3x \sim 3x$，所以

$$\lim_{x \to 0} \frac{\tan 3x}{2x} = \lim_{x \to 0} \frac{3x}{2x} = \frac{3}{2}.$$

例 1. 4. 4 求 $\lim\limits_{x \to 0} \dfrac{\tan x - \sin x}{\sin^3 x}$.

解 原式 $= \lim\limits_{x \to 0} \dfrac{1 - \cos x}{\cos x \sin^2 x} = \lim\limits_{x \to 0} \dfrac{1}{\cos x} \cdot \lim\limits_{x \to 0} \dfrac{1 - \cos x}{\sin^2 x}$

$$= \lim_{x \to 0} \frac{1}{\cos x} \cdot \lim_{x \to 0} \frac{x^2/2}{x^2} = \frac{1}{2}.$$

注 在利用等价无穷小代换时容易出现下列错误：在上例中，由于 $\sin x \sim x$，$\tan x \sim x$，于是

$$\lim_{x \to 0} \frac{\tan x - \sin x}{\sin^3 x} = \lim_{x \to 0} \frac{x - x}{x^3} = 0.$$

这显然是错误的. 其原因是，等价无穷小的代换只能代换整个分子或整个分母或者部分乘积因式里，加与减的情形则要谨慎对待.

定义 1. 4. 3 当 $x \to x_0$ 时，若 $|f(x)| \to +\infty$，则称 $f(x)$ 当 $x \to x_0$ 时为无穷大，简称为无穷大，记为 $\lim\limits_{x \to x_0} f(x) = \infty$.

例如，$f(x) = \dfrac{1}{x-1}$，当 $x \to 1$ 时，$\left| \dfrac{1}{x-1} \right| \to +\infty$，则 $f(x)$ 当 $x \to 1$ 时是无穷大，并把 $x = 1$ 称为曲线 $y = f(x)$ 的**垂直渐近线**，如图 1.4.1 所示.

无论自变量在哪种变化过程中 $(x \to x_0 + 0, x \to x_0 - 0, x \to +\infty, x \to -\infty)$，

只要 $f(x)$ 的函数值趋于 ∞(或者 $+\infty$,或者 $-\infty$),则称 $f(x)$ 在自变量的这种变化趋势下是无穷大.

注 （1）不能离开自变量的变化过程来谈无穷大;

（2）在同一个变化过程中两个无穷大代数和的结果是不确定的;

（3）无穷大与有界量的和也是无穷大量.

例如,当 $x \to \infty$ 时,x^2,$1-x^2$ 都是无穷大量,显然,$x^2+(1-x^2)$ 不是无穷大量,它趋近于 1.

由无穷大与无穷小的定义,可推出它们的关系如下:

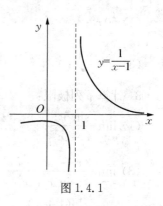

图 1.4.1

定理 1.4.2　在自变量的同一变化过程中,如果 $f(x)$ 为无穷大,则 $\dfrac{1}{f(x)}$ 为无穷小;反之,如果 $f(x)$ 为无穷小,且 $f(x) \neq 0$,则 $\dfrac{1}{f(x)}$ 为无穷大.

例 1.4.5　求极限:

(1) $\lim\limits_{x \to \infty} \dfrac{4x+1}{2x^2+x}$; 　　(2) $\lim\limits_{x \to \infty} \dfrac{2x^2+x}{4x+1}$.

解　(1) 分子、分母同时除以最高次幂 x^2,得

$$\lim_{x \to \infty} \frac{4x+1}{2x^2+x} = \lim_{x \to \infty} \frac{\dfrac{4}{x}+\dfrac{1}{x^2}}{2+\dfrac{1}{x}} = 0.$$

(2) 由无穷小与无穷大的关系,得 $\lim\limits_{x \to \infty} \dfrac{2x^2+x}{4x+1} = \infty$.

思考题　曲线 $f(x) = \dfrac{\sin 2x}{x(x^2-1)}$ 有几条垂直渐近线?

习　题　1.4

1. 下列函数在什么情况下是无穷小,在什么情况下是无穷大?

(1) $y = \dfrac{1}{x^3}$;　　　　　　　(2) $y = \dfrac{1+2x}{x^2}$;

(3) $y = \log_{10} x$;　　　　　　(4) $y = 2^{-x} - 1$.

2. 当 $x \to 0$ 时,下列函数哪些是无穷小,哪些是无穷大?

(1) $50x^2$;

(2) $\dfrac{x^2}{x^3-1}$;

(3) $\dfrac{x^2-1}{x}$;

(4) $\dfrac{1}{\ln(x+1)}$.

3. 计算下列极限:

(1) $\lim\limits_{x\to 0}\dfrac{\sin 5x}{x+x^3}$;

(2) $\lim\limits_{x\to 0}\dfrac{3x+\sin^2 x}{2x-x^3}$;

(3) $\lim\limits_{x\to 0}\dfrac{3x+5x^2-7x^3}{\sin x+x^2}$;

(4) $\lim\limits_{x\to 0}\dfrac{\sqrt{1+x}-1}{\sin 2x}$;

(5) $\lim\limits_{x\to 0}\dfrac{x\ln(1+x)}{1-\cos x}$;

(6) $\lim\limits_{x\to 0}\dfrac{\ln(1+2x-3x^2)}{x}$;

(7) $\lim\limits_{x\to 0}\dfrac{1-\cos x}{x\sin x}$;

(8) $\lim\limits_{x\to 0}\dfrac{\sin(nx)}{\sin mx}$ (m, n 为自然数).

1.5 函数的连续性

1.5.1 连续函数的概念

自然界有许多现象,如温度的变化、农作物的生长、细菌的繁殖、化学反应过程等,都是一个循序渐进、连续变化的过程.

我们知道,函数 $y=f(x)$ 的图形是平面上的一条曲线. 如果曲线从起点 $A(a,f(a))$ 到终点 $B(b,f(b))$ 一条连绵不断的曲线(图 1.5.1),则称这条曲线是连续曲线,相应的函数 $y=f(x)$ 称为区间 $[a,b]$ 上的连续函数. 例如,函数 $y=\sin x$ 的图形在实数域上就是一条连续不断的曲线,因此它在实数域上就是连续的.

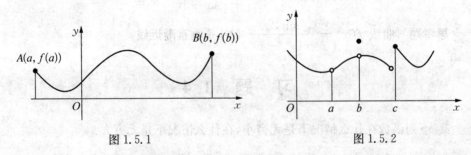

图 1.5.1　　　　　　　　　　　图 1.5.2

如果函数 $y=f(x)$ 的图形不是一条连绵不断的曲线,那么这条曲线一定在某个地方或某几个地方是断开的,称这样的曲线为不连续曲线,相应的函数称为不连续函数(或间断函数). 若曲线在点 $(x_0,f(x_0))$ 断开,则称 x_0 为函数 $f(x)$ 的间断点或不连续点. 在图 1.5.2 中,函数的曲线在 a 点有洞,在 b 点的函数值 $f(b)$ 不等于它的极限值,在 c 点,函数值与左极限不等,有一个跳跃,则函数在点 a,b,c 处是不连续的.

1.5.2 函数在一点处的连续性

定义 1.5.1 设函数 $y = f(x)$ 在点 x_0 及其附近有定义,如果函数 $f(x)$ 当 $x \to x_0$ 时的极限存在,且等于它在点 x_0 处的函数值 $f(x_0)$,即

$$\lim_{x \to x_0} f(x) = f(x_0),$$

那么就称函数 $f(x)$ 在点 x_0 连续,点 x_0 称为函数 $f(x)$ 的连续点.

从定义 1.5.1 中可知,函数 $f(x)$ 在点 x_0 处连续必须满足三个条件:(1) 函数 $f(x)$ 在点 x_0 处有定义;(2) $\lim\limits_{x \to x_0} f(x)$ 存在;(3) 极限值 $\lim\limits_{x \to x_0} f(x)$ 等于函数值 $f(x_0)$. 只要这三个条件中有一个不满足,函数 $f(x)$ 在点 x_0 处就不连续,点 x_0 称为函数 $f(x)$ 的不连续点或间断点. 左、右极限都存在的间断点称为第一类间断点.

例 1.5.1 观察下列函数的图形,求下列函数的连续点:

(1) $f(x) = x + 2$;(2) $g(x) = \dfrac{x^2 - 4}{x - 2}$;(3) $h(x) = \begin{cases} x + 2, & x \neq 2, \\ 1, & x = 2; \end{cases}$

(4) $F(x) = \begin{cases} 1, & x > 0, \\ -1, & x \leqslant 0; \end{cases}$ (5) $G(x) = \begin{cases} \dfrac{1}{x}, & x > 0, \\ -1, & x \leqslant 0. \end{cases}$

解 a,b,c,d,e 各函数的图形如图 1.5.3 所示.

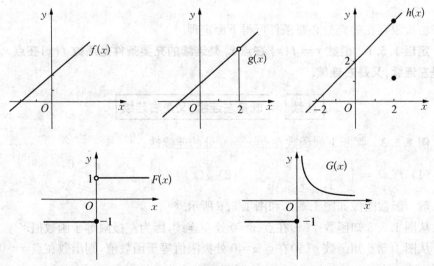

图 1.5.3

由图 1.5.3 可知：

函数 $f(x)$ 在任何地方都连续，因为对任意的 x，函数都满足连续的三个条件；

函数 $g(x)$ 在点 $x=2$ 处没定义，除点 $x=2$ 外，任何地方都连续；

函数 $h(x)$ 在点 $x=2$ 处不连续，因为在点 $x=2$ 处的极限值为 4，函数值 $h(2)=1$，除点 $x=2$ 外，函数任何地方都连续；

函数 $F(x)$ 除点 $x=0$ 外处处连续，因为在 x 趋于 0 时，函数极限不存在；

因为 x 趋于 0 时，函数 $G(x)$ 极限不存在，则函数不连续，除点 $x=0$ 外处处连续.

例 1.5.2 讨论函数 $f(x)=|x|$ 在点 $x=0$ 处的连续性.

解 因为

$$\lim_{x\to 0^+}f(x)=\lim_{x\to 0^+}x=0, \qquad \lim_{x\to 0^-}f(x)=\lim_{x\to 0^-}(-x)=0,$$

由极限存在的充分必要条件，得 $\lim_{x\to 0}f(x)=0$.

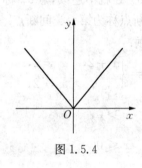

图 1.5.4

又由于 $f(0)=0$，故 $\lim_{x\to 0}f(x)=f(0)$. 于是函数 $f(x)=|x|$ 在点 $x=0$ 处连续(图 1.5.4).

定义 1.5.2 如果 $\lim_{x\to x_0^-}f(x)=f(x_0)$，则称函数 $f(x)$ 在点 x_0 处左连续，如果 $\lim_{x\to x_0^+}f(x)=f(x_0)$，则称函数 $f(x)$ 在点 x_0 处右连续.

左右连续的实际问题很多，顾客在邮局邮寄包裹的邮资就是一个左连续的函数，取整函数是一个右连续的函数.

由极限存在的充分必要条件可得下面定理.

定理 1.5.1 函数 $y=f(x)$ 在点 x_0 处连续的充要条件是函数 $f(x)$ 在点 x_0 处既是左连续，又是右连续.

$$\boxed{\text{连续}} \Leftrightarrow \boxed{\text{既是左连续，又是右连续}}$$

例 1.5.3 判断下列函数在点 $x=0$ 处的连续性：

(1) $f(x)=\begin{cases}1, & x>0, \\ -1, & x\leqslant 0;\end{cases}$ 　　(2) $g(x)=\begin{cases}1+x, & x<0, \\ 1, & x\geqslant 0.\end{cases}$

解 函数图像如图 1.5.5 和图 1.5.6 所示.

从图 1.5.5 知函数 $f(x)$ 在点 $x=0$ 处左连续，因为左极限等于函数值.

从图 1.5.6 知函数 $g(x)$ 在点 $x=0$ 处极限值等于函数值，则函数在点 $x=0$ 处连续.

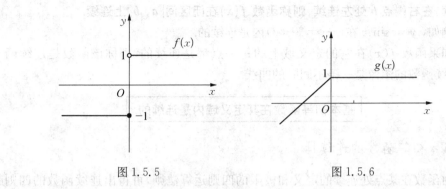

图 1.5.5　　　　　　　　　　　　　图 1.5.6

我们也可以用增量来描述函数的连续性.

定义 1.5.3　设函数 $y = f(x)$ 在点 x_0 及其附近有定义,当自变量从 x_0 变到 x,称 $\Delta x = x - x_0$ 为自变量 x 的增量,对应地,称 $\Delta y = f(x_0 + \Delta x) - f(x_0)$ 为函数 $y = f(x)$ 的增量(图 1.5.7).

在图 1.5.7 中,设 $x = x_0 + \Delta x$,当 $x \to x_0$ 时,有 $\Delta x \to 0$.

如果函数在点 x_0 处连续,则有 $\lim\limits_{x \to x_0} f(x) = f(x_0)$. 从而

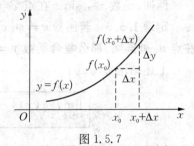

$$\lim_{x \to x_0} [f(x) - f(x_0)] = 0.$$

即

$$\lim_{\Delta x \to 0} \Delta y = 0.$$

图 1.5.7

我们有下面定义.

定义 1.5.4　设函数 $y = f(x)$ 在点 x_0 及其附近有定义. 如果当自变量的增量 $\Delta x = x - x_0$ 趋于零时,函数相应的增量 Δy 也趋于零,即 $\lim\limits_{\Delta x \to 0} \Delta y = 0$,则称函数 $f(x)$ 在点 x_0 连续,点 x_0 称为函数 $f(x)$ 的连续点.

例 1.5.4　证明函数 $f(x) = x^3$ 在点 $x = 1$ 处连续.

证　$\Delta y = f(1 + \Delta x) - f(1) = (1 + \Delta x)^3 - 1^3$
$$= 3\Delta x + 3(\Delta x)^2 + (\Delta x)^3,$$
$$\lim_{\Delta x \to 0} \Delta y = \lim_{\Delta x \to 0} [3\Delta x + 3(\Delta x)^2 + (\Delta x)^3] = 0,$$

则函数 $f(x) = x^3$ 在点 $x = 1$ 处连续.

1.5.3　函数在区间上的连续性

定义 1.5.5　如果函数 $f(x)$ 在区间 (a, b) 内每一点处都是连续的,则称函数 $f(x)$ 在开区间 (a, b) 内是连续函数. 如果 $f(x)$ 在区间 (a, b) 内连续,在左端点 a 处

右连续,在右端点 b 处左连续,则称函数 $f(x)$ 在闭区间 $[a, b]$ 上连续.

例如,$y = \sin x$ 在 $(-\infty, +\infty)$ 内是连续的.

如果函数 $f(x)$ 在它的定义域上的每一点都是连续的,则称该函数是连续函数.连续函数的图像是一条不间断的曲线.

> **基本初等函数在其定义域内是连续的.**

1.5.4 初等函数的连续性

由函数在某点处连续的定义和极限的四则运算法则,可得出连续函数的四则运算法则.

定理 1.5.2 若函数 $f(x)$,$g(x)$ 在点 x_0 处连续,则 $f(x) + g(x)$,$f(x) - g(x)$,$f(x)g(x)$,$\dfrac{f(x)}{g(x)}$ $(g(x_0) \neq 0)$ 在点 x_0 处都连续.

例如,函数 x^2,$\sin x$ 在点 $x=0$ 处连续,则 $x^2 + \sin x$ 在点 $x=0$ 处连续.

定理 1.5.3 若函数 $u = \varphi(x)$ 在点 x_0 处连续,且 $\varphi(x_0) = u_0$,而函数 $y = f(u)$ 在点 u_0 处连续,那么复合函数 $y = f[\varphi(x)]$ 在点 x_0 处也是连续的.

上述结论可写成

$$\lim_{x \to x_0} f[\varphi(x)] = f[\varphi(x_0)] = f\left[\lim_{x \to x_0} \varphi(x)\right].$$

当 $f(u)$ 和 $\varphi(x)$ 都连续时,极限符号 $\lim\limits_{x \to x_0}$ 可以与函数符号 f 互换位置.

例 1.5.5 求 $\lim\limits_{x \to 0} \sin\sqrt{1 - x^2}$.

解 函数 $f(u) = \sin u$ 在点 $u = 1$ 处连续,$u = \sqrt{1 - x^2}$ 在点 $x = 0$ 处连续,则复合函数 $y = \sin\sqrt{1 - x^2}$ 在点 $x = 0$ 处连续,则

$$\lim_{x \to 0} \sin\sqrt{1 - x^2} = \sin \lim_{x \to 0} \sqrt{1 - x^2} = \sin 1.$$

例 1.5.6 求 $\lim\limits_{x \to 2} (\cos\sqrt{x - 1} + \ln x)$.

解 因为函数 $\cos\sqrt{x - 1}$ 和 $\ln x$ 在 $x = 2$ 处连续,则

$$\lim_{x \to 2} (\cos\sqrt{x - 1} + \ln x) = \cos\sqrt{2 - 1} + \ln 2.$$

由于基本初等函数在其定义域内是连续的,而初等函数是由基本初等函数经过有限次四则运算或复合运算得到的,因此有结论:**一切初等函数在其定义区间上都是连续的.**

所谓定义区间,就是包含在定义域内的区间. 例如, $x \in \left[-\dfrac{\pi}{2}, \dfrac{\pi}{2}\right]$ 就是函数 $y = \cos x$ 的一个定义区间.

1.5.5 闭区间上连续函数的性质

闭区间上的连续函数具有一些重要的性质,在几何直观上十分明显.

定理 1.5.4 (最大值与最小值定理) 设函数 $f(x)$ 在闭区间 $[a, b]$ 上连续,则函数在该区间上一定可以取到最大值和最小值.

图 1.5.8 所表示是函数,在 ξ_1 处取得最小值,在 ξ_2 处取得最大值,并把 ξ_1 称为最小值点,ξ_2 称为最大值点.

通常,我们把函数 $f(x)$ 在闭区间的最小值记为 $m = \min\limits_{x \in [a, b]} f(x)$,把最大值记为 $M = \max\limits_{x \in [a, b]} f(x)$.

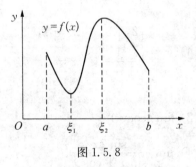

图 1.5.8

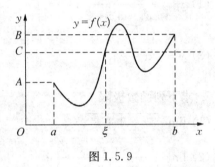

图 1.5.9

定理 1.5.5 (介值定理) 设函数 $f(x)$ 在闭区间 $[a, b]$ 上连续,且在区间的端点取不同的函数值 $f(a) = A$ 及 $f(b) = B$,那么,对于介于 A 与 B 之间的任意一个常数 C,在开区间 (a, b) 内至少有一点 ξ,使得 $f(\xi) = C$ ($a < \xi < b$) (图 1.5.9).

定理 1.5.5 的几何意义就是直线 $y = C$ 与连续曲线 $y = f(x)$ 必相交.

推论 在闭区间上连续的函数必取得介于最大值 M 与最小值 m 之间的任何值.

定理 1.5.6 (零点定理) 设函数 $f(x)$ 在闭区间 $[a, b]$ 上连续,且 $f(a)$ 与 $f(b)$ 异号 (即 $f(a)f(b) < 0$),那么在开区间 (a, b) 内至少有函数 $f(x)$ 的一个零点,即至少有一点 ξ ($a < \xi < b$),使 $f(\xi) = 0$.

定理表明:连续函数 $y = f(x)$ 所表示的曲线弧的两个端点分别在 x 轴的两侧,那么,这段弧必然与 x 轴至少有一个交点(图 1.5.10).

例 1.5.7 设函数 $f(x) = x^3 + x + 1$,证明

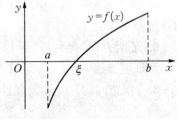

图 1.5.10

函数在区间$(-1,1)$内存在一个零点.

　　证　因为$f(x)$是三次多项式函数,则它在$[-1,1]$上连续;又

$$f(-1)=(-1)^3+(-1)+1=-1,\qquad f(1)=1^3+1+1=3,$$

由于$f(-1)$和$f(1)$异号,根据零点存在定理,在$(-1,1)$内存在一点$c,f(c)=0$.

　　思考题　查阅相关资料,谈谈用"二分法"找函数零点的步骤.

习　题　1.5

1. 求函数$y=-x^2+\dfrac{1}{2}x$,当$x=1$,$\Delta x=0.5$和$\Delta x=-0.5$时函数的增量.

2. 求下列函数的连续区间:

(1) $y=\dfrac{x^2-1}{x^2-3x+2}$;

(2) $y=\ln(x^2-9)$;

(3) $y=\sqrt{x-2}$;

(4) $y=\begin{cases}2,&x=1,\\\dfrac{1}{1-x},&x\neq1.\end{cases}$

3. 求下列函数极限:

(1) $\lim\limits_{x\to0}\sqrt{2x-1+e^x}$;

(2) $\lim\limits_{x\to0}(\cos x)^2$;

(3) $\lim\limits_{x\to0}\dfrac{e^x\sin x+5}{1+x-\ln(1-x)}$;

(4) $\lim\limits_{x\to\frac{\pi}{2}}\dfrac{\sin2x}{\sin x+\cos x}$.

(5) $\lim\limits_{x\to0}\dfrac{e^x-1}{x}$;

(6) $\lim\limits_{x\to0}\dfrac{\ln(1+x)}{x}$.

4. 常数a为何值时,函数$f(x)=\begin{cases}e^x,&x<0,\\a+x,&x\geqslant0\end{cases}$在$(-\infty,+\infty)$内连续?

5. 常数a,b为何值时,函数$f(x)=\begin{cases}ax+1,&x<0,\\1,&x=0,\\\dfrac{\sin bx}{x}+2,&x>0\end{cases}$在$(-\infty,+\infty)$

内连续?

6. 证明方程$x^3-4x^2+1=0$至少有一个根介于0和1之间.

7. 证明方程$\sin x-x=1$至少有一个根介于-2和2之间.

8. (水费问题) 设某城市居民每月用水费用的函数模型为

$$f(x)=\begin{cases}0.64x,&0\leqslant x\leqslant4.5,\\2.88+5\times0.64(x-4.5),&x>4.5,\end{cases}$$

其中 x 为用水量(单位：t), $f(x)$ 为水费(单位：元).

(1) 求 $\lim\limits_{x\to 4.5} f(x)$；

(2) $f(x)$ 是连续函数吗?

(3) 画出 $f(x)$ 的图形.

总 习 题 1

(A)

1. 是非题.

(1) 函数 $f(x)$ 在点 $x=x_0$ 的处无意义,则有 $\lim\limits_{x\to x_0} f(x)$ 不存在.

(2) 若 $\lim\limits_{x\to a} f(x)$ 和 $\lim\limits_{x\to a} g(x)$ 都不存在,则 $\lim\limits_{x\to a}[f(x)+g(x)]$ 也不存在.

(3) 若 $\lim\limits_{x\to a} f(x)$ 和 $\lim\limits_{x\to a} g(x)$ 都存在,则 $\lim\limits_{x\to a}\dfrac{f(x)}{g(x)}$ 也存在.

(4) 设函数 $f(x)$ 在闭区间 $[a, b]$ 上连续, $f(x)$ 在 $[a, b]$ 上的最大值、最小值分别为 M 和 m $(M>m)$,则集合 $I=\{f(x)\mid a\leqslant x\leqslant b\}$ 是区间 $[m, M]$.

(5) 设函数 $f(x)$ 在闭区间 $[a, b]$ 上连续,且 $f(a)f(b)>0$,则函数在 (a, b) 内没有零点.

2. 选择题.

(1) 函数 $f(x)=\cos 2x$, $x\in(-\infty, +\infty)$ 是( ).

① 有界函数　　② 单调函数　　③ 周期函数　　④ 偶函数

(2) 下列命题中错误的是( ).

① 两个偶函数的和是偶函数　　② 两个奇函数的和是奇函数

③ 两个偶函数的积是偶函数　　④ 两个奇函数的积是奇函数

(3) 设 $f(x)=\ln(x^2-1)$,则 $f(x)$ 的定义域为( ).

① $(-\infty, -1)$　　　　　　② $(1, +\infty)$

③ $(-\infty, -1)\cup(1, +\infty)$　　④ $(-\infty, -1]\cup[1, +\infty)$

(4) 当 $x\to 0$ 时,下列函数( )是无穷小.

① $\sin 2x$　　② $\cos x$　　③ e^{-x}　　④ $\cos x-\sin x$

3. 填空题.

(1) 设函数 $f(\ln x)=1+x$,则 $f(x)=$ _____.

(2) 设 $\lim\limits_{x\to\infty}\left(1+\dfrac{c}{x}\right)^x=e^2$,则 $c=$ _____.

(3) 设 $\lim\limits_{x\to 0}\dfrac{\sin cx}{x}=5$,求 $c=$ _____.

(4) 设函数 $f(x) = \dfrac{x^2 - x - 2}{x^2 - 1}$，则 $f(x)$ 的连续区间为 _____.

4. 计算下列极限.

(1) $\displaystyle\lim_{x \to -1} \dfrac{x^3 + 2x - 1}{2 - 3x^2}$;

(2) $\displaystyle\lim_{x \to 1} \left(\dfrac{2}{x^2 - 1} - \dfrac{1}{x - 1} \right)$;

(3) $\displaystyle\lim_{x \to +\infty} x(\sqrt{x^2 + 1} - x)$;

(4) $\displaystyle\lim_{x \to \infty} \left(\dfrac{2x + 3}{2x + 1} \right)^{x+1}$;

(5) $\displaystyle\lim_{x \to 0} \left(\dfrac{2 + \mathrm{e}^{\frac{1}{x}}}{1 + \mathrm{e}^{\frac{4}{x}}} + \dfrac{\sin x}{|x|} \right)$;

(6) $\displaystyle\lim_{x \to 0} (1 + x^2 \mathrm{e}^x)^{\frac{1}{1 - \cos x}}$.

5. 已知 $\displaystyle\lim_{x \to 1} \dfrac{x^2 + ax + b}{x - 1} = 3$，求常数 a, b.

6. 设函数 $f(x)$ 连续，$\displaystyle\lim_{x \to 0} \dfrac{1 - \cos[x f(x)]}{(\mathrm{e}^{x^2} - 1) f(x)} = 1$，求 $f(0)$.

(B)

1. 是非题.

(1) 函数 $f(x)$ 在点 $x = x_0$ 处连续，则有 $\displaystyle\lim_{x \to x_0} f(x)$ 存在.

(2) 若 $\displaystyle\lim_{x \to a} f(x) g(x)$ 和 $\displaystyle\lim_{x \to a} g(x)$ 存在，则 $\displaystyle\lim_{x \to a} f(x)$ 也存在.

(3) 当 $x \to 1$ 时，$f(x)$ 是无穷小，则 $\dfrac{1}{f(x)}$ 无穷大.

(4) 设函数 $f(x), g(x)$ 在闭区间 $[a, b]$ 上连续，则它们的和、差、积、商也在 $[a, b]$ 上连续.

2. 选择题.

(1) 设 $f(x) = \mathrm{e}^{\cos 2x}$, $x \in (-\infty, +\infty)$ 是( ).

① 有界函数　　② 单调函数　　③ 周期函数　　④ 偶函数

(2) 设 $f(x) = \ln(x + 1)$，则复合函数 $y = \sqrt{f(x)}$ 的定义域是( ).

① $(0, +\infty)$　　② $(-1, +\infty)$　　③ $[0, +\infty)$　　④ $[-1, +\infty)$

(3) 设 $f(x) = \dfrac{3x + 5}{x + 1}$ 的值域是( ).

① $(-\infty, +\infty)$

② $(-\infty, 3)$

③ $(3, +\infty)$

④ $(-\infty, 3) \bigcup (3, +\infty)$

(4) 当 $x \to 0$ 时，下列函数( )是无穷小.

① $\dfrac{\sin x}{x}$　　② $\dfrac{\cos x}{x}$　　③ $\dfrac{\mathrm{e}^x}{x}$　　④ $\dfrac{x^2 - 3x \sin x}{x}$

3. 填空题.

(1) 设函数 $f(2x-1)=x^2$，则 $f(x)=$_____.

(2) 设 $f(x)=\begin{cases} x^2, & x<1, \\ a, & x=1, \\ bx+2, & x>1 \end{cases}$ 是 $(-\infty,+\infty)$ 内的连续函数，则 $a=$

_____ , $b=$_____.

(3) 设 $f(x)=\left(\dfrac{1}{x}-\dfrac{1}{x+1}\right)\Big/\left(\dfrac{1}{x-1}-\dfrac{1}{x}\right)$，则 $f(x)$ 的不连续点

是_____.

(4) 设函数 $f(x)$ 在闭区间 $[a,b]$ 上连续，且 $f(a)>0$，$f(b)>0$，最小值 $m<0$，则方程 $f(x)=0$ 在 (a,b) 内至少有_____根.

4. 计算下列极限.

(1) $\lim\limits_{x\to1}\dfrac{x+x^2+\cdots+x^n-n}{x-1}$；   (2) $\lim\limits_{x\to0}\dfrac{\sin 4x}{\sqrt{x+1}-1}$；

(3) $\lim\limits_{n\to\infty}n[\ln n-\ln(n+2)]$；   (4) $\lim\limits_{x\to+\infty}x\sin\dfrac{2x}{x^2+1}$；

(5) $\lim\limits_{x\to0}(1-4x)^{\frac{1-x}{x}}$；

(6) $\lim\limits_{n\to\infty}(1+x)(1+x^2)\cdots(1+x^{2n})$，$|x|<1$.

5. 设函数 $f(x)$ 连续，$\lim\limits_{x\to0}\dfrac{1-\cos[xf(x)]}{\ln(1-x^2)f(x)}=1$，求 $f(0)$.

6. 作出下列函数的图形，并求出函数的间断点：

$$f(x)=\lim_{t\to+\infty}\dfrac{x+\mathrm{e}^{tx}}{1+\mathrm{e}^{tx}}.$$

阅读材料 1   极限思想的产生与发展

一、极限思想的由来

极限的思想可以追溯到古代，刘徽的"割圆术"就是建立在直观基础上的一种原始的极限思想的应用.为了计算圆的面积，刘徽在该圆上，作一串圆的内接正多边形，分别为正六边形，正十二边形，正二十四边形……它们的面积构成一个数列.显然，当圆的内接正多边形的边数成倍无限增加时，圆的内接正多边形将无限地趋近于该圆周，圆的内接正多边形的面积的极限就是圆的面积.古希腊人的"穷竭法"也蕴含了极限思想.

二、极限思想的发展

极限思想的进一步发展是与微积分的建立紧密相联系的. 16 世纪的欧洲处于资本主义萌芽时期, 生产力得到极大的发展, 生产和技术中大量的问题, 只用初等数学的方法已无法解决, 要求数学突破只研究常量的传统范围, 而提供能够用以描述和研究运动、变化过程的新工具, 这是促进极限发展, 微积分建立的社会背景.

起初英国数学家牛顿和德国数学家莱布尼茨以无穷小概念为基础建立微积分. 牛顿用路程的改变量 ΔS 与时间的改变量 Δt 之比 $\Delta S/\Delta t$ 表示运动物体的平均速度, 让 Δt 无限趋近于零, 得到物体的瞬时速度, 并由此引出导数概念和微分学理论. 他意识到极限概念的重要性, 试图以极限概念作为微积分的基础, 他说: "两个量与量之比, 如果在有限时间内不断趋于相等, 且在这一时间终止前互相靠近, 使得其差小于任意给定的差, 则最终就成为相等." 但牛顿的极限观念也是建立在几何直观上的, 因而他无法得出极限的严格表述. 牛顿所运用的极限概念, 只是接近于下列直观性的语言描述: "如果当 x 无限趋近时 x_0, 函数 $f(x)$ 无限地接近于常数 A, 那么 A 就叫做函数 $f(x)$ 当 $x \to x_0$ 时的极限."

这种描述性语言, 人们容易接受, 但不能作为科学论证的逻辑基础.

正因为当时缺乏严格的极限定义, 微积分理论才受到人们的怀疑与攻击, 例如, 在瞬时速度概念中, 究竟 Δt 是否等于零? 如果说是零, 怎么能用它去作除法呢? 如果它不是零, 又怎么能把包含着它的那些项去掉呢? 这就是数学史上所说的无穷小悖论.

三、极限思想的完善

极限思想的完善与微积分的严格化密切联系. 在很长一段时间里, 微积分理论基础的问题, 许多人都曾尝试解决, 但都未能如愿以偿. 到了 19 世纪, 法国数学家柯西在前人工作的基础上, 比较完整地阐述了极限概念及其理论, 他在《分析教程》中指出: "当一个变量逐次所取的值无限趋于一个定值, 最终使变量的值和该定值之差要多小就多小, 这个定值就叫做所有其他值的极限值. 特别地, 当一个变量的数值(绝对值)无限地减小使之收敛到极限 0, 就说这个变量成为无穷小."

柯西把无穷小视为以 0 为极限的变量, 这就澄清了无穷小"似零非零"的模糊认识, 这就是说, 在变化过程中, 它的值可以是非零, 但它变化的趋向是"零", 可以无限地接近于零.

德国数学大师魏尔斯特拉斯在《分析教程》教学过程中, 发现一些概念经过柯西等人的努力已经大大地前进, 但有的地方仍然含糊不清. 就是因为《分析教程》中存在的一些缺陷最终导致魏尔斯特拉斯"$\varepsilon-\delta$"语言的发明. 用"$\varepsilon-\delta$"语言来解释分析中的基本概念已为今天大学课本所普遍采用.

所谓 $\lim\limits_{x \to x_0} f(x) = A$, 就是指: "如果对任何 $\varepsilon > 0$, 总存在正数 δ, 使得当 x 满足不等式 $0 < |x - x_0| < \delta$ 时, $|f(x) - A| < \varepsilon$ 恒成立".

在这个定义中, 两个不等式是静态的, 但它描述的是动态过程. 在定义中, 借助不等式, 通过 ε 和 δ 之间的关系, 定量地、具体地刻画了两个"无限过程"之间的联系. 因此, 这样的定义是严格的, 可以作为科学论证的基础.

在微积分的发展史上, 经历了近两百年, 跨越三个世纪的混乱, 几乎使由牛顿和莱布尼茨创立的微积分毁于一旦, 几经周折, 终于由魏尔斯特拉斯用一套 "$\varepsilon-\delta$" 方法给出了严格的、算术化的极限定义, 才结束了混乱的数学局面, 重建了微积分理论体系, 使数学科学得到有序的发展.

四、求极限的方法

(1) 极限的四则运算法则;

(2) 两个重要极限公式;

(3) 两边夹法则;

(4) 分段函数在分界点的极限, 先求左极限、右极限, 再判断分界点处的极限是否存在;

(5) 对 "$\dfrac{0}{0}$", "$\dfrac{\infty}{\infty}$" 的极限, 可以通过约分化简, 也可以用第三章的洛必达法则求其极限.

第 2 章　导数与微分

在许多实际问题中,除了要研究变量的函数关系外,还要研究变量变化快慢的相对程度.

例如,求函数 $y = x^2$ 在 $x = 1$ 时的变化速度和当 x 从 1 变到 1.001 时,函数 y 大约变化多少.

实际类似的问题很多,如物体运动的速度,国民经济的增长速度,人口的增长速度等,要解决这些问题,需要引进一个新的概念——导数.导数反映了因变量相对于自变量变化快慢的程度,本章另一个重要的概念是微分,微分则是当自变量有微小变化时,相应函数值变化的近似值.本章首先通过实例引入导数的概念,然后给出求导数的一般法则,最后介绍微分的概念和它的计算方法.

2.1　导　数　概　念

2.1.1　导数概念的实例

在实际问题中,常常需要研究自变量 x 的增量 Δx 与相应的函数 $y = f(x)$ 的增量 Δy 之间的关系,例如,研究它们的比 $\dfrac{\Delta y}{\Delta x}$ 的极限,下面看两个实例.

引例 2.1.1　求变速直线运动的瞬时速度问题.

在日常生活中我们所说的速度通常是指平均速度,例如,360 km 路程,火车运行了 3 h,速度为 120 km/h. 现在我们考虑变速直线运动.

由物理学知道,当物体自由下落时,它的运动方程是

$$s = \frac{1}{2}gt^2,$$

其中 t 表示所经过的时间,s 表示这段时间内物体下落的距离,g 是重力加速度.下面来计算物体在某一给定时刻 t_0 的瞬时速度.

我们在时刻 t_0 给时间 t 一个改变量 Δt,即时间从 t_0 变化到 $t_0 + \Delta t$,物体从 t_0 到 $t_0 + \Delta t$ 这段时间间隔内下落的距离为

$$\Delta s = \frac{1}{2}g(t_0 + \Delta t)^2 - \frac{1}{2}gt_0^2 = gt_0 \cdot \Delta t + \frac{1}{2}g(\Delta t)^2.$$

等式两边同除以 Δt,得到物体在$[t_0, t_0 + \Delta t]$这段时间间隔内下落的平均速度

$$\bar{v} = \frac{\Delta s}{\Delta t} = gt_0 + \frac{1}{2}g \cdot \Delta t,$$

当 $\Delta t \to 0$ 时,$\bar{v}$ 的极限就是物体在 t_0 时刻的瞬时速度 $v(t_0)$,即

$$v(t_0) = \lim_{\Delta t \to 0}\bar{v} = \lim_{\Delta t \to 0}\left(gt_0 + \frac{1}{2}g \cdot \Delta t\right) = gt_0.$$

一般地,设物体作变速直线运动,它的运动方程为

$$s = f(t).$$

我们现在来确定物体在某一给定时刻 t_0 的瞬时速度. 在时刻 t_0 给时间一个改变量 Δt,物体从 t_0 到 $t_0 + \Delta t$ 这段时间间隔内所经过的路程为

$$\Delta s = f(t_0 + \Delta t) - f(t_0),$$

这段时间间隔内物体的平均速度为

$$\bar{v} = \frac{\Delta s}{\Delta t} = \frac{f(t_0 + \Delta t) - f(t_0)}{\Delta t},$$

令 $\Delta t \to 0$,就得到物体在给定时刻 t_0 的瞬时速度

$$v(t_0) = \lim_{\Delta t \to 0}\bar{v} = \lim_{\Delta t \to 0}\frac{\Delta s}{\Delta t} = \lim_{\Delta t \to 0}\frac{f(t_0 + \Delta t) - f(t_0)}{\Delta t}.$$

它表明物体在时刻 t_0 的瞬时速度是函数 $f(t)$的增量与时间增量之比,当 $\Delta t \to 0$ 时的极限.

引例 2.1.2　曲线的切线斜率问题.

在中学里我们都知道,与圆只有一个交点的直线称为圆的切线. 显然,对一般曲线而言,这个定义是有局限性的,究竟如何来定义一般曲线的切线呢? 我们要用到逼近的思想,极限的思想.

设连续曲线 $C: y = f(x)$ 上有一定点 $P(x_0, f(x_0))$ 与动点 $Q(x, f(x))$,将 P, Q 联成割线 PQ. 当点 Q 沿曲线 C 无限逼近点 P 时,称割线 PQ 的极限位置 PT 为曲线 C 在点 P 的切线(图 2.1.1).

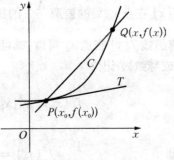

图 2.1.1

由解析几何知道,要写出过曲线 C 上一点 $(x_0,\ f(x_0))$ 的切线方程,只要知道过此点切线的斜率就可以了,那么切线的斜率又是如何描述的呢? 由于割线与切线有密切的关系,所以先考察割线的斜率:

设 $P(x_0,\ f(x_0))$, $Q(x,\ f(x))$. 割线 PQ 的斜率为

$$\tan \varphi = \frac{y - y_0}{x - x_0} = \frac{f(x) - f(x_0)}{x - x_0},$$

当 $Q \xrightarrow{\text{沿曲线} C} P$ 时,$x \to x_0$,则切线 PT 的斜率为

$$k = \tan \alpha = \lim_{x \to x_0} \frac{f(x) - f(x_0)}{x - x_0}.$$

实际中类似问题很多,最后都可归结为 $\displaystyle\lim_{\Delta x \to 0} \frac{f(x_0 + \Delta x) - f(x_0)}{\Delta x}$,其中 $\dfrac{f(x_0 + \Delta x) - f(x_0)}{\Delta x} = \dfrac{\Delta y}{\Delta x}$ 称为函数 $y = f(x)$ 在点 x_0 处的差商.

2.1.2 微商概念

上面所讨论的两个问题都可以归结为如下的极限:

$$\lim_{\Delta x \to 0} \frac{f(x_0 + \Delta x) - f(x_0)}{\Delta x},$$

其中,$\Delta x = x - x_0$ 是自变量的增量,$\Delta y = f(x_0 + \Delta x) - f(x_0)$ 是函数的增量.

因为当 $\Delta x \to 0$ 时,$x \to x_0$,因此

$$\lim_{\Delta x \to 0} \frac{f(x_0 + \Delta x) - f(x_0)}{\Delta x} = \lim_{x \to x_0} \frac{f(x) - f(x_0)}{x - x_0}.$$

定义 2.1.1 设函数 $y = f(x)$ 在区间 $(a,\ b)$ 内有定义,$x_0 \in (a,\ b)$,若函数 $f(x)$ 在点 x_0 处的差商 $\dfrac{\Delta y}{\Delta x}$ 的极限 $\displaystyle\lim_{\Delta x \to 0} \frac{\Delta y}{\Delta x} = \lim_{\Delta x \to 0} \frac{f(x_0 + \Delta x) - f(x_0)}{\Delta x}$ 存在,则称函数 $f(x)$ 在点 x_0 可微(或可导),并称此极限值为函数 $y = f(x)$ 在点 x_0 的微商(或导数),记为

$$f'(x_0), \quad y'(x_0), \quad \frac{\mathrm{d}y}{\mathrm{d}x}\bigg|_{x=x_0} \quad \text{或} \quad \frac{\mathrm{d}f}{\mathrm{d}x}\bigg|_{x=x_0}.$$

即

$$f'(x_0) = \lim_{\Delta x \to 0} \frac{f(x_0 + \Delta x) - f(x_0)}{\Delta x}.$$

特别地,若 $\lim\limits_{\Delta x \to 0} \dfrac{\Delta y}{\Delta x} = \infty$,则称 $f(x)$ 在点 x_0 的微商(或导数)为无穷大.

注　其他形式:

$$f'(x_0) = \lim_{h \to 0} \frac{f(x_0 + h) - f(x_0)}{h}, \qquad f'(x_0) = \lim_{x \to x_0} \frac{f(x) - f(x_0)}{x - x_0}.$$

如果函数 $f(x)$ 在 (a, b) 内任一点 x 可微,则称 $f(x)$ 在 (a, b) 内可微(或可导),且 $f(x)$ 的微商 $f'(x)$ 仍是 x 的函数,这个新函数 $f'(x)$ 称为 $f(x)$ 的**微商函数**(或**导函数**).记为

$$f'(x), \quad y'(x), \quad \frac{dy}{dx} \quad 或 \quad \frac{df}{dx}.$$

即

$$f'(x) = \lim_{\Delta x \to 0} \frac{f(x + \Delta x) - f(x)}{\Delta x}.$$

由微商的定义可知,求函数 $y = f(x)$ 的微商可分成三步:

(1) **求改变量**　$\Delta y = f(x + \Delta x) - f(x)$;

(2) **求差商**　$\dfrac{\Delta y}{\Delta x} = \dfrac{f(x_0 + \Delta x) - f(x_0)}{\Delta x}$;

(3) **取极限**　$y' = \lim\limits_{\Delta x \to 0} \dfrac{\Delta y}{\Delta x}$.

例 2.1.1　求函数 $f(x) = C$ (C 为常数)的导数.

解　$f'(x) = \lim\limits_{h \to 0} \dfrac{f(x + h) - f(x)}{h} = \lim\limits_{h \to 0} \dfrac{C - C}{h} = 0$,即 $(C)' = 0$.

例 2.1.2　求函数 $y = x^n$ (n 为正整数)的导数.

解　$(x^n)' = \lim\limits_{h \to 0} \dfrac{(x + h)^n - x^n}{h} = \lim\limits_{h \to 0}\left[nx^{n-1} + \dfrac{n(n-1)}{2!} x^{n-2} h + \cdots + h^{n-1} \right]$

$\qquad = nx^{n-1},$

即 $(x^n)' = nx^{n-1}$. 更一般地,

$$\boxed{(x^\mu)' = \mu x^{\mu-1} \quad (\mu \in \mathbf{R}).}$$

例如,$(\sqrt{x})' = \dfrac{1}{2} x^{\frac{1}{2}-1} = \dfrac{1}{2\sqrt{x}}$,$(x^{-1})' = (-1)x^{-1-1} = -\dfrac{1}{x^2}$.

例 2.1.3　设函数 $f(x) = \sin x$,求 $(\sin x)'$ 及 $(\sin x)'\big|_{x = \frac{\pi}{4}}$.

解 $(\sin x)' = \lim\limits_{h \to 0} \dfrac{\sin(x+h) - \sin x}{h} = \lim\limits_{h \to 0}\cos\left(x + \dfrac{h}{2}\right) \cdot \dfrac{\sin\dfrac{h}{2}}{\dfrac{h}{2}} = \cos x,$

即 $\qquad\qquad\qquad\qquad (\sin x)' = \cos x.$

故 $\qquad\qquad\qquad\qquad (\sin x)'\Big|_{x=\frac{\pi}{4}} = \cos x\Big|_{x=\frac{\pi}{4}} = \dfrac{\sqrt{2}}{2}.$

例 2.1.4 求函数 $f(x) = a^x (a > 0, a \neq 1)$ 的导数.

解 $(a^x)' = \lim\limits_{h \to 0} \dfrac{a^{x+h} - a^x}{h} = a^x \lim\limits_{h \to 0} \dfrac{a^h - 1}{h} = a^x \ln a,$

即 $\qquad\qquad (a^x)' = a^x \ln a, \qquad (\mathrm{e}^x)' = \mathrm{e}^x.$

例 2.1.5 求函数 $y = \log_a x \ (a > 0, a \neq 1)$ 的导数.

解 $y' = \lim\limits_{h \to 0} \dfrac{\log_a(x+h) - \log_a x}{h} = \lim\limits_{h \to 0} \dfrac{\log_a\left(1 + \dfrac{h}{x}\right)}{\dfrac{h}{x}} \cdot \dfrac{1}{x}$

$\qquad = \dfrac{1}{x} \lim\limits_{h \to 0} \log_a \left(1 + \dfrac{h}{x}\right)^{\frac{x}{h}} = \dfrac{1}{x} \log_a \mathrm{e},$

即 $\qquad\qquad (\log_a x)' = \dfrac{1}{x} \log_a \mathrm{e}, \qquad (\ln x)' = \dfrac{1}{x}.$

例 2.1.6 设函数 $f(x)$ 在点 $x = a$ 处可导, 求 $\lim\limits_{x \to 0} \dfrac{f(a+x) - f(a-x)}{x}$.

解 $\lim\limits_{x \to 0} \dfrac{f(a+x) - f(a-x)}{x}$

$\quad = \lim\limits_{x \to 0} \dfrac{[f(a+x) - f(a)] - [f(a-x) - f(a)]}{x}$

$\quad = \lim\limits_{x \to 0} \left[\dfrac{f(a+x) - f(a)}{x} + \dfrac{f(a-x) - f(a)}{-x} \right].$

因为函数 $f(x)$ 在点 $x = a$ 处可导, 所以有

$\qquad \lim\limits_{x \to 0} \dfrac{f(a+x) - f(a)}{x} = f'(a),$

$\qquad \lim\limits_{x \to 0} \dfrac{f(a-x) - f(a)}{-x} = \lim\limits_{h \to 0} \dfrac{f(a+h) - f(a)}{h} = f'(a),$

于是,得

$$\lim_{x \to 0} \frac{f(a+x) - f(a-x)}{x} = 2f'(a).$$

例 2.1.7　求函数 $f(x) = \begin{cases} x^2 \sin \dfrac{1}{x}, & x \neq 0, \\ 0, & x = 0, \end{cases}$ 在点 $x = 0$ 处的导数 $f'(0)$.

解　$\Delta y = f(x_0 + \Delta x) - f(x_0) = f(0 + \Delta x) - f(0)$

$$= (\Delta x)^2 \sin \frac{1}{\Delta x} - 0 = (\Delta x)^2 \sin \frac{1}{\Delta x},$$

$$\frac{\Delta y}{\Delta x} = \frac{(\Delta x)^2 \sin \dfrac{1}{\Delta x}}{\Delta x} = \Delta x \sin \frac{1}{\Delta x},$$

因为 Δx 为无穷小,而 $\left| \sin \dfrac{1}{\Delta x} \right| \leqslant 1$,由无穷小的性质,有

$$\lim_{\Delta x \to 0} \Delta x \sin \frac{1}{\Delta x} = 0,$$

即

$$f'(0) = 0.$$

注　求某一点的导数,是先求出导函数,再把这一点代入,而不能先代入,再求导.

定义 2.1.2　(单侧导数(单侧微商)) 设函数 $y = f(x)$ 在点 x_0 的某个左邻域 $(x_0 - \delta, x_0]$ 有定义,若极限 $\lim\limits_{\Delta x \to 0^-} \dfrac{\Delta y}{\Delta x}$ 存在,则称此极限值为函数 $y = f(x)$ 在点 x_0 的左微商,并说 $f(x)$ 在点 x_0 左可微,记为 $f'_-(x_0)$. 即

$$f'_-(x_0) = \lim_{x \to x_0^-} \frac{f(x) - f(x_0)}{x - x_0} = \lim_{\Delta x \to 0^-} \frac{f(x_0 + \Delta x) - f(x_0)}{\Delta x}.$$

设函数 $y = f(x)$ 在点 x_0 的某个右邻域 $[x_0, x_0 + \delta)$ 有定义,若极限 $\lim\limits_{\Delta x \to 0^+} \dfrac{\Delta y}{\Delta x}$ 存在,则称此极限值为函数 $y = f(x)$ 在点 x_0 的右微商,并说 $f(x)$ 在点 x_0 右可微,记为 $f'_+(x_0)$. 即

$$f'_+(x_0) = \lim_{x \to x_0^+} \frac{f(x) - f(x_0)}{x - x_0} = \lim_{\Delta x \to 0^+} \frac{f(x_0 + \Delta x) - f(x_0)}{\Delta x}.$$

定理 2.1.1　若 $f(x)$ 在点 x_0 的某个邻域内有定义,则 $f'(x_0)$ 存在的充分必要条件是 $f'_-(x_0)$, $f'_+(x_0)$ 都存在,且 $f'_-(x_0) = f'_+(x_0)$.

注 对分段函数求微商,需分段进行,在分段点处的微商,则需要通过讨论它的单侧微商来确定它的存在性.

例 2.1.8 设 $f(x) = |x|$,讨论 $f(x)$ 在点 $x = 0$ 处的可微性.

解 因为 $f(x) = |x| = \begin{cases} x, & x > 0, \\ 0, & x = 0, \\ -x, & x < 0. \end{cases}$ 则

$$f'_-(0) = \lim_{x \to 0^-} \frac{f(x) - f(0)}{x} = \lim_{x \to 0^-} \frac{-x - 0}{x} = -1,$$

$$f'_+(0) = \lim_{x \to 0^+} \frac{f(x) - f(0)}{x} = \lim_{x \to 0^+} \frac{x - 0}{x} = 1,$$

所以 $f'(0)$ 不存在,即 $f(x)$ 在点 $x = 0$ 处的不可微.

例 2.1.9 设函数 $f(x) = \begin{cases} \sin x, & x < 0, \\ ax, & x \geqslant 0. \end{cases}$ 问 a 取何值时,函数 $f(x)$ 在点 $x = 0$ 处可导,并求 $f'(0)$.

解 $f'_-(0) = \lim_{\Delta x \to 0^-} \frac{f(0 + \Delta x) - f(0)}{\Delta x} = \lim_{\Delta x \to 0^-} \frac{\sin \Delta x - 0}{\Delta x} = 1,$

$$f'_+(0) = \lim_{\Delta x \to 0^+} \frac{f(0 + \Delta x) - f(0)}{\Delta x} = \lim_{\Delta x \to 0^+} \frac{a\Delta x - 0}{\Delta x} = a.$$

要想函数 $f(x)$ 在点 $x = 0$ 处可导,必须 $f(x)$ 在点 $x = 0$ 处的左、右导数相等,即 $a = 1$,于是 $f'(0) = 1$.

2.1.3 微商几何意义

由曲线在点 C 处切线的定义,以及导数的定义有

$$f'(x_0) = \tan \alpha \quad (\alpha \text{ 为过点 } P \text{ 切线的倾斜角})$$

所以切线方程为

$$y - y_0 = f'(x_0)(x - x_0).$$

法线方程为

$$y - y_0 = -\frac{1}{f'(x_0)}(x - x_0) \quad (f'(x_0) \neq 0).$$

例 2.1.10 问曲线 $y = \sqrt[3]{x}$ 在哪一点有铅直的切线?哪一点的切线平行于直线 $y = \frac{1}{3}x - 1$? 并写出在该点处的切线方程和法线方程.

解 因为

$$y' = \frac{1}{3} x^{-\frac{2}{3}} = \frac{1}{3} \cdot \frac{1}{\sqrt[3]{x^2}},$$

所以 $y'\big|_{x=0} = \infty$. 故在原点 $(0, 0)$ 有铅直的切线 $x = 0$.

令 $\frac{1}{3} \cdot \frac{1}{\sqrt[3]{x^2}} = \frac{1}{3}$, 解得 $x = \pm 1$, 对应 $y = \pm 1$. 于是, 得到在点 $(1, 1)$,

$(-1, -1)$ 处与直线 $y = \frac{1}{3} x - 1$ 平行的切线方程分别为

$$y - 1 = \frac{1}{3}(x - 1) \quad \text{和} \quad y + 1 = \frac{1}{3}(x + 1),$$

即
$$x - 3y \pm 2 = 0.$$

相应的法线方程为

$$y - 1 = -3(x - 1) \quad \text{和} \quad y + 1 = -3(x + 1),$$

即
$$3x + y \mp 4 = 0.$$

2.1.4 可微性与连续性

定理 2.1.2 若函数 $f(x)$ 在点 x_0 可微, 则函数 $f(x)$ 在点 x_0 必连续.

证 因 $f(x)$ 在点 x_0 可微, $\lim\limits_{\Delta x \to 0} \dfrac{f(x_0 + \Delta x) - f(x_0)}{\Delta x} = f'(x_0)$, 而

$$\lim_{\Delta x \to 0} \Delta y = \lim_{\Delta x \to 0} [f(x_0 + \Delta x) - f(x_0)] = \lim_{\Delta x \to 0} \frac{f(x_0 + \Delta x) - f(x_0)}{\Delta x} \cdot \Delta x$$

$$= f'(x_0) \cdot 0 = 0.$$

故 $f(x)$ 在点 x_0 可微, 必在 x_0 连续.

注 此定理的逆命题不一定成立, 即函数 $f(x)$ 在点 x_0 连续, 不一定在点 x_0 可微.

例如, $f(x) = |x|$, 易知 $f(x)$ 在点 $x = 0$ 连续, 但我们前面求证过 $f(x)$ 在点 $x = 0$ 处导数不存在.

例 2.1.11 证明函数 $f(x) = (x - 1)|x^2 - x|$ 在点 $x = 0$ 处不可微, 在点 $x = 1$ 处可微.

解 由题得 $f(x) = (x - 1)|x||x - 1|$, 则

$$f'(0) = \lim_{x \to 0} \frac{f(x) - f(0)}{x} = \lim_{x \to 0} \frac{(x-1) \mid x \mid \mid x-1 \mid}{x},$$

而上式极限是不存在的,则函数在 $x = 0$ 处不可微.

又 $f'(1) = \lim_{x \to 1} \frac{f(x) - f(1)}{x-1} = \lim_{x \to 1} \frac{(x-1) \mid x \mid x-1 \mid \mid}{x-1} = 0$,则函数在点

$x = 1$ 处可微.

习　题　2.1

1. 根据导数的定义求下列函数的导数:

(1) $y = mx + b$;　　　　　　　　(2) $y = 1 - x^2$;

(3) $y = \sqrt[3]{x}$;　　　　　　　　　(4) $y = \sqrt{1 + x^2}$.

2. 设函数 $f(x)$ 在点 $x = 0$ 处连续,下列命题错误的是(　　).

A. 若 $\lim\limits_{x \to 0} \dfrac{f(x)}{x} = 0$,则 $f(0) = 0$

B. 若 $\lim\limits_{x \to 0} \dfrac{f(x) + f(-x)}{x} = 0$,则 $f(0) = 0$

C. 若 $\lim\limits_{x \to 0} \dfrac{f(x)}{x} = 0$, 则 $f'(0)$ 存在

D. 若 $\lim\limits_{x \to 0} \dfrac{f(x) + f(-x)}{x} = 0$, 则 $f'(0)$ 存在

3. 设函数 $f(x) = \begin{cases} \sqrt{\mid x \mid} \sin \dfrac{1}{x^2}, & x \neq 0, \\ 0, & x = 0, \end{cases}$ 则 $f(x)$ 在点 $x = 0$ 处(　　).

A. 极限不存在　　　　　　　　B. 极限存在但不连续

C. 连续但不可导　　　　　　　D. 可导

4. 函数 $f(x) = (x^2 - x) \mid x^3 - x \mid$ 不可导的点的个数为(　　).

A. 3　　　　　　B. 2　　　　　　C. 1　　　　　　D. 0

5. 设函数 $f(x) = (x - a)\varphi(x)$,其中 $\varphi(x)$ 在点 $x = a$ 处连续,求 $f'(a)$.

6. 求曲线 $y = x^3 + x$ 上,其切线与直线 $y = 4x$ 平行的点.

7. 求下列曲线在指定点的切线方程和法线方程:

(1) $y = \dfrac{1}{x}$, $(-1, -1)$;　　　　　　(2) $y = \ln x$, $(e, 1)$.

8. 函数 $f(x) = \begin{cases} x, & x \leqslant 0, \\ \sin x, & x > 0, \end{cases}$ 在点 $x = 0$ 处是否连续? 是否可导?

9. 函数 $y = \begin{cases} x^2, & 0 < x \leqslant 1, \\ x, & 1 < x < 2 \end{cases}$ 在点 $x = 1$ 处是否连续? 是否可导?

10. 设 $f(x) = \begin{cases} x, & x < 0, \\ \ln(1+x), & x \geqslant 0, \end{cases}$ 求 $f(0)$ 和 $f'(0)$.

2.2 导数的四则运算法则

根据导数定义,我们已经求出一些简单函数的导数,对于比较复杂的函数用定义求导数,就相当烦琐.因此,本节将讨论导数的运算法则,利用这些运算法则,就能方便地求出许多函数的导数.

为了方便,先请记住下面的基本导数公式,后面再逐个证明与推导.

2.2.1 基本微商公式

(1) $(C)' = 0$ (C 为常数);

(2) $(x^\alpha)' = \alpha x^{\alpha-1}$ (α 为实数), $(\sqrt{x})' = \dfrac{1}{2\sqrt{x}}$, $\left(\dfrac{1}{x}\right)' = -\dfrac{1}{x^2}$, $x' = 1$;

(3) $(\sin x)' = \cos x$, $(\cos x)' = -\sin x$, $(\tan x)' = \sec^2 x$,

$(\cot x)' = -\csc^2 x$, $(\sec x)' = \sec x \tan x$, $(\csc x)' = -\csc x \cot x$;

(4) $(a^x)' = a^x \ln a$ ($a > 0$, $a \neq 1$), $(\mathrm{e}^x)' = \mathrm{e}^x$;

(5) $(\log_a^x)' = \dfrac{1}{x \ln a}$ ($a > 0$, $a \neq 1$), $(\ln x)' = \dfrac{1}{x}$.

2.2.2 函数的和、差、积、商的微商法则

定理 2.1.1 若函数 $u(x)$, $v(x)$ 在点 x 处可导,则 $u(x) \pm v(x)$ 在点 x 处也可导,且

$$[u(x) \pm v(x)]' = u'(x) \pm v'(x).$$

证 设 $f(x) = u(x) + v(x)$,则由导数定义有

$$\begin{aligned} f'(x) &= \lim_{\Delta x \to 0} \frac{f(x+\Delta x) - f(x)}{\Delta x} \\ &= \lim_{\Delta x \to 0} \frac{[u(x+\Delta x) + v(x+\Delta x)] - [u(x) + v(x)]}{\Delta x} \\ &= \lim_{\Delta x \to 0} \left[\frac{u(x+\Delta x) - u(x)}{\Delta x} + \frac{v(x+\Delta x) - v(x)}{\Delta x} \right] \\ &= \lim_{\Delta x \to 0} \frac{u(x+\Delta x) - u(x)}{\Delta x} + \lim_{\Delta x \to 0} \frac{v(x+\Delta x) - v(x)}{\Delta x} \end{aligned}$$

$$= u'(x) + v'(x).$$

从而所证结论成立.

同理,可证 $[u(x) - v(x)]' = u'(x) - v'(x)$.

以上法则可简单地写成 $(u \pm v)' = u' \pm v'$. 这个法则可推广到任意有限项和、差的情形.

例 2.2.1 求函数 $y = x^2 - \dfrac{1}{x} + \sqrt{x} + 3$ 的导数.

解　$y' = (x^2)' - \left(\dfrac{1}{x}\right)' + (\sqrt{x})' + 3' = 2x + \dfrac{1}{x^2} + \dfrac{1}{2\sqrt{x}}.$

例 2.2.2 求 $y = \sin x + 5^x$ 的导数.

解　$y' = (\sin x)' + (5^x)' = \cos x + 5^x \ln 5.$

例 2.2.3 求 $y = x^3 - \cos x + \mathrm{e}^x + \log_2 x$ 的导数.

解　$y' = (x^3)' - (\cos x)' + (\mathrm{e}^x)' + (\log_2 x)' = 3x^2 + \sin x + \mathrm{e}^x + \dfrac{1}{x \ln 2}.$

定理 2.2.2 若 $u(x)$, $v(x)$ 在点 x 处可导,则 $u(x)v(x)$ 在点 x 处也可导,且

$$[u(x)v(x)]' = u'(x)v(x) + u(x)v'(x).$$

证　设 $f(x) = u(x)v(x)$,由导数定义有

$$
\begin{aligned}
f'(x) &= \lim_{\Delta x \to 0} \frac{f(x + \Delta x) - f(x)}{\Delta x} = \lim_{\Delta x \to 0} \frac{u(x + \Delta x)v(x + \Delta x) - u(x)v(x)}{\Delta x} \\
&= \lim_{\Delta x \to 0} \frac{[u(x + \Delta x)v(x + \Delta x) - u(x)v(x + \Delta x)] + [u(x)v(x + \Delta x) - u(x)v(x)]}{\Delta x} \\
&= \lim_{\Delta x \to 0} \left[\frac{u(x + \Delta x) - u(x)}{\Delta x} v(x + \Delta x) + u(x) \frac{v(x + \Delta x) - v(x)}{\Delta x} \right] \\
&= \lim_{\Delta x \to 0} \frac{u(x + \Delta x) - u(x)}{\Delta x} \lim_{\Delta x \to 0} v(x + \Delta x) + u(x) \lim_{\Delta x \to 0} \frac{v(x + \Delta x) - v(x)}{\Delta x} \\
&= u'(x)v(x) + u(x)v'(x).
\end{aligned}
$$

其中 $\lim\limits_{\Delta x \to 0} v(x + \Delta x) = v(x)$ 是由于 $v(x)$ 在点 x 处连续. 所证结论成立.

以上法则可简单地写成 $(uv)' = u'v + uv'$.

乘积的求导法则可推广到任意有限个函数之积的情形,例如,

$$[u(x)v(x)w(x)]' = u'(x)v(x)w(x) + u(x)v'(x)w(x) + u(x)v(x)w'(x).$$

推论　若函数 $u(x)$ 可导,则 $[Cu(x)]' = Cu'(x)$.

即求一个常数与一个可导函数乘积的导数时,常数因子可以提到求导记号外面.

例 2.2.4 设 $y = 2\sqrt{x}\sin x + 4x^3 + 3\mathrm{e}^x \ln x \cdot \cos x$，求 y'.

解　$y' = (2\sqrt{x}\sin x + 4x^3 + 3\mathrm{e}^x \ln x \cdot \cos x)'$

$\qquad = (2\sqrt{x}\sin x)' + (4x^3)' + (3\mathrm{e}^x \ln x \cdot \cos x)'$

$\qquad = 2[(\sqrt{x})'\sin x + \sqrt{x}(\sin x)'] + 12x^2 + (3\mathrm{e}^x \ln x \cdot \cos x)'$

$\qquad\quad + 3[(\mathrm{e}^x)'\ln x \cdot \cos x + \mathrm{e}^x(\ln x)'\cos x + \mathrm{e}^x \ln x(\cos x)']$

$\qquad = \dfrac{1}{\sqrt{x}}\sin x + 2\sqrt{x}\cos x + 12x^2$

$\qquad\quad + 3\mathrm{e}^x\left(\ln x \cdot \cos x + \dfrac{\cos x}{x} - \ln x \cdot \sin x\right).$

例 2.2.5 设 $y = \mathrm{e}^x(\sin x + \cos x)$，求 y'.

解　$y' = (\mathrm{e}^x)'(\sin x + \cos x) + \mathrm{e}^x(\sin x + \cos x)'$

$\qquad = \mathrm{e}^x(\sin x + \cos x) + \mathrm{e}^x(\cos x - \sin x) = 2\mathrm{e}^x\cos x.$

定理 2.2.3　若 $u(x)$，$v(x)$ 在点 x 处可导，且 $v(x) \neq 0$，则 $\dfrac{u(x)}{v(x)}$ 在点 x 处也

可导，且

$$\left[\frac{u(x)}{v(x)}\right]' = \frac{u'(x)v(x) - u(x)v'(x)}{v^2(x)}.$$

证　设 $f(x) = \dfrac{u(x)}{v(x)}$，由导数的定义有

$$f'(x) = \lim_{\Delta x \to 0}\frac{f(x+\Delta x) - f(x)}{\Delta x} = \lim_{\Delta x \to 0}\frac{\dfrac{u(x+\Delta x)}{v(x+\Delta x)} - \dfrac{u(x)}{v(x)}}{\Delta x}$$

$$= \lim_{\Delta x \to 0}\frac{u(x+\Delta x)v(x) - u(x)v(x+\Delta x)}{v(x+\Delta x)v(x)\Delta x}$$

$$= \lim_{\Delta x \to 0}\frac{[u(x+\Delta x) - u(x)]v(x) - u(x)[v(x+\Delta x) - v(x)]}{v(x+\Delta x)v(x)\Delta x}$$

$$= \lim_{\Delta x \to 0}\frac{\dfrac{[u(x+\Delta x) - u(x)]}{\Delta x}v(x) - u(x)\dfrac{[v(x+\Delta x) - v(x)]}{\Delta x}}{v(x+\Delta x)v(x)}$$

$$= \lim_{\Delta x \to 0}\frac{u'(x)v(x) - u(x)v'(x)}{[v(x)]^2}.$$

以上法则可简单地写成 $\left(\dfrac{u}{v}\right)' = \dfrac{u'v - uv'}{v^2}$.

例 2.2.6 求函数 $y = \tan x$ 的导数.

解 $y' = (\tan x)' = \left(\dfrac{\sin x}{\cos x} \right)' = \dfrac{(\sin x)' \cos x - \sin x (\cos x)'}{\cos^2 x}$

$$= \frac{\cos^2 x + \sin^2 x}{\cos^2 x} = \frac{1}{\cos^2 x} = \sec^2 x.$$

即 $$(\tan x)' = \sec^2 x.$$

同理,可得 $$(\cot x)' = -\csc^2 x.$$

例 2.2.7 求函数 $y = \sec x$ 的导数.

解 $y' = (\sec x)' = \left(\dfrac{1}{\cos x} \right)'$

$$= -\frac{(\cos x)'}{\cos^2 x} = \frac{\sin x}{\cos^2 x} = \frac{1}{\cos x} \frac{\sin x}{\cos x} = \sec x \tan x.$$

即 $$(\sec x)' = \sec x \tan x.$$

同理可得 $(\csc x)' = -\csc x \cot x.$

例 2.2.8 求函数 $y = \log_a x$ $(a \neq 1, a > 0)$ 的导数.

解 因为 $\log_a x = \dfrac{\ln x}{\ln a}$,所以

$$(\log_a x)' = \left(\frac{\ln x}{\ln a} \right)' = \frac{1}{\ln a} (\ln x)' = \frac{1}{x \ln a}.$$

例 2.2.9 设 $y = x^3 \log_3^x$ 求 y'.

解 $y' = 3x^2 \log_3^x + x^3 \cdot \dfrac{1}{x \ln 3} = 3x^2 \log_3^x + \dfrac{x^2}{\ln 3}.$

例 2.2.10 设 $f(x) = \dfrac{x \sin x}{1 + \cos x}$,求 $f'(x)$.

解 $f'(x) = \dfrac{(x \sin x)'(1 + \cos x) - x \sin x (1 + \cos x)'}{(1 + \cos x)^2}$

$$= \frac{(\sin x + x \cos x)(1 + \cos x) - x \sin x(-\sin x)}{(1 + \cos x)^2}$$

$$= \frac{\sin x(1 + \cos x) + x \cos x + x \cos^2 x + x \sin^2 x}{(1 + \cos x)^2}$$

$$= \frac{\sin x(1 + \cos x) + x(1 + \cos x)}{(1 + \cos x)^2} = \frac{\sin x + x}{1 + \cos x}.$$

习 题 2.2

1. 求下列函数的导数:

(1) $y = 2x^5 + x^3 - 2x^2 + x + 3$;

(2) $y = \dfrac{1}{x^6} + \dfrac{2}{x^3} - \dfrac{4}{x^2} + \dfrac{1}{x}$;

(3) $y = x^3 + 5^x - 2e^x$;

(4) $y = 2\tan x + \sec x - 2$;

(5) $y = 2\sin x - \ln x$;

(6) $y = \dfrac{x}{2} - \dfrac{2}{x}$;

(7) $y = x^2 \cos x$;

(8) $y = \dfrac{x-1}{x+1}$;

(9) $y = \dfrac{\cos x}{x^2}$;

(10) $y = \dfrac{\tan x}{\sqrt{x}}$;

(11) $y = 10^x \sin x$;

(12) $y = \dfrac{1}{1 + x + x^2}$;

(13) $y = e^x \sin x \lg x$;

(14) $y = x\tan x - 2\sec x$;

(15) $y = x\ln x + \dfrac{\ln x}{x}$;

(16) $y = \dfrac{x\sin x}{1 + \tan x}$;

(17) $y = xe^x \sec x$;

(18) $y = (x-1)(x-2)(x-3)$;

(19) $y = a^x x^a \ (a > 0, \ a \neq 1)$;

(20) $y = \dfrac{1 - \sqrt{x}}{1 + \sqrt{x}}$.

2. 求 $\cot x$, $\csc x$ 的导数.

2.3 复合函数、隐函数与对数
函数的求导法则

我们知道 $y = \sin x$ 的导数为 $\cos x$, 现在求函数 $y = \sin 2x$, 是否 $y' = \cos 2x$? 因 $y' = (\sin 2x)' = (2\sin x \cos x)' = 2(\cos^2 x - \sin^2 x) = 2\cos 2x$. 可见 $y = \sin 2x$ 的导数在形式上并不像 $y = \sin x$ 的导数那样.

事实上, $y = \sin 2x$ 是一个复合函数, 它是由 $y = \sin u$, $u = 2x$ 复合而成的. 求导的结果, 可以看成是 $y = \sin u$ 的导数 $\cos u$ 与 $u = 2x$ 的导数 2 的乘积, 这一结论并非偶然, 有下面的理论.

2.3.1 复合函数微商法则

定理 2.3.1 设函数 $y = f(u)$ 与 $u = \varphi(x)$ 可以复合成函数 $y = f[\varphi(x)]$, 若

$u = \varphi(x)$ 在点 x 可微, 且 $y = f(u)$ 在对应点 u 可微, 则复合函数 $y = f[\varphi(x)]$ 在点 x 可微, 且

$$y'_x = f'(u) \cdot \varphi'(x) \text{ 或 } y'_x = y'_u \cdot u'_x. \text{ 即}$$

$$\frac{\mathrm{d}y}{\mathrm{d}x} = \frac{\mathrm{d}y}{\mathrm{d}u} \cdot \frac{\mathrm{d}u}{\mathrm{d}x}.$$

即复合函数的导数等于函数对中间变量的导数乘上中间变量对自变量的导数.

证 当自变量 x 有一增量 Δx 时, 相应地函数 $u = \varphi(x)$ 有增量 Δu, 从而函数 $y = f(u)$ 也相应地有增量 Δy, 因为函数 $y = f(u)$ 可导, 所以

$$\lim_{\Delta u \to 0} \frac{\Delta y}{\Delta u} = f'(u).$$

由函数与其极限值的关系定理, 得

$$\frac{\Delta y}{\Delta u} = f'(u) + \alpha,$$

其中 α 是当 $\Delta u \to 0$ 时的无穷小量, 上式同乘以 Δu, 得

$$\Delta y = f'(u) \Delta u + \alpha \Delta u.$$

于是, 得

$$\lim_{\Delta x \to 0} \frac{\Delta y}{\Delta x} = f'(u) \lim_{\Delta x \to 0} \frac{\Delta u}{\Delta x} + \lim_{\Delta x \to 0} \alpha \lim_{\Delta x \to 0} \frac{\Delta u}{\Delta x}.$$

因为函数 $u = \varphi(x)$ 可导, 因此当 $\Delta x \to 0$ 时, 有 $\Delta u \to 0$, 即 $\lim\limits_{\Delta x \to 0} \alpha = \lim\limits_{\Delta u \to 0} \alpha = 0$, 又因为 $\lim\limits_{\Delta x \to 0} \dfrac{\Delta u}{\Delta x} = \varphi'(x)$, 故得

$$\frac{\mathrm{d}y}{\mathrm{d}x} = \lim_{\Delta x \to 0} \frac{\Delta y}{\Delta x} = f'(u) \varphi'(x).$$

例 2.3.1 设 $y = \sqrt{x^2 + 1}$, 求 $\dfrac{\mathrm{d}y}{\mathrm{d}x}$.

解 令 $y = \sqrt{u}$, $u = x^2 + 1$, 则

$$\frac{\mathrm{d}y}{\mathrm{d}x} = \frac{\mathrm{d}y}{\mathrm{d}u} \cdot \frac{\mathrm{d}u}{\mathrm{d}x} = (\sqrt{u})' \cdot (x^2 + 1)' = \frac{1}{2\sqrt{u}} \cdot 2x = \frac{x}{\sqrt{x^2 + 1}}.$$

例 2.3.2 求函数 $y = (2x^3 - 5)^7$ 的导数.

解 设 $y = u^7$, $u = 2x^3 - 5$, 则

$$\frac{dy}{dx} = \frac{dy}{du} \cdot \frac{du}{dx} = (u^7)'(2x^3 - 5)' = 42u^6x^2 = 42x^2(2x^3 - 5)^6.$$

注 对复合函数求导时,先对最外层函数求导,然后去掉最外层函数,再乘以对剩下函数的导数.

例 2.3.3 $y = \ln \sin x$,求 $\dfrac{dy}{dx}$.

解 $\dfrac{dy}{dx} = \dfrac{1}{\sin x}(\sin x)' = \dfrac{\cos x}{\sin x} = \cot x.$

例 2.3.4 $y = x^a$ $(x > 0)$,求 $\dfrac{dy}{dx}$.

解 $y = x^a = e^{\ln x^a} = e^{a\ln x},$

$$\frac{dy}{dx} = e^{a\ln x} \cdot (a\ln x)' = x^a \cdot a \cdot \frac{1}{x} = ax^{a-1}.$$

例 2.3.5 $y = a^x$ $(a > 0)$,求 $\dfrac{dy}{dx}$.

解 $y = a^x = e^{\ln a^x} = e^{x\ln a},$

$$\frac{dy}{dx} = e^{x\ln a} \cdot (x\ln a)' = a^x \cdot \ln a.$$

例 2.3.6 $y = e^{\sin\frac{1}{x}}$,求 $\dfrac{dy}{dx}$.

解 $\dfrac{dy}{dx} = e^{\sin\frac{1}{x}} \cdot \left(\sin\dfrac{1}{x}\right)' = e^{\sin\frac{1}{x}} \cdot \cos\dfrac{1}{x} \cdot \left(\dfrac{1}{x}\right)' = -\dfrac{1}{x^2}e^{\sin\frac{1}{x}} \cdot \cos\dfrac{1}{x}.$

例 2.3.7 求函数 $y = \ln\cos(e^x)$ 的导数.

解 设 $y = \ln u,\ u = \cos v,\ v = e^x$,则有

$$\frac{dy}{dx} = \frac{dy}{du} \cdot \frac{du}{dv} \cdot \frac{dv}{dx} = \frac{1}{u} \cdot (-\sin v) \cdot e^x$$

$$= -\frac{\sin(e^x)}{\cos(e^x)} \cdot e^x = -e^x\tan(e^x).$$

例 2.3.8 $y = \ln(x + \sqrt{x^2 + 1})$,求 $\dfrac{dy}{dx}$.

解 $\dfrac{dy}{dx} = \dfrac{1}{x + \sqrt{x^2 + 1}}(x + \sqrt{x^2 + 1})' = \dfrac{1}{x + \sqrt{x^2 + 1}}\left(1 + \dfrac{x}{\sqrt{x^2 + 1}}\right)$

$$= \frac{1}{x+\sqrt{x^2+1}} \cdot \frac{\sqrt{x^2+1}+x}{\sqrt{x^2+1}} = \frac{1}{\sqrt{x^2+1}}.$$

例 2.3.9 求函数 $y = \ln^2(\sin^2 x)$ 的导数.

解 $y' = [\ln^2(\sin^2 x)]' = 2\ln(\sin^2 x) \cdot [\ln(\sin^2 x)]'$

$$= 2\ln(\sin^2 x) \frac{1}{\sin^2 x}(\sin^2 x)' = 2\ln(\sin^2 x) \frac{1}{\sin^2 x} 2\sin x(\sin x)'$$

$$= 2\ln(\sin^2 x) \frac{1}{\sin^2 x} 2\sin x\cos x = 4\ln(\sin^2 x)\cot x.$$

例 2.3.10 求函数 $y = \ln(x+\sqrt{x^2+a^2})$ 的导数.

解 $y' = [\ln(x+\sqrt{x^2+a^2})]' = \dfrac{1}{x+\sqrt{x^2+a^2}}(x+\sqrt{x^2+a^2})'$

$$= \frac{1}{x+\sqrt{x^2+a^2}}\left(1+\frac{2x}{2\sqrt{x^2+a^2}}\right)$$

$$= \frac{1}{x+\sqrt{x^2+a^2}} \frac{\sqrt{x^2+a^2}+x}{\sqrt{x^2+a^2}} = \frac{1}{\sqrt{x^2+a^2}}.$$

类题 求下列函数的微商:

(1) $y = \sin 1999x$; (2) $y = \arctan \dfrac{1}{x}$; (3) $y = \cos\sqrt{x}$; (4) $y = 10^{\arcsin x}$;

(5) $y = e^{-x}\tan 2x$; (6) $y = 5^{\sin(x^2)}$; (7) $y = \dfrac{1}{\sqrt{1+x^2}}$; (8) $y = \sin\sqrt{1+x^2}$;

注 以上介绍的是具体函数求导,现在我们介绍不是具体函数,求导数.

例 2.3.11 设 f 是可微函数, $y = f(2^x) + f(\sqrt{x})$, 求 y'.

解 $y' = f'(2^x)2^x\ln 2 + f'(\sqrt{x})\dfrac{1}{2\sqrt{x}}.$

例 2.3.12 已知 f, g 可微, 求 y'.

(1) $y = f(e^{-x}+\sin x)$; (2) $y = \sqrt{f^2(x)+\sqrt{g(x)}}$.

解 (1) $y' = f'(e^{-x}+\sin x) \cdot (e^{-x}+\sin x)'$

$$= f'(e^{-x}+\sin x) \cdot (-e^{-x}+\cos x).$$

(2) $y' = \dfrac{1}{2\sqrt{f^2(x)+\sqrt{g(x)}}} \cdot [f^2(x)+\sqrt{g(x)}]'$

$$= \frac{1}{2\sqrt{f^2(x)+\sqrt{g(x)}}}\left[2f \cdot f' + \frac{1}{2\sqrt{g(x)}} \cdot g'\right].$$

定理 2.3.2　(1) 可微奇函数的微商是偶函数；可微偶函数的微商是奇函数.

(2) 周期函数的微商函数仍是周期函数.

证　(1) 设 $f(x)$ 是奇函数，且 $f(x)$ 在 $(-a, a)$ 内可微.

因为 $f(-x) = -f(x)$，所以 $f'(-x) \cdot (-x)' = -f'(x)$，故 $-f'(-x) = -f'(x)$，$f'(-x) = f'(x)$，即 $f'(x)$ 为偶函数.

(2) 设 $f(x+T) = f(x)$，得 $f'(x+T) \cdot (x+T)' = f'(x)$，故 $f'(x+T) = f'(x)$.

2.3.2　隐微分法

若变量 x, y 之间的函数关系是由一个方程 $F(x, y) = 0$ 所确定，则称这种函数为隐函数.

方法　把 y 看成是 x 的函数，在方程两边直接对 x 求导数就行.

例 2.3.13　方程 $x^3 - 2xy + y^5 + \mathrm{e}^{2y} = 0$ 确定了隐函数 $y = f(x)$，求 y'.

解　方程两边对 x 求导

$$3x^2 - 2(y + xy') + 5y^4 y' + \mathrm{e}^{2y} \cdot 2y' = 0,$$

得
$$y' = \frac{3x^2 - 2y}{2x - 5y^4 - 2\mathrm{e}^{2y}}.$$

例 2.3.14　方程 $y^5 + 2y - x - 3x^7 = 0$ 确定了隐函数 $y = f(x)$，求 $y'(0)$.

解　方程两边对 x 求导，$5y^4 y' + 2y' - 1 - 21x^6 = 0$，得 $y' = \dfrac{1 + 21x^6}{5y^4 + 2}$. 将

$x = 0$ 代入原方程，得 $y(y^4 + 2) = 0$，故 $y(0) = 0$. 所以 $y'(0) = \dfrac{1}{2}$.

2.3.3　对数微商法

在函数 $y = f(x)$ 的两边，先取对数后求微商的方法，称为对数微商法. 注意对数微商法的适用范围是函数的表达式为多个因式的积、商、幂及 $u(x)^{v(x)}$ 幂指函数.

例 2.3.15　$y = \sqrt{\dfrac{(x-1)(x-2)}{(3-x)(4-x)}}$，求 y'.

解　等式两边取对数

$$\ln y = \frac{1}{2}\big[\ln(x-1) + \ln(x-2) - \ln(3-x) - \ln(4-x)\big],$$

两边对 x 求导

$$\frac{1}{y}y' = \frac{1}{2}\left[\frac{1}{x-1} + \frac{1}{x-2} + \frac{1}{3-x} + \frac{1}{4-x}\right],$$

故 $y' = \frac{1}{2}\sqrt{\frac{(x-1)(x-2)}{(3-x)(4-x)}} \cdot \left(\frac{1}{x-1} + \frac{1}{x-2} + \frac{1}{3-x} + \frac{1}{4-x}\right).$

例 2.3.16 $y = x^x$，求 y'.

解法 1 等式两边取对数，$\ln y = x\ln x$，两边对 x 求导，$\frac{1}{y}y' = \ln x + 1$，故
$y' = x^x(\ln x + 1)$.

解法 2 $y = x^x = e^{x\ln x}$，$y' = e^{x\ln x} \cdot (x\ln x)' = e^{x\ln x}(\ln x + 1) = x^x(\ln x + 1).$

例 2.3.17 求下列函数的微商：

(1) $y = a^{x^x}$；　(2) $y = x^{a^x}$；　(3) $y = x^{x^a}$.

解 (1)（指数函数）$y = a^{x^x}\ln a(x^x)' = a^{x^x}\ln a \cdot x^x(\ln x + 1).$

(2)（幂指函数）$\ln y = \ln x^{a^x} = a^x\ln x,$

$$\frac{1}{y}y' = a^x\ln a\ln x + a^x\frac{1}{x}, \qquad y' = x^{a^x}\left(a^x\ln a\ln x + a^x\frac{1}{x}\right)$$

(3) $y' = x^{x^a} \cdot x^{a-1}(a\ln x + 1).$

习　题　2.3

1. 求下列函数的导数：

(1) $y = (2x^2 - 5)^6$；

(2) $y = \cos(3x - x^2 + 2)^2$；

(3) $y = e^{-x^2}$；

(4) $y = \ln(1 - x^2)$；

(5) $y = \sin^2 x$；

(6) $y = \arctan(x^2)$；

(7) $y = \sqrt{2 - x^2}$；

(8) $y = \arctan(e^{x^2})$；

(9) $y = (\arcsin 2x)^2$；

(10) $y = \ln(\cos x)$；

(11) $y = \sqrt{x + \sqrt{x + \sqrt{x}}}$；

(12) $y = \sqrt{1 + \ln^2 x}$；

(13) $y = e^{\arctan\sqrt{x}}$；

(14) $y = \ln\left(\frac{1}{x} + \ln\frac{1}{x}\right)$；

(15) $y = \frac{\arcsin x}{\arccos x}$；

(16) $y = \ln[\ln(\ln x)]$.

2. 用对数求导法求下列函数的导数：

(1) $y = (\sin x)^{\ln x}$；
(2) $y = x^5 \sqrt{\dfrac{1-x}{1+x^2}}$；

(3) $y = \left(\dfrac{x}{1+x}\right)^x$；
(4) $y = \dfrac{\sqrt{x+2}\,(3-x)^4}{(x+1)^5}$.

3. 求下列方程所确定的隐函数 y 的导数 $\dfrac{\mathrm{d}y}{\mathrm{d}x}$：

(1) $y^2 = 2px$；
(2) $x^3 y + x y^3 = 2$；

(3) $\mathrm{e}^x \sin y - \mathrm{e}^{-y} \cos x = 0$；
(4) $\cos(xy) = 2y$；

(5) $x^3 + y^3 - 3axy = 0$；
(6) $\ln\sqrt{x^2 + y^2} = \arctan \dfrac{y}{x}$.

4. 设函数 $f(x)$ 和 $g(x)$ 可导，且 $f^2(x) + g^2(x) \neq 0$，试求函数 $y = \sqrt{f^2(x) + g^2(x)}$ 的导数.

5. 下列各题中，设 $f(u)$ 为可导函数，求 $\dfrac{\mathrm{d}y}{\mathrm{d}x}$：

(1) $y = f(x^2)$；
(2) $y = f(\sin^2 x) + \sin f^2(x)$；

(3) $y = f(\mathrm{e}^x)\mathrm{e}^{f(x)}$；
(4) $y = f\{f[f(x)]\}$.

2.4 高 阶 导 数

通过前面的学习，我们赋予了导数概念在许多实际问题中的内涵，在诸如变速直线运动、切线的斜率等问题的研究中，我们除了对变化率感兴趣之外，还要进一步研究变化率关于自变量的变化情况，如了解变速直线运动的瞬时加速度、曲线斜率的变化程度等，要想深入研究这些问题，首先就得掌握函数的高阶导数的概念.

定义 2.4.1 若函数 $y = f(x)$ 的一阶导数 $f'(x)$ 在点 x 可导，则称 $f'(x)$ 在点 x 处的导数为函数 $y = f(x)$ 的二阶导数，记为

$$f''(x) = \lim_{\Delta x \to 0} \frac{f'(x + \Delta x) - f'(x)}{\Delta x}.$$

也称函数在点 x 处的导数为函数 $y = f(x)$ 的二阶可导.

定义 2.4.2 若函数 $y = f(x)$ 在区间 I 上每点都二阶可导，则称它在区间 I 上二阶可导，记为

$$f''(x),\ y'',\ \frac{\mathrm{d}^2 y}{\mathrm{d}x^2},\ \frac{\mathrm{d}^2}{\mathrm{d}x^2} f(x).$$

一般地,把二阶或二阶以上的导数统称为高阶导数.

类似地,n 阶导数定义为 $n-1$ 导数的导数,记为

$$y^{(n)}, \quad \frac{\mathrm{d}^n y}{\mathrm{d} x^n}, \quad \frac{\mathrm{d}^n}{\mathrm{d} x^n} f(x).$$

即

$$f^{(n)}(x) = \left[f^{(n-1)}(x) \right]'.$$

说明 $\mathrm{d} x^2$,$\mathrm{d}^2 x$,与 $\mathrm{d}(x^2)$ 的区别:$\mathrm{d} x^2 = (\mathrm{d} x)^2$ 是指微分的二次方;$\mathrm{d}^2 x$ 是指二阶微分;$\mathrm{d}(x^2)$ 是指函数 x^2 的一阶微分.

例 2.4.1 求函数的二阶微商:

(1) $y = 2^x + x^2$; (2) $y = \ln \cos x$.

解 (1) $y' = 2^x \ln 2 + 2x$,$y'' = 2^x (\ln 2)^2 + 2$.

(2) $y' = \dfrac{1}{\cos x} (-\sin x) = -\tan x$,$y'' = -\sec^2 x$.

例 2.4.2 设 $y = x^2 \mathrm{e}^x$,求 y''.

解 $y' = (x^2)' \mathrm{e}^x + x^2 (\mathrm{e}^x)' = \mathrm{e}^x (2x + x^2)$,

$y'' = \left[\mathrm{e}^x (2x + x^2) \right]' = (\mathrm{e}^x)'(2x + x^2) + \mathrm{e}^x (2x + x^2)'$

$\quad = \mathrm{e}^x (2x + x^2) + \mathrm{e}^x (2 + 2x) = \mathrm{e}^x (2 + 4x + x^2)$.

例 2.4.3 设 $y = \ln(1 - x^2)$,求 y''.

解 $y' = \dfrac{(1 - x^2)'}{1 - x^2} = \dfrac{2x}{x^2 - 1}$,

$y'' = \left(\dfrac{2x}{x^2 - 1} \right)' = \dfrac{(2x)'(x^2 - 1) - 2x(x^2 - 1)'}{(x^2 - 1)^2}$

$\quad = \dfrac{2(x^2 - 1) - 2x(2x)}{(x^2 - 1)^2} = -\dfrac{2(x^2 + 1)}{(x^2 - 1)^2}$.

例 2.4.4 设 $f(x) = (x - a)^2 \varphi(x)$,且 $\varphi'(x)$ 连续,求 $f''(a)$.

解 因为 $f(a) = 0$,所以

$$f'(a) = \lim_{x \to a} \frac{f(x) - f(a)}{x - a} = \lim_{x \to a} \frac{(x - a)^2 \varphi(x)}{(x - a)}$$

$$= \lim_{x \to a} (x - a) \varphi(x) = 0,$$

$$f''(a) = \lim_{x \to a} \frac{f'(x) - f'(a)}{x - a} = \lim_{x \to a} \frac{2(x - a) \varphi(x) + (x - a)^2 \varphi'(x)}{(x - a)}$$

$$= \lim_{x \to a} [2\varphi(x) + (x - a) \varphi'(x)] = 2\varphi(a).$$

注 求完一阶微商后一定要尽量化简.

例 2.4.5 设 $y = a_n x^n + a_{n-1} x^{n-1} + \cdots + a_1 x + a_0$，求 $y^{(n)}$.

解 $y' = n a_n x^{n-1} + (n-1) a_{n-1} x^{n-2} + \cdots + 2 a_2 x + a_1$,

$y'' = n(n-1) a_n x^{n-2} + (n-1)(n-2) a_{n-1} x^{n-3} + \cdots + 3 \cdot 2 a_3 x + 2 \cdot 1 a_2$.

可见每对函数求一次导数,多项式的幂就减少一次,因此,经过 n 次求导后,得

$$y^{(n)} = n! a_n.$$

思考 设 $y = (x-1)(x-2) \cdots (x-99)$,则 $y^{(99)} = \underline{\qquad}$.

一般地, $(x^\mu)^{(n)} = \mu(\mu-1) \cdots (\mu-n+1) x^{\mu-n}$,其中 μ 为任意常数.

例 2.4.6 设 $y = e^{ax}$,求 $y^{(n)}$.

解
$$y' = (e^{ax})' = a e^{ax},$$
$$y'' = (a e^{ax})' = a^2 e^{ax},$$
$$y''' = (a^2 e^{ax})' = a^3 e^{ax},$$
$$\cdots\cdots$$
$$y^{(n)} = a^n e^{ax}.$$

特别地,当 $a = 1$ 时,有 $(e^x)^{(n)} = e^x$.

例 2.4.7 设 $y = x^n$,求 $y^{(n)}$.

解
$$y' = n x^{n-1},$$
$$y'' = n(n-1) x^{n-2},$$
$$y''' = n(n-1)(n-2) x^{n-3},$$
$$\cdots\cdots$$
$$y^{(n)} = n(n-1) \cdots [n-(n-1)] = n!.$$

例 2.4.8 设 $y = \dfrac{1}{1+x}$,求 $y^{(n)}$.

解
$$y' = -\frac{1}{(1+x)^2},$$
$$y'' = \frac{2 \cdot 1}{(1+x)^3},$$
$$y''' = -\frac{3 \cdot 2 \cdot 1}{(1+x)^4},$$
$$y^{(4)} = \frac{4 \cdot 3 \cdot 2 \cdot 1}{(1+x)^5},$$
$$\cdots\cdots$$

一般地,可得

$$y^{(n)} = (-1)^n \frac{n!}{(1+x)^{n+1}}.$$

同理,可求得

$$\left(\frac{1}{1-x}\right)^{(n)} = \frac{n!}{(1-x)^{n+1}}.$$

例 2.4.9 设 $y = \ln(1+x)$,求 $y^{(n)}$.

解
$$y' = \frac{1}{1+x},$$

$$y'' = -\frac{1}{(1+x)^2},$$

$$y''' = \frac{2 \cdot 1}{(1+x)^3},$$

$$y^{(4)} = -\frac{3 \cdot 2 \cdot 1}{(1+x)^4},$$

$$\cdots\cdots$$

一般地,可得

$$y^{(n)} = (-1)^{n-1}\frac{(n-1)!}{(1+x)^n}.$$

同理,可求得

$$\left[\ln(1-x)\right]^{(n)} = -\frac{(n-1)!}{(1-x)^n}.$$

例 2.4.10 设 $y = \sin x$,求 $y^{(n)}$.

解 $y' = \cos x = \sin\left(x + \frac{\pi}{2}\right),$

$$y'' = \cos\left(x + \frac{\pi}{2}\right) = \sin\left(x + \frac{\pi}{2} + \frac{\pi}{2}\right) = \sin\left(x + 2 \cdot \frac{\pi}{2}\right),$$

$$y''' = \cos\left(x + 2 \cdot \frac{\pi}{2}\right) = \sin\left(x + 2 \cdot \frac{\pi}{2} + \frac{\pi}{2}\right) = \sin\left(x + 3 \cdot \frac{\pi}{2}\right),$$

$$\cdots\cdots$$

一般地,可得

$$y^{(n)} = \sin\left(x + n \cdot \frac{\pi}{2}\right).$$

同理,可得

$$(\cos x)^{(n)} = \cos\left(x + n \cdot \frac{\pi}{2}\right).$$

例 2.4.11 设 $y = x\mathrm{e}^x$，求 $y^{(n)}$.

解
$$y' = \mathrm{e}^x + x\mathrm{e}^x = (1+x)\mathrm{e}^x,$$
$$y'' = \mathrm{e}^x + (1+x)\mathrm{e}^x = (2+x)\mathrm{e}^x,$$
$$y''' = \mathrm{e}^x + (2+x)\mathrm{e}^x = (3+x)\mathrm{e}^x,$$
$$\cdots\cdots$$
$$y^{(n)} = (n+x)\mathrm{e}^x.$$

例 2.4.12 已知方程 $y = x + \ln y$ 确定了函数 $y = f(x)$，求 $\dfrac{\mathrm{d}^2 y}{\mathrm{d}x^2}$.

解 方程两边关于 x 求导，得

$$\frac{\mathrm{d}y}{\mathrm{d}x} = 1 + \frac{\mathrm{d}y}{\mathrm{d}x} \cdot \frac{1}{y}$$

即

$$y\frac{\mathrm{d}y}{\mathrm{d}x} = y + \frac{\mathrm{d}y}{\mathrm{d}x}.$$

继续将上式两边关于 x 求导，得

$$\left(\frac{\mathrm{d}y}{\mathrm{d}x}\right)^2 + y\frac{\mathrm{d}^2 y}{\mathrm{d}x^2} = \frac{\mathrm{d}y}{\mathrm{d}x} + \frac{\mathrm{d}^2 y}{\mathrm{d}x^2}$$

于是

$$\frac{\mathrm{d}^2 y}{\mathrm{d}x^2} = \frac{\dfrac{\mathrm{d}y}{\mathrm{d}x}\left(1 - \dfrac{\mathrm{d}y}{\mathrm{d}x}\right)}{y - 1}.$$

由前面的式子，解得 $\dfrac{\mathrm{d}y}{\mathrm{d}x} = \dfrac{y}{y-1}$，代入上式，得

$$\frac{\mathrm{d}^2 y}{\mathrm{d}x^2} = \frac{\dfrac{y}{y-1}\left(1 - \dfrac{y}{y-1}\right)}{y-1} = \frac{y}{(1-y)^3}.$$

注 求隐函数的二阶导数时，也可以先求出一阶导数，然后再利用求导数的运算法则和基本求导公式求出二阶导数，但要清楚 y 是 x 的函数.

例如，上例的二阶导数也可以这样来计算：

由一阶导数 $\dfrac{\mathrm{d}y}{\mathrm{d}x} = \dfrac{y}{y-1}$ 对 x 求导，得

$$\frac{\mathrm{d}^2 y}{\mathrm{d}x^2} = \frac{\dfrac{\mathrm{d}y}{\mathrm{d}x}\cdot(y-1) - y\cdot\dfrac{\mathrm{d}}{\mathrm{d}x}(y-1)}{(y-1)^2}$$

$$= \frac{\frac{\mathrm{d}y}{\mathrm{d}x} \cdot (y-1) - y \cdot \frac{\mathrm{d}y}{\mathrm{d}x}}{(y-1)^2} = -\frac{\frac{\mathrm{d}y}{\mathrm{d}x}}{(y-1)^2}.$$

把 $\dfrac{\mathrm{d}y}{\mathrm{d}x} = \dfrac{y}{y-1}$ 代入上式,得

$$\frac{\mathrm{d}^2 y}{\mathrm{d}x^2} = -\frac{\frac{y}{y-1}}{(y-1)^2} = \frac{y}{(1-y)^3}.$$

例 2.4.13 设 $y^2 + xy = 2$,求 y''.

解 方程两边对 x 求导,得

$$2yy' + y + xy' = 0, \qquad\qquad ①$$

整理得
$$y' = -\frac{y}{2y+x}. \qquad\qquad ②$$

对①式两边求导

$$2(y')^2 + 2yy'' + y' + y' + xy'' = 0,$$

故
$$y'' = -\frac{2(y' + y'^2)}{2y+x}. \qquad\qquad ③$$

将②式代入③式,整理得 $y'' = \dfrac{2y(y+x)}{(2y+x)^3}$.（也可以从②式出发求 y''）

习　题　2.4

1. 求下列函数的二阶导数:

(1) $y = 2^x + x^2$; 　　　　(2) $y = x\cos x$;

(3) $y = \tan x$; 　　　　　(4) $y = \sqrt{1+x^2}$;

(5) $y = \mathrm{e}^{-t}\sin t$; 　　　　(6) $y = \sin^2 x$;

(7) $y = (1+x^2)\arctan x$; 　　(8) $y = \ln(x+\sqrt{1+x^2})$;

(9) $y = \dfrac{x}{\sqrt{x-1}}$; 　　　　(10) $y = x[\sin(\ln x) + \cos(\ln x)]$.

2. 若 $f''(x)$ 存在,求下列函数 y 的二阶导数 y'':

(1) $y = f(x^3)$; 　　　　　(2) $y = \ln[f(x)]$.

3. 求由下列方程所确定的隐函数 y 的二阶导数 $\dfrac{\mathrm{d}^2 y}{\mathrm{d}x^2}$：

(1) $xy + \mathrm{e}^y = 1$；　　　　　　(2) $y = \sin(x+y)$；

(3) $\arctan y = x+y$；　　　　　(4) $y = 1 + x\mathrm{e}^y$.

4. 验证函数 $y = \mathrm{e}^x \sin x$ 满足关系式 $y'' - 2y' + 2y = 0$.

5. 已知函数 $f(x) = \begin{cases} ax^2 + bx + c, & x < 0, \\ \ln(1+x), & x \geqslant 0 \end{cases}$ 在点 $x = 0$ 处二阶可导，求常数 a, b, c.

6. 设 $f(x)$ 的 $n-2$ 阶导数 $f^{(n-2)}(x) = \dfrac{x}{\ln x}$，求 $f^{(n)}(x)$.

2.5　微分及其应用

函数的微分是一元函数微分学中另一个重要的概念，它与函数的导数既有联系又有区别，并且在一元函数积分学中有重要的应用.

本节主要介绍微分的定义、计算及其简单的应用.

2.5.1　微分的概念

例 2.5.1　（面积增量）设一金属圆板半径为 r，受热后半径伸长 Δr，则面积膨胀了多少？

解　圆的面积 S 是半径 r 的函数，记为 $S(r) = \pi r^2$，当圆板受热后半径伸长 Δr，则面积的增量为

$$\Delta S = S(r + \Delta r) - S(r) = 2\pi r \Delta r + \pi (\Delta r)^2.$$

$2\pi r \Delta r$ 是关于 Δr 的线性函数，$\pi (\Delta r)^2$ 是关于 Δr 的二次函数. 因此，只要 $|\Delta r|$ 很小，$\pi (\Delta r)^2$ 比 $2\pi r \Delta r$ 小得多. 所以 $\Delta s \approx 2\pi r \Delta r$. 我们把 $2\pi r \Delta r$ 称为面积函数 $S(r)$ 的微分，记为 $\mathrm{d}S = 2\pi r \Delta r$.

注　$S'(r) = 2\pi r$，则 $\mathrm{d}S = (\pi r^2)' \Delta r$.

我们结合上面的实际问题，为微分下一个准确的定义.

定义 2.5.1　设函数 $y = f(x)$ 在点 x_0 处可导，则函数在点 x_0 处可微，并称 $f'(x_0)\Delta x$ 为函数 $f(x)$ 在点 x_0 的微分，记为 $\mathrm{d}y\big|_{x=x_0}$ 或 $\mathrm{d}f(x_0)$，即 $\mathrm{d}y\big|_{x=x_0} = f'(x_0)\Delta x$ 或 $\mathrm{d}f(x_0) = f'(x_0)\Delta x$.

导数和微分这两个概念都与函数的增量有关.

函数在任意点 x 的微分，称为**函数的微分**，记为 $\mathrm{d}y$ 或 $\mathrm{d}f(x)$，即

$$dy = f'(x)\Delta x.$$

注 函数 $f(x)$ 的微分不仅依赖 Δx 也依赖 x.

根据微分的定义,我们得 $dx = x'\Delta x = \Delta x$. 即自变量的微分等于自变量的增量. 所以

$$dy = f'(x)dx,$$

从而

$$\frac{dy}{dx} = f'(x).$$

即函数的导数等于函数的微分与自变量的微分的商,因此,导数又称为**微商**.

对于一元函数来说,可导必然可微;同样,可微必定可导. 具体求函数的微分时,只需要求出函数的导数,然后再乘以自变量的微分.

例 2.5.2 设 $y = f(x) = x^2 + 1$, $x = 1$, $\Delta x = 0.1$ 求函数的改变量与微分.

解 $\Delta y = f(x + \Delta x) - f(x) = f(1.1) - f(1)$

$$= (1.1)^2 + 1 - (1^2 + 1) = 0.21,$$

$$dy = f'(x)\Delta x = 2x\Delta x = 0.2.$$

dy 与 Δy 之差为 0.01,当 $|\Delta r|$ 很小时,可以用 dy 近似代替 Δy.

注 (1) $dx = \Delta x$;

(2) $dy = f'(x)dx \Rightarrow f'(x) = dy/dx$;

(3) 微分与微商有密切联系,但又有区别:$f'(x_0)$ 是一个定数;$dy\big|_{x=x_0} = f'(x_0)(x - x_0)$ 是 x 的线性函数,且当 $x \to x_0$ 时,dy 是无穷小;

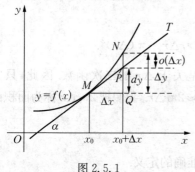

图 2.5.1

(4) 用 dy 近似代替 Δy, $\Delta y \approx dy$.

函数的微分有明显的几何意义. 在直角坐标系中,函数 $y = f(x)$ 的图形是一条曲线. 设 $M(x_0, y_0)$ 是曲线上的一点,当自变量在 x_0 处取增量 Δx 时,就得到曲线上另一点 $N(x_0 + \Delta x, y_0 + \Delta y)$. 由图 2.5.1 可得

$$MQ = \Delta x, \qquad NQ = \Delta y.$$

过点 M 作曲线的切线 MT,它的倾角为 α,则

$$QP = MQ\tan\alpha = f'(x_0)\Delta x,$$

即 $dy = PQ$. 而

$$NP = \Delta y - dy\big|_{x=x_0} = o(\Delta x) \quad (当 \Delta x \to 0 \text{ 时}).$$

由此可见,当 Δy 是曲线 $y = f(x)$ 上点的纵坐标的增量时,dy 就是曲线的切

线上点的纵坐标的相应增量. 由于当 $|\Delta x|$ 很小时, $|\Delta y - \mathrm{d}y|$ 比 $|\Delta x|$ 要小得多, 因此, 在点 M 的邻近处, 可以用切线段 MP 来近似代替曲线段 MN. 这就是通常所说的"以直代曲"的含义. $\triangle MQP$ 在一元微分学中占有重要地位, 称为**微分三角形**或**特征三角形**, 它的两条直角边分别表示自变量的微分和函数的微分.

2.5.2 微分的运算

1. 基本微分公式

由 $\mathrm{d}f(x) = f'(x)\mathrm{d}x$ 可得下列基本公式:

$\mathrm{d}(C) = 0$（C 为常数）; $\qquad \mathrm{d}(x^{\mu}) = \mu x^{\mu-1}\mathrm{d}x$;

$\mathrm{d}(\sin x) = \cos x\mathrm{d}x$; $\qquad \mathrm{d}(\cos x) = -\sin x\mathrm{d}x$;

$\mathrm{d}(\tan x) = \sec^2 x\mathrm{d}x$; $\qquad \mathrm{d}(\cot x) = -\csc^2 x\mathrm{d}x$;

$\mathrm{d}(\sec x) = \sec x\tan x\mathrm{d}x$; $\qquad \mathrm{d}(\csc x) = -\csc x\cot x\mathrm{d}x$;

$\mathrm{d}(a^x) = a^x\ln a\mathrm{d}x$; $\qquad \mathrm{d}(e^x) = e^x\mathrm{d}x$;

$\mathrm{d}(\log_a x) = \dfrac{1}{x\ln a}\mathrm{d}x$; $\qquad \mathrm{d}(\ln x) = \dfrac{1}{x}\mathrm{d}x$;

$\mathrm{d}(\arcsin x) = \dfrac{1}{\sqrt{1-x^2}}\mathrm{d}x$; $\qquad \mathrm{d}(\arccos x) = -\dfrac{1}{\sqrt{1-x^2}}\mathrm{d}x$;

$\mathrm{d}(\arctan x) = \dfrac{1}{1+x^2}\mathrm{d}x$; $\qquad \mathrm{d}(\text{arccot } x) = -\dfrac{1}{1+x^2}\mathrm{d}x$.

2. 微分法则

设 $u = u(x)$, $v = v(x)$ 都可导, 由函数和、差、积、商的求导法则, 可推得相应的微分法则.

$\mathrm{d}(Cu) = C\mathrm{d}u$; $\qquad \mathrm{d}(u \pm v) = \mathrm{d}u \pm \mathrm{d}v$;

$\mathrm{d}(uv) = v\mathrm{d}u + u\mathrm{d}v$; $\qquad \mathrm{d}\left(\dfrac{u}{v}\right) = \dfrac{v\mathrm{d}u - u\mathrm{d}v}{v^2}$.

3. 复合函数微分法则(微分形式不变性)

设 $y = f(u)$, $u = \varphi(x)$, 则对于复合函数 $y = f[\varphi(x)]$ 有

$$\frac{\mathrm{d}y}{\mathrm{d}x} = \frac{\mathrm{d}y}{\mathrm{d}u} \cdot \frac{\mathrm{d}u}{\mathrm{d}x} = f'(u)\varphi'(x).$$

所以 $\mathrm{d}y = f'(u)\varphi'(x)\mathrm{d}x$, 由于 $\varphi'(x)\mathrm{d}x = \mathrm{d}u$, 故

$$\mathrm{d}y = f'(u)\mathrm{d}u.$$

上式表明, y 作为自变量 x 的函数的微分与 y 作为中间变量 u 的函数的微分

是相同的,这一性质称为**一阶微分形式不变性**.

这个性质表明,当变换自变量时(即设 u 为另一变量的任一可微函数),微分形式 $dy = f'(u)du$ 并不改变.

例 2.5.3 $y = \ln \sin 2x$,求 dy.

解法 1 $dy = \dfrac{1}{\sin 2x} d(\sin 2x) = \dfrac{1}{\sin 2x} \cos 2x d(2x) = 2\cot 2x dx$.

解法 2 $y' = \dfrac{1}{\sin 2x} (\sin 2x)' = \dfrac{1}{\sin 2x} 2\cos 2x = 2\cot 2x$,

故 $dy = 2\cot 2x dx$.

例 2.5.4 $y = \sin^3 \sqrt{x}$,求 dy.

解 $dy = d(\sin^3 \sqrt{x}) = 3\sin^2 \sqrt{x} d(\sin \sqrt{x}) = 3\sin^2 \sqrt{x} \cos \sqrt{x} d(\sqrt{x})$

$$= 3\sin^2 \sqrt{x} \cos \sqrt{x} \frac{1}{2\sqrt{x}} dx = \frac{3}{2\sqrt{x}} \sin^2 \sqrt{x} \cos \sqrt{x} dx.$$

例 2.5.5 在下列等式左端的括号中填入适当的函数,使等式成立.

(1) $d(\quad) = 5x dx$; (2) $d(\quad) = \cos \omega t dt$;

(3) $d(\quad) = e^{-2x} dx$; (4) $d(\quad) = e^{-2x^2} x dx$;

(5) $d(\quad) = \dfrac{1}{\sqrt{x}} dx$; (6) $d(\quad) = \sec^2 2x dx$;

(7) $d(\quad) = \dfrac{x}{2+x^2} dx$; (8) $d(\quad) = \dfrac{2}{\sqrt{1-x^2}} dx$.

解 (1) 因为 $d(x^2) = 2x dx$,所以

$$5x dx = \frac{5}{2} d(x^2) = d\left(\frac{5}{2} x^2\right),$$

即

$$d\left(\frac{5}{2} x^2\right) = 5x dx.$$

一般地,有

$$d\left(\frac{5}{2} x^2 + C\right) = 5x dx \quad (C \text{ 为任意常数}).$$

(2) 因为 $d(\sin \omega t) = \omega \cos \omega t dt$,所以

$$\cos \omega t dt = \frac{1}{\omega} d(\sin \omega t) = d\left(\frac{1}{\omega} \sin \omega t\right),$$

即
$$d\left(\frac{1}{\omega}\sin\omega t\right) = \cos\omega t\,dt.$$

一般地,有

$$d\left(\frac{1}{\omega}\sin\omega t + C\right) = \cos\omega t\,dt \quad (C \text{ 为任意常数}).$$

(3) 因为 $d(e^{-2x}) = -2e^{-2x}\,dx$,所以

$$e^{-2x}\,dx = -\frac{1}{2}d(e^{-2x}) = d\left(-\frac{1}{2}e^{-2x}\right).$$

即
$$d\left(-\frac{1}{2}e^{-2x}\right) = e^{-2x}\,dx.$$

一般地,有

$$d\left(-\frac{1}{2}e^{-2x} + C\right) = e^{-2x}\,dx \quad (C \text{ 为任意常数}).$$

(4) 因为 $d(e^{-2x^2}) = -4xe^{-2x^2}\,dx$,所以

$$e^{-2x^2}x\,dx = -\frac{1}{4}d(e^{-2x^2}) = d\left(-\frac{1}{4}e^{-2x^2}\right).$$

即
$$d\left(-\frac{1}{4}e^{-2x^2}\right) = e^{-2x^2}x\,dx.$$

一般地,有

$$d\left(-\frac{1}{4}e^{-2x^2} + C\right) = e^{-2x^2}x\,dx \quad (C \text{ 为任意常数}).$$

(5) 因为 $d(\sqrt{x}) = \frac{1}{2\sqrt{x}}dx$,所以

$$\frac{1}{\sqrt{x}}dx = 2d(\sqrt{x}) = d(2\sqrt{x}).$$

即
$$d(2\sqrt{x}) = \frac{1}{\sqrt{x}}dx.$$

一般地,有

$$d(2\sqrt{x} + C) = \frac{1}{\sqrt{x}}dx \quad (C \text{ 为任意常数}).$$

(6) 因为 $\mathrm{d}(\tan 2x) = 2\sec^2 2x\mathrm{d}x$，所以

$$\sec^2 2x\mathrm{d}x = \frac{1}{2}\mathrm{d}(\tan 2x) = \mathrm{d}\left(\frac{1}{2}\tan 2x\right).$$

即

$$\mathrm{d}\left(\frac{1}{2}\tan 2x\right) = \sec^2 2x\mathrm{d}x.$$

一般地，有

$$\mathrm{d}\left(\frac{1}{2}\tan 2x + C\right) = \sec^2 2x\mathrm{d}x \quad (C\text{ 为任意常数}).$$

(7) 因为 $\mathrm{d}[\ln(2+x^2)] = \dfrac{2x}{2+x^2}\mathrm{d}x$，所以

$$\frac{x}{2+x^2}\mathrm{d}x = \frac{1}{2}\mathrm{d}[\ln(2+x^2)] = \mathrm{d}\left[\frac{1}{2}\ln(2+x^2)\right].$$

即

$$\mathrm{d}\left[\frac{1}{2}\ln(2+x^2)\right] = \frac{x}{2+x^2}\mathrm{d}x.$$

一般地，有

$$\mathrm{d}\left[\frac{1}{2}\ln(2+x^2) + C\right] = \frac{x}{2+x^2}\mathrm{d}x \quad (C\text{ 为任意常数}).$$

(8) 因为 $\mathrm{d}(\arcsin x) = \dfrac{1}{\sqrt{1-x^2}}\mathrm{d}x$，所以

$$\frac{2}{\sqrt{1-x^2}}\mathrm{d}x = 2\mathrm{d}(\arcsin x) = \mathrm{d}(2\arcsin x).$$

即

$$\mathrm{d}(2\arcsin x) = \frac{2}{\sqrt{1-x^2}}\mathrm{d}x.$$

一般地，有

$$\mathrm{d}(2\arcsin x + C) = \frac{2}{\sqrt{1-x^2}}\mathrm{d}x \quad (C\text{ 为任意常数}).$$

2.5.3 微分的应用

通过前面的学习我们知道，如果函数 $y = f(x)$ 在点 x_0 处的导数存在，且 $f'(x_0) \neq 0$，则当 $|\Delta x|$ 很小时，就有近似公式：

$$\Delta y \approx \mathrm{d} y = f'(x_0) \Delta x$$

由于
$$\Delta y = f(x_0 + \Delta x) - f(x_0),$$

因此上式也可以写成 $f(x_0 + \Delta x) - f(x_0) \approx f'(x_0)\Delta x$，即

$$f(x_0 + \Delta x) \approx f(x_0) + f'(x_0)\Delta x.$$

因为 $\Delta x = x - x_0$，即 $x = x_0 + \Delta x$，于是可改写成

$$f(x) \approx f(x_0) + f'(x_0)(x - x_0).$$

以上近似计算公式的实质就是用 x 的线性函数 $f(x_0) + f'(x_0)(x - x_0)$ 来近似表达函数 $f(x)$，这就是我们所说的"以直代曲"的内涵. 即在切点邻近部分，用曲线 $y = f(x)$ 在点 $(x_0, f(x_0))$ 处的切线来近似代替该曲线.

例 2.5.6 设 $f(x) = \sqrt{x}$，求函数值 $f(1.3)$ 的近似值.

解 由 $f(x) = \sqrt{x}$，设 $x_0 = 1$，$\Delta x = 0.3$，$f'(x) = \dfrac{1}{2\sqrt{x}}$，$f'(1) = \dfrac{1}{2}$，故

$$f(1.3) \approx f(1) + f'(1)\Delta x = 1 + \frac{1}{2} \times 0.3 = 1.15.$$

例 2.5.7 利用微分计算 $\cos 30°30'$ 的近似值.

解 先将 $30°30'$ 化为弧度，得

$$30°30' = \frac{\pi}{6} + \frac{\pi}{360}.$$

设 $f(x) = \cos x$，此时 $f'(x) = -\sin x$. 当 $x_0 = \dfrac{\pi}{6}$ 时，有

$$f\left(\frac{\pi}{6}\right) = \cos \frac{\pi}{6} = \frac{\sqrt{3}}{2}, \qquad f'\left(\frac{\pi}{6}\right) = -\sin \frac{\pi}{6} = -\frac{1}{2}.$$

于是由公式 $f(x_0 + \Delta x) \approx f(x_0) + f'(x_0)\Delta x$，得

$$\cos 30°30' = \cos\left(\frac{\pi}{6} + \frac{\pi}{360}\right) \approx \cos \frac{\pi}{6} - \sin \frac{\pi}{6} \cdot \frac{\pi}{360}$$

$$= \frac{\sqrt{3}}{2} - \frac{1}{2} \cdot \frac{\pi}{360} \approx 0.8616.$$

在公式 $f(x) \approx f(x_0) + f'(x_0)(x - x_0)$ 中，取 $x_0 = 0$，则有

$$f(x) \approx f(0) + f'(0)x.$$

当 $|x|$ 较小时，可以推出在科学计算中的一些近似公式：

$$\mathrm{e}^x \approx 1 + x; \quad \ln(1 + x) \approx x; \quad \sin x \approx x; \quad \tan x \approx x;$$

$$\sqrt[n]{1 + x} \approx 1 + \frac{1}{n}x; \quad \frac{1}{1 + x} \approx 1 - x.$$

思考题 当 $|x|$ 很小时，$\sin x \approx x$，$\tan x \approx x$，这里 x 用什么单位？为什么？

习 题 2.5

1. 求下列函数的微分：

(1) $y = x^2 + \dfrac{1}{x}$；　　　　　　(2) $y = x\cos 2x$；

(3) $y = x\mathrm{e}^{-x^2}$；　　　　　　(4) $y = \dfrac{\sin x}{\sqrt{x^2 + 1}}$；

(5) $y = \left[\ln(1 - x^2)\right]^2$；　　　(6) $y = \mathrm{e}^x \sin(x^2 - 1)$；

(7) $y = x^2 \arcsin x$；　　　　(8) $y = \arctan \dfrac{1 - x^2}{1 + x^2}$；

(9) $y = \dfrac{\cos x}{1 - x^2}$；　　　　(10) $y = \sqrt{x - \sqrt{x}}$.

2. 将适当的函数填入下列括号内，使等式成立：

(1) $\mathrm{d}(\quad) = x\mathrm{d}x$；　　　(2) $\mathrm{d}(\quad) = \dfrac{1}{x^2}\mathrm{d}x$；

(3) $\mathrm{d}(\quad) = \sin ax\,\mathrm{d}x$；　　(4) $\mathrm{d}(\quad) = \dfrac{1}{4 + x^2}\mathrm{d}x$；

(5) $\mathrm{d}(\quad) = \dfrac{1}{1 + x}\mathrm{d}x$；　　(6) $\mathrm{d}(\quad) = \mathrm{e}^{-5x}\mathrm{d}x$；

(7) $\mathrm{d}(\quad) = \dfrac{1}{\sqrt{x}}\mathrm{d}x$；　　(8) $\mathrm{d}(\quad) = \sec^2 bx\,\mathrm{d}x$；

(9) $\mathrm{d}(\quad) = 2^x\mathrm{d}x$；　　　(10) $\mathrm{d}(\quad) = \dfrac{x}{\sqrt{1 - x^2}}\mathrm{d}x$.

3. 求下列方程所确定的函数 $y = f(x)$ 的微分 $\mathrm{d}y$：

(1) $y = \sin x + x\mathrm{e}^y$；　　　　　(2) $x^2 y = \mathrm{e}^{xy} + x\mathrm{e}^y$.

4. 当 $|x|$ 很小时，证明：$\dfrac{1}{1 + x} \approx 1 - x$.

5. 计算下列近似值：

(1) $\tan 46°$；　(2) $\mathrm{e}^{1.001}$；　(3) $\sqrt[3]{996}$；　(4) $\ln 1.002$；　(5) $\arctan 1.02$.

6. 一正方体的棱长为 $x = 10\ \mathrm{m}$，如果棱长增加 $0.1\ \mathrm{m}$，求此正方体体积增加的精确值和近似值.

总 习 题 2

(A)

1. 是非题.

(1) 可导偶函数的导函数必为奇函数，可导奇函数的导数必为偶函数.

(2) 单调函数的导函数是单调函数.

(3) 若 $f'(x_0) = -1$，则在点 x_0 处 $\lim\limits_{\Delta x \to 0} \dfrac{\Delta y - \mathrm{d}y}{\Delta y} = 0$.

(4) 若 $y = f(u)$，$u = g(x)$ 都可导，则 $\mathrm{d}y = f'(u)\mathrm{d}u = f'(u)g'(x)\mathrm{d}x$.

2. 填空题.

(1) 在"充分"、"必要"、"充分必要"三者中选择一个正确的填入下列空格内.

① $f(x)$ 在点 x_0 可导是 $f(x)$ 在点 x_0 连续的_____条件. $f(x)$ 在点 x_0 连续是 $f(x)$ 在点 x_0 可导的_____条件.

② $f(x)$ 在点 x_0 的左导数 $f'_-(x_0)$ 及右导数 $f'_+(x_0)$ 都存在且相等是 $f(x)$ 在点 x_0 可导的_____条件.

③ $f(x)$ 在点 x_0 可导是 $f(x)$ 在点 x_0 可微的_____条件.

(2) 设 $y = 10^x \sin x$，则 $y' = $_____.

(3) 设 $y = \sin\sqrt{1 + x^2}$，则 $y' = $_____.

(4) 设 $y = f(\ln x)\ln f(x)$，则 $y' = $_____.

(5) 设 $f(x)$ 二阶可导，则函数 $y = f(\mathrm{e}^x)$ 的一阶导数 $y' = $_____，二阶导数 $y'' = $_____.

(6) 设 $x + \sqrt{xy + y} = 4$，则 $\mathrm{d}y = $_____.

3. 选择题.

(1) 函数 $f(x)$ 在点 x_0 的导数 $f'(x_0)$ 存在等于(   ).

A. $\lim\limits_{n \to \infty} n\left[f\left(x_0 + \dfrac{1}{n} \right) - f(x_0) \right]$ 存在

B. $\lim\limits_{h \to 0} \dfrac{f(x_0 - h) - f(x_0)}{h}$ 存在

C. $\lim\limits_{\Delta x \to 0} \dfrac{f(x_0 + \Delta x) - f(x_0 - \Delta x)}{\Delta x}$ 存在

D. $\lim\limits_{\Delta x \to 0} \dfrac{f(x_0 + 3\Delta x) - f(x_0 + \Delta x)}{\Delta x}$ 存在

(2) 直线 l 与 x 轴平行且与曲线 $y = x - e^x$ 相切,则切点为(   ).

    A. $(1, 1)$ B. $(-1, 1)$ C. $(0, 1)$ D. $(0, -1)$

(3) 设函数 $f(x) = |x^3 - 1| \varphi(x)$,其中 $\varphi(x)$ 在点 $x = 1$ 处连续,由 $\varphi(1) = 0$ 是 $f(x)$ 在点 $x = 1$ 处可导的(   ).

    A. 充分必要条件   B. 必要但非充分条件

    C. 充分但非必要条件   D. 既非充分也非必要条件

(4) 设 $y = f(u)$ 是可微函数,u 是 x 的可微函数,则 $\mathrm{d}y =$(   ).

    A. $f'(u)u\mathrm{d}x$ B. $f'(u)\mathrm{d}u$ C. $f'(u)\mathrm{d}x$ D. $f'(u)u'\mathrm{d}u$

4. 求下列函数的导数:

(1) $y = \begin{cases} \ln(1+x^2)^{\frac{2}{x}}, & x \neq 0, \\ 0, & x = 0; \end{cases}$ (2) $y = \dfrac{(2x+1)^2 \sqrt[3]{2-3x}}{\sqrt[3]{(x-3)^2}}$;

(3) $y = x^{x^x}$;   (4) $y = (1+\cos x)^{\frac{1}{x}}$.

5. 曲线 $y = x^3$ 在何处的切线与直线 $y = x$ 平行? 并求该切线方程.

6. 设 $y = \left(\dfrac{a}{b}\right)^x \left(\dfrac{b}{x}\right)^a \left(\dfrac{x}{a}\right)^b$,求 y'.

7. 设 $y = x^{\pi} + \pi^x$,其中 $x \neq 0$,求 y'.

8. 求 $\lim\limits_{x \to 0} \dfrac{1 - \cos x^2}{x^2 \sin x^2}$.

9. 证明:过曲线 $xy = 4$ 上的任意一点 (x_0, y_0) $(x_0 > 0)$ 的切线与两坐标轴围成的三角形面积是一个常数.

10. 设 $y = \dfrac{1}{x^2 + 5x + 6}$,求 $y^{(100)}$.

(B)

1. 是非题.

(1) 若 $f(x)$ 和 $g(x)$ 中至少有一个在点 x_0 处不可导,则 $f(x) + g(x)$ 也在点 x_0 处不可导.

(2) 若 $f(x)$ 和 $g(x)$ 只有一个在点 x_0 处不可导,则 $f(x)g(x)$ 在点 x_0 处不可导.

(3) 若 $f(x)$ 和 $g(x)$ 在点 x_0 处均不可导,则 $f(x)g(x)$ 在点 x_0 处有可能可导.

(4) $f'(x_0) = [f(x_0)]'$.

(5) 曲线 $y = f(x)$ 在点 $(x_0, f(x_0))$ 处有切线,则 $f'(x_0)$ 一定存在.

(6) 若 $f'(x) > g'(x)$,则 $f(x) > g(x)$.

(7) 周期函数的导数仍为周期函数.

2. 填空题.

(1) 当 $h \to 0$ 时, $f(2+h) - f(2) - 2h$ 是 h 的高阶无穷小, 则 $f'(2) = $ _____.

(2) 设 $y = \mathrm{e}^{\sqrt{\sin 2x}}$, 则 $\mathrm{d}y = $ _____ $\mathrm{d}(\sin 2x)$.

(3) 设 $y = \mathrm{e}^x \sin x$, 则 $\mathrm{d}y = $ _____ $\mathrm{d}(\mathrm{e}^x) + $ _____ $\mathrm{d}(\sin x)$.

(4) 若 $f'(0)$ 存在且 $f(0) = 0$, 则 $\lim\limits_{x \to 0} \dfrac{f(x)}{x} = $ _____.

(5) 已知 $f(x)$ 在点 $x = 0$ 处可导, 且 $\lim\limits_{x \to 0} f(x) = 2$, 则 $f(0) = $ _____.

(6) 设 $f(x)$ 在点 x_0 处可导, 则 $\lim\limits_{\Delta x \to 0} \dfrac{f(x_0 - \Delta x) - f(x_0)}{\Delta x} = $ _____,

$\lim\limits_{h \to 0} \dfrac{f(x_0 + h) - f(x_0 - h)}{h} = $ _____.

(7) 设 $f(t) = \lim\limits_{x \to 0} t \, (1 + tx)^{\frac{1}{x}}$, 则 $f'(t) = $ _____.

(8) 设函数 $f(x)$ 满足以下关系: $f(x) = f(0) + x + \alpha(x)$, 且 $\lim\limits_{x \to 0} \dfrac{\alpha(x)}{x} = 0$,

则 $f'(0) = $ _____.

3. 选择题.

(1) 当 $|\Delta x|$ 充分小, $f'(x) \neq 0$ 时, 函数 $y = f(x)$ 的改变量 Δy 与微分 $\mathrm{d}y$ 的关系是 ( ).

A. $\Delta y = \mathrm{d}y$ B. $\Delta y < \mathrm{d}y$

C. $\Delta y > \mathrm{d}y$ D. $\Delta y \approx \mathrm{d}y$

(2) 已知 $f'(3) = 2$, 则 $\lim\limits_{h \to 0} \dfrac{f(3 - h) - f(3)}{2h} = $ ( ).

A. $\dfrac{3}{2}$ B. $-\dfrac{3}{2}$ C. 1 D. -1

(3) 设函数 $f(x)$ 为偶函数且在点 $x = 0$ 处可导, 则 $f'(0) = $ ( ).

A. 1 B. -1

C. 0 D. 以上三项都不正确

(4) 若两个函数 $f(x), g(x)$ 在区间 (a, b) 内各点的导数相等, 则这两个函数在区间 (a, b) 内 ( ).

A. $f(x) - g(x) = x$ B. 相等

C. 均为常数   D. 仅相差一个常数

(5) 已知函数 $f(x)$ 具有任意阶导数, 且 $f'(x) = [f(x)]^2$, 则当 n 为大于 2 的正整数时, $f^{(n)}(x)$ 是 ( ).

A. $n! \, [f(x)]^{n+1}$ B. $n \, [f(x)]^{n+1}$

C. $[f(x)]^{2n}$ D. $n!\,[f(x)]^{2n}$

4. 分段函数 $f(x)=\begin{cases} x, & x\leqslant 0, \\ \ln(x+1), & x>0 \end{cases}$ 在点 $x=0$ 处是否连续? 是否可导? 为什么?

5. 设函数

$$f(x)=\begin{cases} x^m\sin\dfrac{1}{x}, & x\neq 0, \\ 0, & x=0, \end{cases}$$

其中 m 为自然数,试讨论:

(1) m 为何值时,$f(x)$ 在 $x=0$ 连续;

(2) m 为何值时,$f(x)$ 在 $x=0$ 可导,并求 $f'(0)$.

6. 设 $f(x)$ 在 $x=1$ 处具有连续的一阶导数,且 $f'(x)=-2$,试求 $\lim\limits_{x\to 0^+}\dfrac{\mathrm{d}}{\mathrm{d}x}f(\cos\sqrt{x})$.

7. 求过原点 $(0,0)$ 与曲线 $y=e^x$ 相切的直线方程.

8. 设 $u=f[\varphi(x)+y^2]$,其中 x,y 满足方程 $y+e^y=x$,且 $f(v),\varphi(x)$ 均可导,求 $\dfrac{\mathrm{d}u}{\mathrm{d}x}$.

阅读材料 2　谁发明了微积分?

17 世纪对于数学的发展具有重大意义的两个事件,一是解析几何的诞生.它开辟了几何代数化这一新的方向;二是创立了微积分.使数学从常量数学过渡到变量数学.这些都是数学思想方法的重大突破.

变量数学是相对于常量数学而言的数学领域.常量数学的对象主要是固定不变的图形和常量.它是描述静态事物的有力工具.可是,对于描述事物的运动和变化却是无能为力的.因此,变量数学应运而生.它的产生有其经济背景和数学背景.

说到谁发明了微积分,任何一个中学生都知道,是牛顿和莱布尼茨发明了微积分;其实,牛顿和莱布尼茨两人都只是经过一个世纪孕育的微积分的最后完成者.微积分的萌芽,特别是积分学部分可以追溯到古代,如面积和体积的计算自古以来一直是数学家们感兴趣的课题.在古希腊、中国和印度数学家们的著述中,不乏用无限小过程计算特殊形状的面积、体积和曲线长的例子.而阿基米德、刘徽及祖冲之父子等人的方法,他们的工作,确实是人们建立一般积分学的漫长努力的先驱. 当然,是牛顿和莱布尼茨各自独立地发现了微积分的基本定理.

然而,历史上曾演绎了一段被称为"科学史上最不幸的一页"——微积分优先发明权之争.

牛顿于 1665～1666 年创立了微积分. 但是从来没有发表. 只是把他的结果通知了他的朋友. 莱布尼茨于 1675 年将他自己的微积分版本发表出来. 以微分的积分法则写了一篇论文. 后又于 1684 年在莱比锡大学的新刊物《学术论文集》上发表了完整的微分法,其后又发表了积分法. 1687 年,牛顿才出版了《原理》,其中就有他的流数法. 这一切看来都相安无事,没有产生敌对的行为. 直到 1708 年,一位局外人,牛津大学教授基尔在皇家学会会刊上发表了一篇讨论离心力的文章. 文中他把微积分的首功记在牛顿名下,同时也提到莱布尼茨,但将《学术论文集》的那篇文章称为第二.

1711 年,莱布尼茨得知此事,非常愤怒. 写信要求皇家学会收回那种说法. 英国和欧洲大陆之间的论战于是展开了.

这场争吵的重要性不在于谁胜谁负,而是使数学家分成两派,大陆的数学家,尤其是伯努利(家族)兄弟,支持莱布尼茨,而英国数学家捍卫牛顿,两派不和甚至尖锐地互相敌对. 约翰·伯努利甚至嘲笑并猛烈攻击英国人. 英国数学家当然是予以回击. 尤其是牛顿,他当时是皇家学会主席,因而利用他的职务之便,以别人的名字刊登他的反驳. 这事件的结果是英国和大陆的数学家停止了思想交换,即使两人之一的莱布尼茨于 1716 年 11 月 4 日去世了,这场争论也没有平息. 欧洲大陆的人士依然坚持莱布尼茨是第一位. 而英国人也固执地忠于他们的大师. 现代学者有充分证据证明,这两个数学家的工作是相互独立的. 而且从我们前面所作的比较可以看出,他们两人在微积分上所做的工作可称得上是相辅相成、珠联璧合. 而且两人的工作又各有特色,牛顿注意物理方面,而莱布尼茨侧重于几何方面. 牛顿先于莱布尼茨发明了微积分,而莱布尼茨先于牛顿发表了微积分. 尤其是莱布尼茨是花费了一生的努力,并咨询过许多数学家,为各种数学运算找到最佳记法. 而在最后,数学家采用了莱布尼茨的微积分记法.

值得补充的是,尽管发生了纠纷,两位学者却从未怀疑过对方的科学才能. 有一则记载说,1701 年在柏林王宫的一次宴会上,当普鲁士王问到对牛顿的评价时,莱布尼茨回答道:"综观有史以来的全部数学,牛顿做了一半多的工作."

第 3 章　导数的应用

在高中我们初步研究了函数的单调性、极值问题. 本章将把上一章所学的导数作为工具来研究函数的单调性、凸凹性、极值、最值等性态,并利用导数知识来解决一些实际问题.

3.1　函数的单调性与极值

3.1.1　函数单调性的判别法

从图 3.1.1 可以看到,曲线 $y=f(x)$ 单调上升时,曲线上任意一点处的切线与 x 轴正方的夹角是锐角,小于 $90°$,正切值大于 0;从图 3.1.2 看到,当曲线 $y=f(x)$ 单调下降时,曲线上任意一点处的切线与 x 轴正方的夹角是钝角,大于 $90°$,正切值小于 0. 因此我们可以用曲线上任意一点导数的符号来判断函数的单调性.

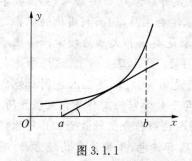

图 3.1.1　　　　　　　　　　　　　　图 3.1.2

定理 3.1.1　（一阶导数与单调性的关系）
(1) 若在区间 (a,b) 内,$f'(x) \geqslant 0$,则函数 $f(x)$ 在 (a,b) 内是单调增加的;
(2) 若在区间 (a,b) 内,$f'(x) \leqslant 0$,则函数 $f(x)$ 在 (a,b) 内是单调减少的.
可以用后面的拉格朗日中值微分定理证明.(证略)

例 3.1.1　研究函数 $f(x)=x-\sin x$ 在 $(0,2\pi)$ 内的单调性.

解　在 $(0,2\pi)$ 内 $f'(x)=1-\cos x>0$,故函数在 $(0,2\pi)$ 内单调增加.

例 3.1.2　求函数 $f(x)=e^x-x-1$ 的单调区间.

解　函数的定义域为 $(-\infty,+\infty)$,$f'(x)=e^x-1$,令 $f'(x)=0$,得 $x=0$,它将 $(-\infty,+\infty)$ 分成两部分:$(-\infty,0)$,$(0,+\infty)$.

当 $-\infty<x<0$ 时,$f'(x)<0$,故 $f(x)$ 在 $(-\infty,0)$ 内单调减少;

当 $0<x<+\infty$ 时,$f'(x)>0$,故 $f(x)$ 在 $(0,+\infty)$ 内单调增加.

例 3.1.3 求函数 $f(x)=\sqrt[3]{x^2}$ 的单调区间.

解 函数的定义域为 $(-\infty,+\infty)$,当 $x\neq0$ 时,$f'(x)=\dfrac{2}{3\sqrt[3]{x}}$;当 $x=0$ 时,微商不存在,无 $f'(x)=0$ 的点. 用 $x=0$ 将 $(-\infty,+\infty)$ 分成 $(-\infty,0)$,$(0,+\infty)$.

当 $-\infty<x<0$ 时,$f'(x)<0$,故 $f(x)$ 在 $(-\infty,0)$ 单调减少;

当 $0<x<+\infty$ 时,$f'(x)>0$,故 $f(x)$ 在 $(0,+\infty)$ 单调增加.

注 在求函数单调区间时,若 $f'(x)$ 在整个讨论的区间上符号不定,我们可以用 $f'(x)$ 的零点与 $f'(x)$ 不存在的点来划分函数定义域,就能保证 $f'(x)$ 在各自区间内保持定号. 这些子区间就是函数的单调区间;若 $f'(x)$ 在 (a,b) 内有有限个零点,定理结论仍成立.

例如,$f(x)=x^3$ 在 $(-\infty,+\infty)$ 内是严格单调增加的.

思考题 单调函数的微商函数是否必为单调函数?

例 3.1.4 利用函数的单调性证明当 $x>0$ 时,$x>\ln(1+x)$.

证 设 $f(x)=x-\ln(1+x)$,当 $x>0$ 时,$f'(x)=1-\dfrac{1}{1+x}=\dfrac{x}{1+x}>0$,所以 $f(x)$ 在 $(0,+\infty)$ 内单调增加,而 $f(0)=0$,故当 $x>0$ 时,$f(x)=x-\ln(1+x)>f(0)=0$,即 $x-\ln(1+x)>0$,故 $x>\ln(1+x)$.

3.1.2 函数的极值

1. 函数极值的直观描述

函数的极值,是指在某点 x 的邻域内函数的最大(小)值,从图 3.1.3 可以看出,在点 x_1 的邻域内函数 $f(x_1)$ 是最小值,所以 $f(x_1)$ 是极小值;类似地,$f(x_2)$ 是极大值,$f(x_3)$ 是极小值,$f(x_4)$ 是极大值. 再进一步,我们可以发现有些极大值比极小值小,极小值比极大值大. 如极小值 $f(x_5)$ 比极大值 $f(x_2)$ 大,因此极值是一个

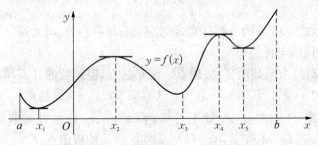

图 3.1.3

局部问题.

2. 函数极值的定义

定义 3.1.1 设函数 $f(x)$ 在点 x_0 的某个邻域 $U(x_0)$ 内有定义,若对 $\forall x \in U(x_0)$,有 $f(x_0) \geqslant f(x)(f(x_0) \leqslant f(x))$,则称函数 $f(x)$ 在点 x_0 取得极大(小)值,并把 x_0 称为极大值(极小值)点.

注 极大值、极小值统称极值,极大值点、极小值点统称为极值点.

例 3.1.5 求函数 $y = |x|$ 的极值和极值点.

解 当 $x = 0$ 时,$y = 0$,当 $x \neq 0$ 时,$y > 0$,则函数 $y = |x|$ 有极小值 0,$x = 0$ 为极小值点.

注 当 $x = 0$ 时,函数 $y = |x|$ 不可导.

例 3.1.6 求函数 $y = x^2$ 的极值和极值点.

解 当 $x = 0$ 时,$y = 0$,当 $x \neq 0$ 时,$y > 0$,则函数 $y = x^2$ 有极小值 0,$x = 0$ 为极小值点.

注 函数 $y = x^2$ 在点 $x = 0$ 处是可导的,且导数为零.

思考题 哪些点可能是极值点? 如何判断?

3. 极值的必要条件

定理 3.1.2 (极值存在的必要条件) 设函数 $f(x)$ 在点 x_0 处可导,且在点 x_0 处取得极值,那么该函数在点 x_0 处的导数为零,即 $f'(x_0) = 0.$

证 不妨设 $f(x_0)$ 是函数的极大值.

由极大值的定义,在 x_0 的某个去心邻域内,对于任何点 x,都有 $f(x) < f(x_0)$ 成立. 于是,当 $x < x_0$ 时,$\dfrac{f(x) - f(x_0)}{x - x_0} > 0$,因此

$$f'(x_0) = \lim_{x \to x_0^-} \frac{f(x) - f(x_0)}{x - x_0} \geqslant 0.$$

当 $x > x_0$ 时,$\dfrac{f(x) - f(x_0)}{x - x_0} < 0$,因此 $f'(x_0) = \lim\limits_{x \to x_0^+} \dfrac{f(x) - f(x_0)}{x - x_0} \leqslant 0.$

由于函数在点 x_0 处的导数存在,因此左、右导数相等,从而得 $f'(x_0) = 0$.

极小值的证明与此类似.

注 (1) 对可微函数而言,极值点一定是驻点,但函数的驻点却不一定是极值点. 例如,$f(x) = x^3$,$f'(x) = 3x^2$,$f'(0) = 0$,$x = 0$ 是驻点.

(2) 若函数 $f(x)$ 在点 x_0 处不可微,$f(x)$ 在 x_0 处也可能取得极值. 例如,$f(x) = |x|$,$f'(0)$ 不存在,但 $f(0) = 0$ 是 $f(x)$ 的极值点.

综上,函数的极值点是它的驻点或微商不存在的点.

4. 函数极值的检验法

定理 3.1.3 （一阶导数检验法）设函数 $f(x)$ 在点 x_0 连续，在 x_0 的 $\mathring{U}(x_0)$ 内可导.

(1) 若当 $x \in (x_0 - \delta, x_0)$ 时，$f'(x) \geqslant 0$，而当 $x \in (x_0, x_0 + \delta)$ 时，$f'(x) \leqslant 0$，则 $f(x)$ 在点 x_0 处取得极大值 $f(x_0)$；

(2) 若当 $x \in (x_0 - \delta, x_0)$ 时，$f'(x) \leqslant 0$，而当 $x \in (x_0, x_0 + \delta)$ 时，$f'(x) \geqslant 0$，则 $f(x)$ 在点 x_0 处取得极小值 $f(x_0)$；

(3) 若当 $x \in (x_0 - \delta, x_0) \bigcup (x_0, x_0 + \delta)$ 时，$f'(x)$ 的符号不改变，则 $f(x)$ 在 x_0 处不取得极值.

例 3.1.7   求出函数 $f(x) = x^3 - 3x^2 - 9x + 5$ 的极值.

解   函数的定义域为 $(-\infty, +\infty)$,

$$f'(x) = 3x^2 - 6x - 9 = 3(x+1)(x-3),$$

令 $f'(x) = 0$，得驻点 $x_1 = -1$，$x_2 = 3$.

我们用两个驻点来划分函数的定义域，并列表讨论如下：

x	$(-\infty, -1)$	-1	$(-1, 3)$	3	$(3, +\infty)$
$f'(x)$	$+$	0	$-$	0	$+$
$f(x)$	↑	极大值	↓	极小值	↑

注   表中向上箭头"↑"表示函数是单调增加的，向下箭头"↓"表示函数是单调减少的. 从上表可得，极大值 $f(-1) = 10$，极小值 $f(3) = -22$.

例 3.1.8   求函数 $y = \sqrt[3]{x^2}$ 的极值.

解   函数的定义域为 $(-\infty, +\infty)$，$y' = \dfrac{2}{3} x^{-\frac{1}{3}}$.

当 $x > 0$ 时，$y' > 0$，故函数在 $(0, +\infty)$ 内单调增加；

当 $x < 0$ 时，$y' < 0$，故函数在 $(-\infty, 0)$ 内单调减少.

函数在 $x = 0$ 取得极小值 $f(0) = 0$.

注   例 3.1.8 进一步说明函数的极值点可以在导数不存在的点取到. 求函数极值的时候，用 $f'(x) = 0$ 或 $f'(x)$ 不存在的点划分函数的定义域，用定理 3.1.3 来检验这些点是不是极值点.

如果函数 $f(x)$ 在驻点处的二阶导数存在且不为零时，也可以利用以下定理来判定 $f(x)$ 在驻点处取得极大值还是极小值.

定理 3.1.4   （二阶导数检验法）设函数 $f(x)$ 在 x_0 某个邻域内可微，且 $f'(x_0) = 0$，$f''(x_0)$ 存在.

(1) 若 $f''(x_0) < 0$, 则 $f(x)$ 在 x_0 处取得极大值 $f(x_0)$;

(2) 若 $f''(x_0) > 0$, 则 $f(x)$ 在 x_0 处取得极小值 $f(x_0)$;

(3) 若 $f''(x_0) = 0$, 则不能判断 $f(x)$ 是否为极值.

例如, $f_1(x) = \sin x$ 在 $x = \dfrac{\pi}{2}$ 处, $f_1'\left(\dfrac{\pi}{2}\right) = \cos \dfrac{\pi}{2} = 0$, $f_1''\left(\dfrac{\pi}{2}\right) = -\sin \dfrac{\pi}{2} =$ $-1 < 0$, 则函数 $f_1(x) = \sin x$ 在 $x = \dfrac{\pi}{2}$ 处取得极大值.

又如, $f_2(x) = \cos x$ 在 $x = \pi$ 处, $f_2'(\pi) = -\sin \pi = 0$, $f''_2(\pi) = -\cos \pi = 1 > 0$, 则函数 $f_2(x) = \cos x$ 在 $x = \pi$ 处取得极大值.

第三种情况用反例说明, 如 $f_1(x) = -x^4$, $f_2(x) = x^4$, $f_3(x) = x^3$. 请读者自己分析讨论.

例 3.1.9 求 $f(x) = ax^2 + bx + c$ 的极值.

解 $f'(x) = 2ax + b$, 令 $f'(x) = 0$, 得 $x = -\dfrac{b}{2a}$, $f''(x) = 2a$.

当 $a > 0$ (开口向上), $f''(x) > 0$, 有极小值;

当 $a < 0$ (开口向下), $f''(x) < 0$, 有极大值.

例 3.1.10 求 $f(x) = \cos x + \sin x \left(-\dfrac{\pi}{2} \leqslant x \leqslant \dfrac{\pi}{2}\right)$ 极值.

解 $f'(x) = -\sin x + \cos x$, 令 $f'(x) = 0$, 即 $\sin x = \cos x$, 当 $x \in$ $\left[-\dfrac{\pi}{2}, \dfrac{\pi}{2}\right]$ 时, 得 $x = \dfrac{\pi}{4}$.

$$f''(x) = -\cos x - \sin x, \qquad f''\left(\dfrac{\pi}{4}\right) = -\cos \dfrac{\pi}{4} - \sin \dfrac{\pi}{4} = -2\dfrac{\sqrt{2}}{2} = -\sqrt{2} < 0$$

故 $x = \dfrac{\pi}{4}$ 处取极大值, $f\left(\dfrac{\pi}{4}\right) = \sqrt{2}$.

例 3.1.11 求 $f(x) = (x^2 - 1)^3 + 1$ 的极值.

解 $f'(x) = 6x(x^2 - 1)^2$, 令 $f'(x) = 0$, 得 $x = 0$, $x = \pm 1$,

$$f''(x) = 6(x^2 - 1)^2 + 24x^2(x^2 - 1) = 6(x^2 - 1)(5x^2 - 1).$$

因为 $f''(0) > 0$, 所以在 $x = 0$ 取极小值 $f(0) = 0$.

而 $f''(\pm 1) = 0$, 用一阶微商法, 当 $x < -1$ 时, $f'(x) < 0$, 当 $-1 < x < 0$ 时, $f'(x) < 0$, 故当 $x = -1$ 时函数无极值.

同理, 当 $x = 1$ 时函数也无极值.

小结 二阶微商检验法只能检验驻点是否是极值点, 且若 $f''(x_0) = 0$, 也不能用二阶微商检验法判别 $x = x_0$ 是否是极值点, 这时也只能用一阶微商检验法.

3.1.3　微分中值定理

首先我们讨论罗尔定理,然后再用它推出拉格朗日中值定理和柯西中值定理.

在图 3.1.4 中,函数 $y = f(x)\ (a \leqslant x \leqslant b)$ 的图像是一条连续的曲线弧 AB,除端点外处处具有不垂直于 x 轴的切线,且两个端点的纵坐标相等.我们发现在曲线弧 AB 上至少有一点 C,在该点处曲线的切线平行于 x 轴.由于平行于 x 轴的直线的斜率为 0,设点 C 的横坐标为 ξ,于是有 $f'(\xi) = 0$.因此得到如下定理.

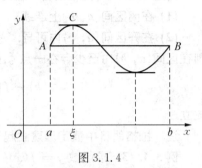

图 3.1.4

定理 3.1.5　(**罗尔定理**) 如果函数 $f(x)$ 满足:

(1) 在闭区间 $[a, b]$ 上连续;

(2) 在开区间 (a, b) 内可导;

(3) 在区间端点的函数值相等,即 $f(a) = f(b)$.

那么在区间 (a, b) 内至少存在一点 ξ,使得 $f'(\xi) = 0$ 成立.

注　(1) 罗尔定理的几何解释是曲线 $y = f(x)$ 至少有一条水平切线;

(2) ξ 是方程 $f'(x) = 0$ 的根;

(3) ξ 是函数 $f'(x)$ 的零点.

例 3.1.12　证明 $f(x) = x(x-1)(x+1)(x+2)$ 的导函数 $f'(x) = 0$ 有三个实根.

证　显然 $f(-2) = f(-1) = f(0) = f(1) = 0$,所以 $f(x)$ 在 $[-2, -1]$,$[-1, 0]$,$[0, 1]$ 上均满足罗尔定理,故 $\exists \xi_1 \in (-2, -1)$,$\xi_2 \in (-1, 0)$,$\xi_3 \in (0, 1)$.使 $f'(\xi_1) = f'(\xi_2) = f'(\xi_3) = 0$,但 $f'(x) = 0$ 为三次方程,至多三个实根,所以它有三个实根 ξ_1,ξ_2,ξ_3.

如果罗尔定理中区间两端点处的函数值相等的条件不满足,即 $f(a) \neq f(b)$,那么连结曲线 $y = f(x)$ 上 A,B 两点的弦 AB 不再与 x 轴平行,如图 3.1.5 所示.现往上和往下平移 AB 弦,那么它将与曲线上点 M,N 的切线重合,也就是说,至少在曲线上找到一点,使得曲线上点的切线平行于 AB 弦,即它们的斜率相等

图 3.1.5

$$\frac{f(b) - f(a)}{b - a} = f'(\xi)$$

或 $$f(b) - f(a) = f'(\xi)(b-a).$$

于是有下面的拉格朗日中值定理.

定理 3.1.6 （拉格朗日中值定理）如果函数 $f(x)$ 满足:

(1) 在闭区间 $[a, b]$ 上连续;

(2) 在开区间 (a, b) 内可导.

则在区间 (a, b) 内至少存在一点 ξ,使得

$$f(b) - f(a) = f'(\xi)(b-a)$$

成立.

注 拉格朗日中值定理建立起了函数值与微商的关系.

例 3.1.13 求函数 $y = f(x) = x^4$ 在区间 $[0, 2]$ 上满足拉格朗日中值定理的点 ξ.

解 因为 $f(x) = x^4$ 闭区间 $[0, 2]$ 上连续,在开区间 $(0, 2)$ 内可导.

由于 $f(0) = 0$, $f(2) = 16$,且 $f'(x) = 4x^3$. 根据拉格朗日中值定理,有 $f(2) - f(0) = f'(\xi)(2-0)$. 即 $\xi^3 = 2$. 解得

$$\xi = \sqrt[3]{2} \in (0, 2).$$

例 3.1.14 证明 $\dfrac{1}{b} < \dfrac{\ln b - \ln a}{b - a} < \dfrac{1}{a}$ $(0 < a < b)$.

分析 由于 $\dfrac{\ln b - \ln a}{b - a}$ 是曲线 $y = \ln x$ 上点 $(b, \ln b)$ 和 $(a, \ln a)$ 的弦的斜率,因此可考虑作辅助函数 $f(x) = \ln x$.

证 由于 $f(x) = \ln x$ 在 $[a, b]$ $(0 < a < b)$ 上连续,在 (a, b) 内可导,且

$$f'(\xi) = \frac{1}{\xi} \quad (0 < a < \xi < b).$$

由拉格朗日中值定理,有 $\dfrac{1}{\xi} = \dfrac{f(b) - f(a)}{b - a}$. 又因为 $0 < a < \xi < b$,因此 $\dfrac{1}{b} < \dfrac{1}{\xi} < \dfrac{1}{a}$,则有

$$\frac{1}{b} < \frac{\ln b - \ln a}{b - a} < \frac{1}{a} \quad (0 < a < b).$$

注 应用拉格朗日中值定理证明不等式有三步:

(1) 从需证明的不等式中寻找函数 $f(x)$ 及区间 $[a, b]$;

(2) 对 $f(x)$ 在区间 $[a, b]$ 上应用拉格朗日中值定理;

(3) 利用不等式 $a < \xi < b$, 或函数本身的性质(有界性),得出所需证明的不等式.

推论 1 若在区间 I 上, $f'(x) \equiv 0$, 则 $f(x)$ 在 I 上为一常数.

证 在区间 I 上任取 x_1, $x_2(x_1 < x_2)$, 并在 $[x_1, x_2]$ 上应用中值定理,

$$f(x_2) - f(x_1) = f'(\xi)(x_2 - x_1) \quad (x_1 < \xi < x_2)$$

由假设 $f'(x) \equiv 0$, 所以 $f(x_2) - f(x_1) \equiv 0$, 即 $f(x_2) \equiv f(x_1)$. 因为 x_1, x_2 是区间 I 上的任意两点 ,故 $f(x)$ 在 I 上为一常数.

推论 2 如果函数 $f(x)$ 与 $g(x)$ 在区间 I 上可导,且它们的导数恒等,那么 $f(x)$ 与 $g(x)$ 只相差一个常数 C.

证 设 $\varphi(x) = f(x) - g(x)$. 得 $\varphi'(x) = f'(x) - g'(x) = 0$.

由推论 1 得 $\varphi(x) = C$, 即 $f(x) - g(x) = C$.

结论得证.

定理 3.1.7 (柯西中值定理) 如果函数 $f(x)$ 及 $g(x)$ 满足:

(1) 在闭区间 $[a, b]$ 上连续;

(2) 在开区间 (a, b) 内可导,且 $g'(x)$ 在 (a, b) 内的每一点处均不为零. 那么至少有一点 $\xi \in (a, b)$, 使等式

$$\frac{f(b) - f(a)}{g(b) - g(a)} = \frac{f'(\xi)}{g'(\xi)}$$

成立.

特别地,当取 $g(x) = x$, 那么 $g(b) - g(a) = b - a$, $g'(x) = 1$, 由柯西中值定理可得

$$f(b) - f(a) = f'(\xi)(b - a) \quad (a < \xi < b).$$

这就是拉格朗日中值公式. 因此拉格朗日中值定理是柯西中值定理的特殊情形,或者说柯西中值定理是拉格朗日中值定理的推广.

习 题 3.1

1. 证明函数 $y = \ln(x + \sqrt{1 + x^2})$ 是单调增加函数.

2. 求下列函数的单调区间:

(1) $f(x) = 2 + x - x^2$; 　　　　　(2) $f(x) = \dfrac{2x}{1 + x^2}$;

(3) $y = \dfrac{\sqrt{x}}{x + 100}$; 　　　　　(4) $y = x + \sin x$;

(5) $f(x) = x^n e^{-x}$ $(n > 0, x \geqslant 0)$;   (6) $y = x^2 - \ln x^2$.

3. 求下列函数的极值:

(1) $y = x^2 - 2x + 5$;   (2) $y = 2x^3 - 3x^2 + 6$;

(3) $y = 2x^3 - 6x^2 - 18x$;   (4) $y = x - \ln(1 + x)$;

(5) $y = 2x^2 - x^4 + 6$;   (6) $y = x + \sqrt{1 - x}$;

(7) $y = e^x \sin x$;   (8) $y = x^{\frac{1}{x}}$;

(9) $y = e^x + e^{-x}$;   (10) $y = 2 - (x + 1)^{\frac{2}{3}}$;

(11) $y = 5 - 2(x - 1)^{\frac{1}{3}}$;   (12) $y = x + \cos x$.

4. 证明下列不等式:

(1) 当 $x > 0$ 时,$x - \dfrac{x^3}{3} < \arctan x < x$;

(2) 当 $x > 0$ 时,$1 + x\ln(x + \sqrt{1 + x^2}) > \sqrt{1 + x^2}$;

(3) 当 $x > 0$ 时,$x - \dfrac{x^2}{2} < \sin x < x$.

5. 验证函数 $f(x) = x^3 - 2x^2$ 在区间 $[0, 2]$ 上满足罗尔定理,并求罗尔定理的点 ξ.

6. 在区间 $\left[0, \dfrac{\pi}{2}\right]$ 上,求函数 $f(x) = \sin x$ 满足拉格朗日中值定理的点 ξ.

7. 证明下列不等式:

(1) $\dfrac{x}{1 + x} < \ln(1 + x) < x$ $(x > 0)$;   (2) 当 $x > 1$ 时,$e^x > ex$.

3.2 曲线的凸性与拐点

3.2.1 曲线凸性的直观描述

为了进一步研究函数的特性和正确地描绘函数的图形,我们有必要讨论曲线的弯曲方向以及在哪些点曲线的弯曲方向发生改变的问题.

先观察图 3.2.1,图中的曲线是凹的,曲线总是位于切线的上方,而且切线的斜角随着自变量 x 的增加而增大,也就是切线的斜率随着自变量 x 的增加而增加,即 $f'(x)$ 是单调增加的,如果 $f''(x)$ 存在,则有 $f''(x) > 0$. 图 3.2.2 中的曲线是凸的,曲线总是位于切线下方,而且切线的斜角随着自变量 x 的增加而变小,也就是切线的斜率随着自变量 x 的增加而减少,即 $f'(x)$ 是单调减少的,如果 $f''(x)$ 存在,则有 $f''(x) < 0$. 由几何上的直观结论,可得曲线的凹凸性的定义和判定定理.

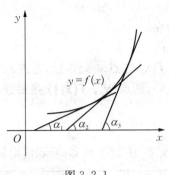

图 3.2.1

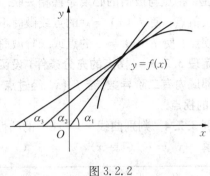

图 3.2.2

3.2.2 凸性的判别法

定理 3.2.1 设函数 $f(x)$ 在区间 (a, b) 内具有二阶微商.

(1) 若 $f''(x) > 0$,则曲线 $y = f(x)$ 在 (a, b) 内是向下凸的;

(2) 若 $f''(x) < 0$,则曲线 $y = f(x)$ 在 (a, b) 内是向上凸的.

注 "下凸"也称为凹,"上凸"也称为凸. 凸性也称为凹凸性.

例 3.2.1 判别曲线 $y = ax^2 + bx + c$ 的凸性.

解 函数的定义域为 $(-\infty, +\infty)$,$y' = 2ax + b$,$y'' = 2a$,则

当 $a > 0$ 时,$y'' > 0$,曲线是向下凸的;

当 $a < 0$ 时,$y'' < 0$,曲线是向上凸的.

例 3.2.2 判别曲线 $y = x - \ln(x+1)$ 的凸性.

解 函数的定义域为 $(-1, +\infty)$,$y' = 1 - \dfrac{1}{x+1}$,$y'' = \dfrac{1}{(x+1)^2} > 0$. 所

以,函数在 $(-1, +\infty)$ 内是向下凸的.

例 3.2.3 判别曲线 $y = x^3$ 的凸性.

解 函数的定义域为 $(-\infty, +\infty)$,$y' = 3x^2$,$y'' = 6x$.

当 $x < 0$ 时,$y'' < 0$,曲线在 $(-\infty, 0)$ 内是向上凸的;

当 $x > 0$ 时,$y'' > 0$,曲线在 $(0, +\infty)$ 内是向下凸的.

3.2.3 拐点

定义 3.2.1 连续曲线 $y = f(x)$ 上凹弧与凸弧的分界点,称为曲线的拐点.

定理 3.2.2 (拐点的必要条件) 设函数 $y = f(x)$ 在点 x_0 处有连续的二阶微商,若点 $(x_0, f(x_0))$ 是拐点,则 $f''(x_0) = 0$.

由此可得,只有二阶微商为零的点或二阶微商不存在的点,才可能对应于曲线的拐点.

注 拐点与极值的必要条件相关联.

极值点：使 $f'(x)=0$ 的点或微商不存在的点.

拐点：使 $f''(x)=0$ 的点或二阶微商不存在的点.

定理 3.2.3 （拐点的充分条件）设函数 $y=f(x)$ 在点 x_0 处连续,在点 x_0 处的空心邻域内有二阶导数,若 $f''(x)$ 经过点 x_0 时变号,则点 $(x_0,f(x_0))$ 是曲线 $y=f(x)$ 的拐点.

例 3.2.4 判别曲线 $y=xe^{-x}$ 的凸性和拐点.

解 $y'=e^{-x}(1-x)$, $y''=e^{-x}(x-2)$. 令 $y''=0$,得 $x=2$. 列表讨论如下:

x	$(-\infty,2)$	2	$(2,+\infty)$
y''	$-$	0	$+$
y	$\cap$	拐点	$\cup$

（注 表中符号"$\cap$"表示曲线向上凸,符号"$\cup$"表示曲线向下凸.）

所以,曲线在 $(-\infty,2)$ 内是向上凸的,在 $(2,+\infty)$ 内是向下凸的,拐点是 $(2,2e^{-2})$.

例 3.2.5 判别曲线 $y=(x-1)\sqrt[3]{x^5}$ 的凸性和拐点.

解 $y'=x^{\frac{5}{3}}+(x-1)\cdot\dfrac{5}{3}x^{\frac{2}{3}}=\dfrac{8}{3}x^{\frac{5}{3}}-\dfrac{5}{3}x^{\frac{2}{3}}$,

$y''=\dfrac{40}{9}x^{\frac{2}{3}}-\dfrac{10}{9}x^{-\frac{1}{3}}=\dfrac{10}{9}\dfrac{4x-1}{\sqrt[3]{x}}$.

令 $y''=0$, 得 $x=\dfrac{1}{4}$, 在 $x=0$ 处 y'' 不存在. 列表讨论如下:

x	$(-\infty,0)$	0	$\left(0,\dfrac{1}{4}\right)$	$\dfrac{1}{4}$	$\left(\dfrac{1}{4},+\infty\right)$
y''	$+$	不存在	$-$	0	$+$
y	$\cup$	拐点	$\cap$	拐点	$\cup$

所以曲线在 $(-\infty,0)$, $\left(\dfrac{1}{4},+\infty\right)$ 是下凸的,在 $\left(0,\dfrac{1}{4}\right)$ 内是向上凸的,拐点是 $(0,0)$ 和 $\left(\dfrac{1}{4},-\dfrac{3}{16\sqrt[3]{16}}\right)$.

例 3.2.6 问曲线 $y=x\arctan x$ 是否有拐点?

解 $y'=\arctan x+\dfrac{x}{1+x^2}$, $y''=\dfrac{2}{(1+x^2)^2}$

由于对于定义域内任意的 x,都有 $y''>0$,曲线弧恒为凹的,因此该曲线无拐点.

例 3.2.7 设点 $(1, 3)$ 是曲线 $y = x^3 + ax^2 + bx + 14$ 的拐点,求 a 和 b 值.

解 由于点 $(1, 3)$ 在曲线 $y = x^3 + ax^2 + bx + 14$ 上,故有

$$a + b + 12 = 0,$$

曲线的二阶导数为 $y'' = 6x + 2a$. 因为点 $(1, 3)$ 是曲线的拐点,故二阶导数在 $x = 1$ 处的值为 0,即

$$6 \times 1 + 2a = 0,$$

于是 $a = -3, b = -12 - a = -9$.

3.2.4 函数作图

一般步骤:

(1) 确定要研究的区间:定义域、对称性(奇偶性)、周期性.

(2) 求出 y'——确定增减区间与极值,求出 y''——确定凹凸区间与拐点,并列表.

(3) 确定曲线的渐近线.

(4) 作图(需要时,求出曲线上特殊点).

例 3.2.8 作函数 $y = \dfrac{1}{\sqrt{2\pi}} e^{-\frac{x^2}{2}}$ 的图形.

解 (1) 确定区间. 函数的定义域为 $(-\infty, +\infty)$,它是偶函数,只讨论 $[0, +\infty)$ 上函数的图形.

(2) 求出 y' 和 y''.

$$y' = -\frac{1}{\sqrt{2\pi}} x e^{-\frac{x^2}{2}}, \qquad y'' = \frac{1}{\sqrt{2\pi}} e^{-\frac{x^2}{2}} (x^2 - 1).$$

令 $y' = 0$,得 $x = 0$,令 $y'' = 0$,得 $x = 1$. 列表讨论如下:

x	0	$(0, 1)$	1	$(1, +\infty)$
y'	0	$-$	$-$	$-$
y''	$-$	$-$	0	$+$
y	极大	↘	拐点	↘

所以在 $x = 0$ 取极大值 $\dfrac{1}{\sqrt{2\pi}}$,拐点 $\left(1, \dfrac{1}{\sqrt{2\pi e}}\right)$,由对称性知 $\left(-1, \dfrac{1}{\sqrt{2\pi e}}\right)$ 也是拐点.

(3) 渐近线. 因为 $\lim\limits_{x \to \infty} f(x) = 0$,所以 $y = 0$ 是水平渐近线.

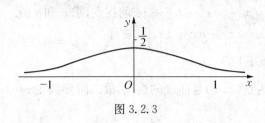

图 3.2.3

(4) 作图. $y = \dfrac{1}{\sqrt{2\pi}} e^{-\frac{x^2}{2}}$ 的图

形如图 3.2.3 所示.

例 3.2.9 作函数 $y = \dfrac{x^2}{x-1}$ 的图形.

解 函数的定义域为 $(-\infty, 1)$, $(1, +\infty)$, $y' = \dfrac{x(x-2)}{(x-1)^2}$, 令 $y' = 0$, 得

$x = 0$, $x = 2$. $y'' = \dfrac{2}{(x-1)^3}$, 没有使 $y'' = 0$ 的点. 列表讨论如下:

x	$(-\infty, 0)$	0	$(0, 1)$	$(1, 2)$	2	$(2, +\infty)$
y'	$+$	0	$-$	$-$	0	$+$
y''	$-$	$-$	$-$	$+$	$+$	$+$
y	↗	极大 0	↘	↘	极小 4	↗

又 $\lim\limits_{x \to 1} y = \infty$, 所以 $x = 1$ 是垂直渐近线. 故函数

$y = \dfrac{x^2}{x-1}$ 的图形如图 3.2.4 所示.

小结 函数作图具有综合性, 在函数作图中包含了讨论函数的单调性和极值, 曲线的凸性和拐点, 以及求函数的渐近线等.

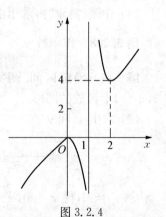

图 3.2.4

习 题 3.2

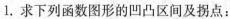

1. 求下列函数图形的凹凸区间及拐点:

(1) $y = 3x - 2x^2$;

(2) $y = 1 + \dfrac{1}{x}$ $(x > 0)$;

(3) $y = x^3 - 6x^2 + 3x$;

(4) $y = xe^{-x}$;

(5) $y = (x+1)^2 + e^x$;

(6) $y = \ln(x^2 + 1)$.

2. 若函数 $y = ax^3 + bx^2 + cx + d$ 以 $y(-2) = 44$ 为极大值, 图形以 $(-1, 10)$ 为拐点, 求常数 a, b, c, d.

3. 描绘下列函数的图形：

(1) $y = 3x - x^3$；　　　　　　　　(2) $y = \dfrac{x^2 - 1}{x^2 - 5x + 6}$.

3.3 最优化问题

在工农业生产和科技实践活动中,常常会遇到这样一类问题：在一定条件下,怎样才能使"产量最高"、"用料最省"、"成本最低"、"效率最高"？这类问题在数学上可归结为求某一函数(称为目标函数)的最大值或最小值.

3.3.1 最大值、最小值

设函数 $f(x)$ 在 $[a, b]$ 上连续,且 $f(x)$ 至多有有限个驻点. 求最值的步骤如下：

(1) 求函数 $f(x)$ 的微商 $f'(x)$；

(2) 令 $f'(x) = 0$,求出 $f(x)$ 在 (a, b) 内的驻点和 $f'(x)$ 不存在的点：x_1, x_2, $\cdots$, x_n；

(3) 计算函数值 $f(a)$, $f(x_1)$, $\cdots$, $f(x_n)$, $f(b)$；

(4) 比较函数值的大小,最大者为最大值,最小者为最小值.

例 3.3.1　求函数 $f(x) = 3x - x^3$ 在 $[-\sqrt{3}, 3]$ 上的最大值和最小值.

解　$f'(x) = 3 - 3x^2$,令 $f'(x) = 0$,得 $x = \pm 1$. 计算函数值 $f(-\sqrt{3}) = 0$, $f(-1) = -2$, $f(1) = 2$, $f(3) = -18$. 所以,$f(x)$ 在 $[-\sqrt{3}, 3]$ 上最小值为 $f(3) = -18$,最大值为 $f(1) = 2$.

类题　求函数 $f(x) = 3x^4 - 4x^3 - 12x^2 + 1$ 在区间 $[-3, 3]$ 上的最值.

一些特殊情况：

(1) 若 $f(x)$ 在 $[a, b]$ 上单调增加,则 $f_{\min} = f(a)$, $f_{\max} = f(b)$；

若 $f(x)$ 在 $[a, b]$ 上单调减少,则 $f_{\min} = f(b)$, $f_{\max} = f(a)$.

(2) 若 $f(x)$ 在 $[a, b]$ 上可微,在 (a, b) 内只有一个极大(小)值,则该极大(小)值就是最大(小)值.

(3) 实际问题,根据实际意义判断.

例 3.3.2　货车以匀速 x km/h$(60 \leqslant x \leqslant 90)$ 到 200 km 某地,设汽油费用为 7 元/L,耗用汽油满足 $\left(3 + \dfrac{x^2}{500}\right)$ L/h,如司机的工资为 85 元/h. 求最经济的速度(即费用最小的速度).

解　货车运行的总时间为 $\dfrac{200}{x}$,

消耗汽油的费用＝价格×消耗汽油数×时间,

即 $G(x) = 7 \cdot \left(3 + \dfrac{x^2}{500}\right) \cdot \dfrac{200}{x}.$

司机的工资 $W(x) = 85 \cdot \dfrac{200}{x}$, 所以总费用

$$f(x) = G(x) + W(x) = 7 \cdot \left(3 + \dfrac{x^2}{500}\right) \cdot \dfrac{200}{x} + 85 \cdot \dfrac{200}{x} = \dfrac{21\,200}{x} + \dfrac{14x}{5}.$$

$$f'(x) = -\dfrac{21\,200}{x^2} + \dfrac{14}{5}, \text{令} f'(x) = 0, \text{得} x = 87.$$

由于函数在开区间$(60, 90)$内只有一个唯一的驻点 $x = 87$, 另一方面, 根据实际问题的特点可以判断 $f(x)$ 一定有最小值. 因此当货车以 87 km/h 的速度行驶时, 费用最小.

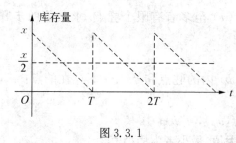

图 3.3.1

库存-成本模型 要成批进货, 且只考虑库存费与定货费. 故平均库存量为进货量一半即 $\dfrac{x}{2}$. 如图 3.3.1 所示.

例 3.3.3 （库存-成本模型）某公司某种物质年耗用量为 m kg, 采购费每次为 a 元, 平均库存量为批量的一半, 每千克物质储存一年的保管费为 b 元, 试求能使一年内采购费用与保管费用之和为最小的采购批量.

解 设批量为 x $(x > 0)$, 平均库存量为 $\dfrac{x}{2}$. 因为年耗用量为 m, 故一年采购次数为 $\dfrac{m}{x}$, 则

$$年采购费 = （年采购次数）\cdot（每次采购费）= \dfrac{m}{x} \cdot a,$$

$$年保管费 = （平均库存量）\cdot（库存成本 / kg）= \dfrac{x}{2} \cdot b.$$

故 $y(x) = \dfrac{ma}{x} + \dfrac{b}{2}x$, 令 $y'(x) = -\dfrac{ma}{x^2} + \dfrac{b}{2} = 0$, 得 $x^2 = \dfrac{2ma}{b}$, 即 $x = \sqrt{\dfrac{2ma}{b}}$（负值舍去）.

这是实际问题, 最小值一定存在. 即每次采购批量为 $\sqrt{\dfrac{2ma}{b}}$ 时, 能使一年内

采购费用与保管费用之和取得最小.

例 3.3.4 在某组织上,观察到的细胞是高为 h、半径为 r 的笔直圆柱体,若体积固定为 V 不变,求使圆柱体的表面积达到最小时细胞的半径 r 和高度 h.

解 设圆柱体细胞的半径为 r,高为 h,则有

$$V = \pi r^2 h.$$

表面积为

$$S = 2\pi r^2 + 2\pi rh,$$

由于 $\pi rh = \dfrac{V}{r}$,于是得

$$S = S(r) = 2\pi r^2 + \frac{2V}{r},$$

因为 $S'(r) = 4\pi r - \dfrac{2V}{r^2}$,令 $S'(r) = 0$,得唯一的驻点 $r_0 = \sqrt[3]{\dfrac{V}{2\pi}}$. 显然

$$\lim_{r \to 0^+} S(r) = +\infty, \qquad \lim_{r \to +\infty} S(r) = +\infty,$$

故 $S(r_0)$ 是 $S(r)$ 的最小值,此时细胞圆柱体的高为 $h = \dfrac{V}{\pi r_0^2} = \sqrt[3]{\dfrac{4V}{\pi}} = 2r_0$.

例 3.3.5 家鸽总是尽量避免在大面积的水面上空飞行. 如图 3.3.2 所示,假定鸽子从湖面上的小船 B 放飞,而鸽巢位于岸上点 C 处. 鸽子并没有选择直线飞行,而是先飞到岸上的点 D,然后再从点 D 飞到点 C. 为了使从点 B 飞到 C 时所需要的能量最小,那么点 D 应选择在何处?

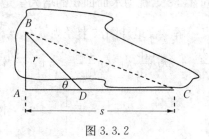

图 3.3.2

解 设 A 是 B 到岸上的垂足,$AB = r$,$AC = s$,$\angle ADB = \theta$,那么

$$BD = \frac{r}{\sin\theta}, \qquad AD = r\cot\theta,$$

$$CD = AC - AD = s - r\cot\theta.$$

用 e_1 表示鸽子在湖面上飞行一个单位长度所需要的能量,e_2 表示鸽子在陆地上飞行一个单位长度所需要的能量,由于 $e_1 > e_2$,故可设 $e_1 = ce_2$. 于是从点 B 飞到点 D 再飞到点 C 所消耗的总能量为

$$E = e_1 BD + e_2 CD = e_1 \frac{r}{\sin\theta} + e_2(s - r\cot\theta) = e_2 s + e_2 r\left(\frac{c}{\sin\theta} - \cot\theta\right).$$

上式中只有最后一项与 θ 有关,为了使总能量 E 达到最小,必须使

$$y = \frac{c}{\sin \theta} - \cot \theta$$

取到最小值. 由于

$$y' = \left(\frac{c}{\sin \theta} - \cot \theta \right)' = \frac{1 - c \cdot \cos \theta}{\sin^2 \theta}.$$

令 $y' = 0$,解得唯一的驻点 $\cos \theta_0 = \frac{1}{c}$,或 $\theta_0 = \arccos \frac{1}{c}$. 这个唯一的驻点也就是我们所要求的最佳飞行角度.

3.3.2 相关变化率

设 $y = f(x)$, $x = x(t)$. t 为时间. 当 t 变化时,y 也随之变化. $y = f[x(t)]$. 由复合函数微商法可得,$\dfrac{\mathrm{d}y}{\mathrm{d}t} = \dfrac{\mathrm{d}}{\mathrm{d}x} f(x) \cdot \dfrac{\mathrm{d}x}{\mathrm{d}t}$ —— 相关变化率方程,它反应了 $\dfrac{\mathrm{d}y}{\mathrm{d}t}$ 与 $\dfrac{\mathrm{d}x}{\mathrm{d}t}$ 之间的关系.

例 3.3.6 落在平静水面上的石头,若最外一圈波半经的增大率总是 6 m/s,问在 2 s 末扰动水面面积的增大率是多少 $\left(\text{即} \dfrac{\mathrm{d}s}{\mathrm{d}t}\right)$?

解 设最外圈波半经为 $r = r(t)$,面积 $s = s(t)$. 则 $s = \pi r^2$,两边对 t 微商,$\dfrac{\mathrm{d}s}{\mathrm{d}t} = 2\pi r \dfrac{\mathrm{d}r}{\mathrm{d}t}$,已知 $\dfrac{\mathrm{d}r}{\mathrm{d}t} = 6 \text{ m/s}$,当 $t = 2$ 时,$r = 12$. 故

$$\frac{\mathrm{d}s}{\mathrm{d}t} = 2\pi \cdot 12 \cdot 6 = 144\pi (\text{m}^2/\text{s}).$$

习 题 3.3

1. 求下列函数在给定区间上的最大值和最小值:

(1) $y = 2x^3 - 3x^2 - 80$, $x \in [-1, 4]$;

(2) $y = x^4 - 8x^2$, $x \in [-1, 3]$;

(3) $y = x + \sqrt{1 - x}$, $x \in [-5, 1]$;

(4) $y = \dfrac{x}{1 + x^2}$, $x \in [0, +\infty)$.

2. 欲做一个底面为长方形的带盖的箱子,其体积为 72 cm,其底边成 1∶2 关系,问各边的长为多少时,才能使表面积为最小?

3. 用气船拖载重相等的小船若干只,在两港之间来回运送货物.已知每次拖 4 只小船,一日能来回 16 次,每次拖 7 只,则一日能来回 10 次.如果小船增多的只数与来回减少的次数成正比,问每日来回多少次,每次拖多少只小船能使运货总量达到最大?

4. 设每亩田种植梨树 20 棵时,每棵梨树产 300 kg 的梨子.若每亩种植梨树超过 20 棵时,每超过一棵,每亩产量平均减少 10 kg.试问每亩地种植多少棵梨树才能使每亩的产量最高.

5. 在圆锥形沙滩上,传输带向沙堆输送沙的变化率是 5 m³/min,其中圆锥形沙滩的直径总是保持与高相等.试求:当高是 10 m 时,高的变化率为多少?

3.4 洛 必 达 法 则

如果当 $x \to a$ (或 $x \to \infty$)时,两个函数 $f(x)$ 与 $g(x)$ 都趋于零或都趋于无穷大,那么极限 $\lim\limits_{x \to a} \dfrac{f(x)}{g(x)} \left(\text{或} \lim\limits_{x \to \infty} \dfrac{f(x)}{g(x)} \right)$ 可能存在,也可能不存在.通常称这种极限为**未定式**,分别简记为" $\dfrac{0}{0}$ "或" $\dfrac{\infty}{\infty}$ ".

本节用导数作为工具,给出计算未定式极限的一般方法——**洛必达法则**.

3.4.1 $x \to a$ 时的" $\dfrac{0}{0}$ "型未定式

定理 3.4.1 若函数 $f(x)$ 和 $g(x)$ 满足下列条件:

(1) 当 $x \to a$ 时,$f(x) \to 0, g(x) \to 0$;

(2) 在点 a 的某去心邻域内,$f(x)$ 和 $g(x)$ 都可导,且 $g'(x) \neq 0$;

(3) $\lim\limits_{x \to a} \dfrac{f'(x)}{g'(x)}$ 存在(或为无穷大).

则 $\lim\limits_{x \to a} \dfrac{f(x)}{g(x)} = \lim\limits_{x \to a} \dfrac{f'(x)}{g'(x)}$.

这个定理说明:在条件(1)和(2)下,只要 $\lim\limits_{x \to a} \dfrac{f'(x)}{g'(x)} = A$ (或 ∞),则 $\lim\limits_{x \to a} \dfrac{f(x)}{g(x)}$ 必存在,且极限为 A (或 ∞).这种在一定条件下通过分子分母分别求导数再求极限来确定未定式值的方法称为**洛必达法则**.

使用洛必达法则时,必须注意:

(1) $\lim\limits_{x \to a} \dfrac{f(x)}{g(x)}$ 必须是" $\dfrac{0}{0}$ "型;

(2) $\lim\limits_{x \to a} \dfrac{f'(x)}{g'(x)}$ 存在(或 ∞) 只是 $\lim\limits_{x \to a} \dfrac{f(x)}{g(x)}$ 存在的充分条件而不是必要条件, 也就是说,如果 $\lim\limits_{x \to a} \dfrac{f'(x)}{g'(x)}$ 不存在,不能断定 $\lim\limits_{x \to a} \dfrac{f(x)}{g(x)}$ 不存在,这时还得用其他方法来判别这个极限是否存在.

例如,当 $x \to 0$ 时,$1 + \sin x \to 1$,故由极限运算法则,得

$$\lim_{x \to 0} \frac{x}{1 + \sin x} = \frac{0}{1} = 0.$$

但是,如果滥用洛必达法则,就会导致 $\lim\limits_{x \to 0} \dfrac{x}{1 + \sin x} = \lim\limits_{x \to 0} \dfrac{1}{\cos x} = 1$ 的错误结果.

例 3.4.1 求 $\lim\limits_{x \to 0} \dfrac{\sin ax}{\sin bx}$ $(b \neq 0)$.

解 $\lim\limits_{x \to 0} \dfrac{\sin ax}{\sin bx} = \lim\limits_{x \to 0} \dfrac{a\cos ax}{b\cos bx} = \dfrac{a}{b}$.

例 3.4.2 求 $\lim\limits_{x \to 1} \dfrac{x^2 - 1}{x^2 - 3x + 2}$.

解 $\lim\limits_{x \to 1} \dfrac{x^2 - 1}{x^2 - 3x + 2} = \lim\limits_{x \to 1} \dfrac{2x}{2x - 3} = -2$.

例 3.4.3 求 $\lim\limits_{x \to 1} \dfrac{x^4 - 2x^3 + 2x^2 - 2x + 1}{x^4 - 3x^2 + 2x}$.

解 $\lim\limits_{x \to 1} \dfrac{x^4 - 2x^3 + 2x^2 - 2x + 1}{x^4 - 3x^2 + 2x}$

$$= \lim_{x \to 1} \frac{4x^3 - 6x^2 + 4x - 2}{4x^3 - 6x + 2} = \lim_{x \to 1} \frac{12x^2 - 12x + 4}{12x^2 - 6} = \frac{2}{3}.$$

注意,上面计算过程中 $\lim\limits_{x \to 1} \dfrac{4x^3 - 6x^2 + 4x - 2}{4x^3 - 6x + 2}$ 还是"$\dfrac{0}{0}$"的未定式,因而可以继续应用洛必达法则. 但 $\lim\limits_{x \to 1} \dfrac{12x^2 - 12x + 4}{12x^2 - 6}$ 已不再是未定式,不能对它应用洛必达法则,否则将导致错误结果.

例 3.4.4 求 $\lim\limits_{x \to 0} \dfrac{x - \sin x}{x^3}$.

解 $\lim\limits_{x \to 0} \dfrac{x - \sin x}{x^3} = \lim\limits_{x \to 0} \dfrac{1 - \cos x}{3x^2} = \lim\limits_{x \to 0} \dfrac{\sin x}{6x} = \dfrac{1}{6}$.

例 3.4.5 求 $\lim\limits_{x \to 0} \dfrac{x - \arctan x}{(e^x - 1)\sin x^2}$.

解 当 $x \to 0$ 时，$(\mathrm{e}^x - 1)\sin x^2 \sim x^3$，因此有

$$\lim_{x \to 0} \frac{x - \arctan x}{(\mathrm{e}^x - 1)\sin x^2} = \lim_{x \to 0} \frac{x - \arctan x}{x^3} = \lim_{x \to 0} \frac{1 - \dfrac{1}{1 + x^2}}{3x^2}$$

$$= \lim_{x \to 0} \frac{1}{3(1 + x^2)} = \frac{1}{3}.$$

注 本题先进行无穷小量的等价代换，然后再应用洛必达法则，这种方法在洛必达法则的计算过程中往往能使计算简单化.

3.4.2 $x \to \infty$ 时的"$\dfrac{0}{0}$"型未定式及 $x \to a$ 或 $x \to \infty$ 的"$\dfrac{\infty}{\infty}$"型未定式

定理 3.4.2 若函数 $f(x)$ 和 $g(x)$ 满足下列条件：

(1) 当 $x \to \infty$ 时，$f(x) \to 0, g(x) \to 0$；

(2) 当 $|x| > N$ 时，$f(x)$ 和 $g(x)$ 都可导，且 $g'(x) \neq 0$；

(3) $\lim\limits_{x \to \infty} \dfrac{f'(x)}{g'(x)}$ 存在(或为无穷大).

则

$$\lim_{x \to \infty} \frac{f(x)}{g(x)} = \lim_{x \to \infty} \frac{f'(x)}{g'(x)}.$$

定理 3.4.3 若函数 $f(x)$ 和 $g(x)$ 满足下列条件：

(1) 当 $x \to a$(或 $x \to \infty$) 时，$f(x) \to \infty, g(x) \to \infty$；

(2) 在点 a 的某去心邻域内(或 $|x| > N$ 时)，$f(x)$ 和 $g(x)$ 都可导，且 $g'(x) \neq 0$；

(3) $\lim\limits_{\substack{x \to a \\ (x \to \infty)}} \dfrac{f'(x)}{g'(x)}$ 存在(或为无穷大).

则

$$\lim_{\substack{x \to a \\ (x \to \infty)}} \frac{f(x)}{g(x)} = \lim_{\substack{x \to a \\ (x \to \infty)}} \frac{f'(x)}{g'(x)}.$$

例 3.4.6 求 $\lim\limits_{x \to +\infty} \dfrac{\ln\left(1 + \dfrac{1}{x}\right)}{\operatorname{arccot} x}$.

解 $\lim\limits_{x \to +\infty} \dfrac{\ln\left(1 + \dfrac{1}{x}\right)}{\operatorname{arccot} x} = \lim\limits_{x \to +\infty} \dfrac{-\dfrac{1}{x^2}}{\left(1 + \dfrac{1}{x}\right)\left(-\dfrac{1}{1 + x^2}\right)} = \lim\limits_{x \to +\infty} \dfrac{1 + x^2}{x^2} = 1.$

例 3.4.7 求 $\lim\limits_{x \to +\infty} \dfrac{\ln x}{x^n}$.

解 $\displaystyle\lim_{x\to+\infty}\frac{\ln x}{x^n}=\lim_{x\to+\infty}\frac{\dfrac{1}{x}}{nx^{n-1}}=\lim_{x\to+\infty}\frac{1}{nx^n}=0.$

注 （1）洛必达法则不是万能的；

$$\lim_{x\to+\infty}\frac{e^x-e^{-x}}{e^x+e^{-x}}=\lim_{x\to+\infty}\frac{e^x+e^{-x}}{e^x-e^{-x}}=\lim_{x\to+\infty}\frac{e^x-e^{-x}}{e^x+e^{-x}},$$

但 $\displaystyle\lim_{x\to+\infty}\frac{e^x-e^{-x}}{e^x+e^{-x}}=\lim_{x\to+\infty}\frac{1-e^{-2x}}{1+e^{-2x}}=1.$

（2）注意方法的灵活应用.

$$\lim_{x\to0^+}\frac{\ln\tan2x}{\ln\tan3x}\left(\frac{\infty}{\infty}\right)=\lim_{x\to0^+}\frac{\dfrac{2}{\tan2x}\sec^2 2x}{\dfrac{3}{\tan3x}\sec^2 3x}=\frac{2}{3}\cdot1\cdot\lim_{x\to0^+}\frac{3x}{2x}=1.$$

3.4.3 其他未定式

对于形如"$0\cdot\infty$"、"1^∞"、"∞^0"、"$\infty-\infty$"、"0^0"型的未定式,可将它们转化为"$\dfrac{0}{0}$"或"$\dfrac{\infty}{\infty}$"型的未定式来计算. 其中"$0\cdot\infty$"和"$\infty-\infty$"型的未定式可通过代数恒等变形将它们转化为"$\dfrac{0}{0}$"或"$\dfrac{\infty}{\infty}$"型未定式,而"1^∞"、"∞^0"、"0^0"型的未定式可通过取对数化成"$0\cdot\infty$"型的未定式.

例 3.4.8 求 $\displaystyle\lim_{x\to+\infty}x(e^{\frac{1}{x}}-1).$

解 $\displaystyle\lim_{x\to+\infty}x(e^{\frac{1}{x}}-1)=\lim_{x\to+\infty}\frac{(e^{\frac{1}{x}}-1)}{\dfrac{1}{x}}=\lim_{x\to+\infty}\frac{e^{\frac{1}{x}}\left(-\dfrac{1}{x^2}\right)}{\dfrac{1}{x^2}}=\lim_{x\to+\infty}e^{\frac{1}{x}}=1.$

例 3.4.9 求 $\displaystyle\lim_{x\to0^+}x^n\ln x\ (n>0).$

解 $\displaystyle\lim_{x\to0^+}x^n\ln x=\lim_{x\to0^+}\frac{\ln x}{x^{-n}}=\lim_{x\to0^+}\frac{\dfrac{1}{x}}{-nx^{-n-1}}$

$$=-\frac{1}{n}\lim_{x\to0^+}\frac{1}{x^{-n}}=\frac{1}{n}\lim_{x\to0^+}x^n=0.$$

例 3.4.10 求 $\displaystyle\lim_{x\to1}\left(\frac{2}{x^2-1}-\frac{1}{x-1}\right).$

解 $\lim\limits_{x\to 1}\left(\dfrac{2}{x^2-1}-\dfrac{1}{x-1}\right)=\lim\limits_{x\to 1}\dfrac{2-(x+1)}{x^2-1}=\lim\limits_{x\to 1}\dfrac{-1}{2x}=-\dfrac{1}{2}.$

例 3.4.11 求 $\lim\limits_{x\to 0^+}x^x$.

解法 1 设 $y=x^x$，则 $\ln y=x\ln x$，于是

$$\lim_{x\to 0^+}\ln y=\lim_{x\to 0^+}x\ln x=\lim_{x\to 0^+}\frac{\ln x}{\dfrac{1}{x}}=\lim_{x\to 0^+}\frac{\dfrac{1}{x}}{-\dfrac{1}{x^2}}=\lim_{x\to 0^+}(-x)=0.$$

从而 $\lim\limits_{x\to 0^+}y=\lim\limits_{x\to 0^+}x^x=\mathrm{e}^0=1.$

解法 2 $\lim\limits_{x\to 0^+}x^x=\lim\limits_{x\to 0^+}\mathrm{e}^{x\ln x}=\mathrm{e}^{\lim\limits_{x\to 0^+}x\ln x}=\mathrm{e}^0=1.$

例 3.4.12 求 $\lim\limits_{x\to +\infty}\left(\dfrac{2}{\pi}\arctan x\right)^x$.

解 设 $y=\left(\dfrac{2}{\pi}\arctan x\right)^x$，则 $\ln y=x\ln\left(\dfrac{2}{\pi}\arctan x\right).$ 于是有

$$\lim_{x\to +\infty}\ln y=\lim_{x\to +\infty}x\ln\left(\frac{2}{\pi}\arctan x\right)=\lim_{x\to +\infty}\frac{\ln\dfrac{2}{\pi}+\ln\arctan x}{\dfrac{1}{x}}$$

$$=\frac{\dfrac{1}{\arctan x}\dfrac{1}{1+x^2}}{-\dfrac{1}{x^2}}=\lim_{x\to +\infty}\frac{-x^2}{1+x^2}\cdot\frac{1}{\arctan x}=-\frac{2}{\pi}.$$

所以 $\lim\limits_{x\to +\infty}\left(\dfrac{2}{\pi}\arctan x\right)^x=\mathrm{e}^{-\frac{2}{\pi}}.$

值得注意的是，本节定理给出的是求未定式的一种方法. 定理中的条件只是一个充分而非必要的条件，当 $\lim\dfrac{f'(x)}{g'(x)}$ 不存在时（等于无穷大的情况除外），

$\lim\dfrac{f(x)}{g(x)}$ 仍可能存在也可能不存在.

例 3.4.13 求 $\lim\limits_{x\to +\infty}\dfrac{x+\cos x}{x}$.

解 因为 $\lim\dfrac{f'(x)}{g'(x)}=\lim\limits_{x\to +\infty}\dfrac{1-\sin x}{1}=\lim\limits_{x\to +\infty}(1-\sin x)$ 不存在，因此洛必

达法则的条件不满足,不能判断 $\lim\limits_{x\to+\infty}\dfrac{x+\cos x}{x}$ 是否存在.

事实上,$\lim\limits_{x\to+\infty}\dfrac{x+\cos x}{x}=\lim\limits_{x\to+\infty}\left(1+\dfrac{\cos x}{x}\right)=1+0=1.$

例 3.4.14 求 $\lim\limits_{x\to+\infty}x^{\frac{3}{2}}(\sqrt{x+2}-2\sqrt{x+1}+\sqrt{x}).$

解 令 $t=\dfrac{1}{x}$,则

$$\text{原式}=\lim\limits_{t\to0^+}\dfrac{\sqrt{1+2t}-2\sqrt{1+t}+1}{t^2}=\lim\limits_{t\to0^+}\dfrac{(1+2t)^{-\frac{1}{2}}-(1+t)^{-\frac{1}{2}}}{2t}$$

$$=\lim\limits_{t\to0^+}\dfrac{-(1+2t)^{-\frac{3}{2}}+\dfrac{1}{2}(1+t)^{-\frac{3}{2}}}{2}=-\dfrac{1}{4}.$$

例 3.4.15 求 $\lim\limits_{n\to\infty}\sqrt[n]{n}$ $(\infty^0).$

解 $\lim\limits_{n\to\infty}\sqrt[n]{n}=\lim\limits_{x\to+\infty}\sqrt[x]{x}=\lim\limits_{x\to+\infty}x^{\frac{1}{x}}.$

设 $y=x^{\frac{1}{x}}$,则 $\ln y=\dfrac{1}{x}\ln x$ $\left(\dfrac{\infty}{\infty}\right)$,故

$$\lim\limits_{x\to+\infty}\ln y=\lim\limits_{x\to+\infty}\dfrac{\ln x}{x}=\lim\limits_{x\to+\infty}\dfrac{1/x}{1}=0.$$

即 $\ln(\lim\limits_{x\to+\infty}y)=0.$ 所以 $\lim\limits_{x\to+\infty}y=e^0=1$,即 $\lim\limits_{n\to\infty}\sqrt[n]{n}=1.$

注 数列极限用洛必达法则计算时,先连续化.

习　题　3.4

1. 用洛必达法则求下列极限:

(1) $\lim\limits_{x\to0}\dfrac{\sin 5x}{x}$;

(2) $\lim\limits_{x\to1}\dfrac{x^3+x^2-5x+3}{x^3-4x^2+5x-2}$;

(3) $\lim\limits_{x\to a}\dfrac{x^m-a^m}{x^n-a^n}$;

(4) $\lim\limits_{x\to0}\dfrac{e^x-e^{-x}}{\sin x}$;

(5) $\lim\limits_{x\to0}\dfrac{1-\cos x^2}{x^2\sin x^2}$;

(6) $\lim\limits_{x\to\frac{\pi}{2}}\dfrac{\ln\sin x}{(\pi-2x)^3}$;

(7) $\lim\limits_{x\to\frac{\pi}{4}}\dfrac{\tan x-1}{\sin 4x}$;

(8) $\lim\limits_{x\to\frac{\pi}{2}}\dfrac{\tan 6x}{\tan 2x}$;

(9) $\lim\limits_{x \to 0+0} \dfrac{\ln x}{\ln \sin x}$;

(10) $\lim\limits_{x \to 0} \left(\dfrac{1}{x} - \dfrac{1}{e^x - 1} \right)$;

(11) $\lim\limits_{x \to 0} \left(\cot x - \dfrac{1}{x} \right)$;

(12) $\lim\limits_{x \to 1} \left(\dfrac{x}{x - 1} - \dfrac{1}{\ln x} \right)$;

(13) $\lim\limits_{x \to 0} x \cot 2x$;

(14) $\lim\limits_{x \to 0} \sin x \ln x$;

(15) $\lim\limits_{m \to \infty} \left(\cos \dfrac{x}{m} \right)^m$;

(16) $\lim\limits_{x \to 0} \left(\dfrac{\sin x}{x} \right)^{x^{-2}}$;

(17) $\lim\limits_{x \to 0} (1 + \sin x)^{\frac{1}{x}}$;

(18) $\lim\limits_{x \to +\infty} \left(\dfrac{2}{\pi} \arctan x \right)^x$;

(19) $\lim\limits_{x \to 0+0} \left(\ln \dfrac{1}{x} \right)^x$;

(20) $\lim\limits_{x \to 0+0} (\cot x)^{\frac{1}{\ln x}}$.

2. 验证极限 $\lim\limits_{x \to 0} \dfrac{x^2 \sin \dfrac{1}{x}}{\sin x}$ 存在, 但不能用洛必达法则得出.

3. 已知 $f(x)$ 有一阶连续的导数, $f(0) = f'(0) = 1$, 求 $\lim\limits_{x \to 0} \dfrac{f(\sin x) - 1}{\ln f(x)}$.

4. 当 a, b 为何值时, $\lim\limits_{x \to 0} \left(\dfrac{\sin 3x}{x^3} + \dfrac{a}{x^2} + b \right) = 0$?

总 习 题 3

(A)

1. 填空题.

(1) $f(x)$ 一阶可导, $f'(x_0) = 0$ 是曲线 $y = f(x)$ 上点 _____ 为极值点的 _____ 条件.

(2) $f(x)$ 二阶可导, $f''(x_0) = 0$ 是曲线 $y = f(x)$ 上点 _____ 为拐点 的条件.

(3) 已知曲线 $y = ax^3 + bx^2$ 有一拐点 $(1, 3)$, 则 $a=$ _____ , $b=$ _____ .

2. 选择题.

(1) 下列求极限问题不能使用洛必达法则的有( ).

A. $\lim\limits_{x \to 0} \dfrac{x^2 \sin \dfrac{1}{x}}{\sin x}$

B. $\lim\limits_{x \to +\infty} x \left(\dfrac{\pi}{2} - \arctan x \right)$

C. $\lim\limits_{x \to 0} \dfrac{x + \cos x}{x - \cos x}$

D. $\lim\limits_{x \to \infty} \left(1 + \dfrac{k}{x} \right)^x$

(2) 函数 $f(x)$ 在点 $x=x_0$ 处取得极大值,则必有(　　).

A. $f'(x_0)=0$

B. $f'(x_0)<0$

C. $f'(x_0)=0$ 且 $f''(x_0)<0$

D. $f'(x_0)=0$ 或不存在

(3) 条件 $f''(x_0)=0$ 是 $f(x)$ 图形在点 $x=x_0$ 处有拐点的(　　)条件.

A. 必要　　　　　　　　　　　B. 充分

C. 充分必要　　　　　　　　　D. 以上都不对

(4) 函数 $f(x)$ 在点 $x=x_0$ 的某邻域内有定义,已知 $f'(x_0)=0$ 且 $f''(x_0)=0$,则在点 $x=x_0$, $f(x)$(　　).

A. 必有极值　　　　　　　　　B. 必有拐点

C. 必有极值或拐点　　　　　　D. 可能有极值或拐点

(5) 已知曲线 $y=mx^3+\dfrac{9}{2}x^2$ 的一个拐点处的切线方程为 $9x-2y=3$,则 $m=$(　　).

A. $-\dfrac{2}{3}$　　　　B. $-\dfrac{3}{2}$　　　　C. $\dfrac{2}{3}$　　　　D. $\dfrac{3}{2}$

3. 求下列极限:

(1) $\lim\limits_{x\to+\infty}\dfrac{x^3+x^2+1}{2^x+x^3}(\sin x+\cos x)$;

(2) $\lim\limits_{x\to0}\left[\dfrac{1}{\ln(1+x)}-\dfrac{1}{x}\right]$;

(3) $\lim\limits_{x\to0}\left(\dfrac{\sin x}{x}\right)^{\frac{1}{x^2}}$;

(4) $\lim\limits_{x\to\pi}(\pi-x)\tan\dfrac{x}{2}$;

(5) $\lim\limits_{x\to0}(\cos x)^{\frac{1}{\ln(1+x^2)}}$;

(6) $\lim\limits_{x\to0}\dfrac{[\sin x-\sin(\sin x)]\sin x}{x^4}$.

4. 已知 $f(x)=x^3+ax^2+bx$ 在 $x=1$ 处有极值 -2,试确定系数 a, b,并求出 $y=f(x)$ 的所有极值和拐点.

5. 设 $f(x)=x^3+ax^2+bx+2$ 在 $x_1=1$ 和 $x_2=2$ 处取得极值,试确定系数 a, b,并证明 $f(x_1)$ 是极大值,$f(x_2)$ 是极小值.

6. 试决定 $y=k(x^2-3)^2$ 中 k 的值,使曲线的拐点处的法线通过原点.

7. 某厂生产某种商品,其年销售量为 100 万件,每批生产需要增加准备费

1000 元, 而每件的库存费为 0.05 元. 如果年销售率是均匀的, 且上批售完后, 立即再生产下一批(此时商品库存数为批量的一半), 问应分为几批生产, 能使生产准备费及库存费之和最少?

(B)

1. 填空题.

(1) 曲线 $y = f(x)$ 经过原点, 且在点 $(x, f(x))$ 处切线的斜率为 $-2x$, 则 $\lim\limits_{x \to 0} \dfrac{f(-2x)}{x^2} = $ _____.

(2) 曲线 $y = \dfrac{x^2}{2x+1}$ 的渐近线是_____.

(3) 设 $y = x(x-1)(x-2)(x-3)$, 则方程 $f'(x) = 0$ 有 _____ 个实根, 位于区间 _____ 内.

(4) 已知 $\lim\limits_{x \to +\infty} \left[\sqrt{x^2 + x + 1} - ax\right]$ 存在, 则 $a = $ _____, 极限值为 _____.

2. 选择题.

(1) 设函数 $f(x)$ 在定义内可导, 其图形如图 3.1 所示, 则导函数 $f'(x)$ 的图形为( ).

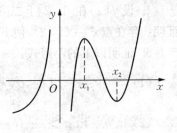

图 3.1

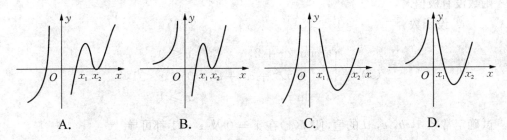

A.   B.   C.   D.

(2) 已知 $f(x)$ 在 $(1-\delta, 1+\delta)$ 内具有二阶导数, $f'(x)$ 单调减少, 且 $f(1) = f'(1) = 1$, 则( ).

A. 在 $(1-\delta, 1)$ 和 $(1, 1+\delta)$ 内均有 $f(x) < x$

B. 在 $(1-\delta, 1)$ 和 $(1, 1+\delta)$ 内均有 $f(x) > x$

C. 在 $(1-\delta, 1)$ 内 $f(x) < x$, 在 $(1, 1+\delta)$ 内均有 $f(x) > x$

D. 在 $(1-\delta, 1)$ 内 $f(x) > x$, 在 $(1, 1+\delta)$ 内均有 $f(x) < x$

(3) 设 $f'(x)$ 在 $[a, b]$ 上连续, 且 $f'(a) > 0$, $f'(b) < 0$, 则以下结论错误的是( ).

A. 至少存在一点 $x_0 \in (a, b)$, 使得 $f(x_0) > f(a)$

    B. 至少存在一点 $x_0 \in (a, b)$，使得 $f(x_0) > f(b)$

    C. 至少存在一点 $x_0 \in (a, b)$，使得 $f'(x_0) = 0$

    D. 至少存在一点 $x_0 \in (a, b)$，使得 $f(x_0) = 0$

  (4) 设 $\lim\limits_{x \to a} \dfrac{f(x) - f(a)}{(x-a)^2} = -1$，则在点 $x = a$ 处（　　　）.

    A. $f(x)$ 的导数存在，且 $f'(a) \neq 0$

    B. $f(x)$ 的导数不存在

    C. $f(x)$ 取得极大值

    D. $f(x)$ 取得极小值

3. 设 $f''(x_0)$ 存在，证明 $\lim\limits_{h \to 0} \dfrac{f(x_0+h) + f(x_0-h) - 2f(x_0)}{h^2} = f''(x_0)$.

4. 设 $f(x)$ 在 $[1, 2]$ 上二阶可导，$f(1) = f(2) = 0$，且 $F(x) = (x-1)^2 f(x)$，证明：存在点 $\xi \in (1, 2)$，使 $F''(\xi) = 0$.

5. 证明以下的不等式：

  (1) 当 $0 < x < 1$ 时，$\mathrm{e}^{2x} < \dfrac{1+x}{1-x}$；

  (2) $\ln^2 b - \ln^2 a > \dfrac{4}{\mathrm{e}^2}(b-a)$，其中 $\mathrm{e} < a < b < \mathrm{e}^2$；

6. 证明：如果函数 $y = ax^3 + bx^2 + cx + d$ 满足条件 $b^2 - 3ac < 0$，那么这个函数没有极值.

7. 设函数

$$f(x) = \begin{cases} \arctan 2x + 2, & x \leqslant 0, \\ ax^3 + bx^2 + cx + d, & 0 < x < 1, \\ 3 - \ln x, & x \geqslant 1. \end{cases}$$

试确定常数 a, b, c, d 的值，使 $f(x)$ 在 $x = 0$ 及 $x = 1$ 都可导.

8. 一长方形土地，其一边沿着一条河，相邻的一边沿着公路. 除沿河的一边不需要篱笆外，其他三遍均需要修筑篱笆. 沿公路一边的篱笆的造价为 15 元/m，另外两边的篱笆造价为 10 元/m. 现需围长方形土地的面积为 1 600 000 m². 试问如何让设计篱笆的尺寸，才能使篱笆造价的成本最低？

9. 有一个长度为 5 m 的梯子贴靠在铅直的墙上，假设其下端沿底板以 3 m/s 的速率离开墙角而滑动.

  (1) 当其下端离开墙角 1.4 m 时，梯子的上端下滑的速率为多少？

  (2) 何时梯子的上下端能以同样的速率移动？

  (3) 何时其上端下滑的速率为 4 m/s？

阅读材料3 费马大定理的证明

"当整数 $n > 2$ 时,关于 x,y,z 的不定方程 $x^n + y^n = z^n$ 无正整数解."该命题被称为费马大定理.

如果有人要问,20世纪在数学界影响最大,最为轰动的事件是什么?在数学科学取得的众多新的重大成果中,最具有标志性的成果是什么?数学家们会普遍的认为是费马大定理的证明.为什么一个定理的证明会有如此大的影响呢?这需要回顾一下数学家们358年来艰难的攀登过程.

一、发现

费马在阅读丢番图《算术》拉丁文译本时,曾在第11卷第8命题旁写道:"将一个立方数分成两个立方数之和,或一个四次幂分成两个四次幂之和,或者一般地将一个高于二次的幂分成两个同次幂之和,这是不可能的.关于此,我确信已发现了一种美妙的证法,可惜这里空白的地方太小,写不下."毕竟费马没有写下证明,而他的其他猜想对数学贡献良多,由此激发了许多数学家对这一猜想的兴趣.数学家们的有关工作丰富了数论的内容,推动了数论的发展.对很多不同的 n,费马定理早被证明了.但数学家对一般情况在首两百年内仍对费马大定理一筹莫展.

二、奖励

德国佛尔夫斯克宣布以10万马克作为奖金奖给在他逝世后一百年内,第一个证明该定理的人,吸引了不少人尝试并递交他们的"证明".在一战之后,马克大幅贬值,该定理的魅力也大大地下降.一代又一代的数学天才前赴后继,向这一猜想发起挑战.300多年过去了,这个定理依然缺少一个完整严密的证实.还没有什么问题表达起来如此简单清楚,破解的旅途却如此漫长和艰难.

三、怀尔斯历尽艰辛有志事成

安德鲁·怀尔斯1953年出生在英国,1974年毕业于牛津大学,之后在剑桥大学取得博士学位,1980年到美国普林斯顿大学任教.安德鲁·怀尔斯10岁时,就被费马大定理吸引住了,并从此选择了数学作为终身职业.1986年,安德鲁·怀尔斯决定向费马大定理发动冲击.他先用18个月的时间,收集了这次战斗所必要的数学工具,而他全面的估计是:接下来要做的,是可能长达10年的专心致志的努力.怀尔斯在完全保密的状态下进行专心研究,不让任何人知道他所做的事情,也不和任何人进行交流.在那7年时间里,只有他的妻子知道他在做什么.终于有一天,他对妻子说:"我已解决了费马大定理."

1993年6月,安德鲁·怀尔斯在英国剑桥大学牛顿研究所做了三次学术报告,在最后一次演讲结束时,他完成了对费马大定理的证实.这个消息迅速登上世界各大报纸头版,在数学界更是奔走相告.消息在第一时间传到巴黎,几位数学家举杯相庆,其中有当年的沃尔夫奖得主蒂茨,法国数学家布鲁埃、普伊赫、鲁基耶和当时正在巴黎高等师范学校任访问教授的张继平.

当世界各地的数学家为他举杯庆祝时,安德鲁·怀尔斯向《数学发明》杂志递交的论文正在进行严格的审稿.审查人在论文的第三章中碰到了一个问题,使得怀尔斯无法像原来设想的那样确保某个方法行得通.他必须加强他的证实.

在距离生日更有两周的时候,安德鲁·怀尔斯的妻子对他说,她唯一想要的生日礼物是个正确的证实.遗憾的是,两周后,安德鲁·怀尔斯没能献出这份生日礼物.

随着时间的推移,刚刚欢呼的人们又把心悬了起来.300多年来,在众多尝试过的对费马大定理的证实中,还没有一个人能补救出现过的漏洞.时间最近的一次失败是1988年3月8日,《华盛顿邮报》和《纽约时报》宣称东京大学的宫冈洋一发现了费马大定理的解法,一个月后又不得不宣布收回.难道怀尔斯也不能逃脱这种宿命?BBC电视台的科学编辑约翰·林奇说:"我很难想像安德鲁不会是那片数学墓园中的另一块墓碑."

这次证实工作几乎是在全世界的关注下进行的,据说当时普林斯顿大学的同事们在一起谈论的只有两件事:辛普森案件和怀尔斯的证实.在最绝望的时候,荣誉接踵而至,1996年,怀尔斯和罗伯特·朗兰兹分享了10万美元的沃尔夫奖.朗兰兹提出的朗兰兹纲领,是个使数学各领域之间证实统一化的猜想,而怀尔斯通过对谷山-志村猜想的证实,将椭圆曲线和模形式统一了起来,这个成功为朗兰兹纲领注入了生命力——一个领域中的问题能够通过并行领域中的对应问题来解决,这是个可能使数学进入又一个解决难题的黄金时期的突破性工作.

1998年,国际数学家大会在柏林召开,数学界的"诺贝尔奖"菲尔兹奖授予他甚至已准备好公开承认自己的证实有缺陷.因为那段时间他承受的是超乎寻常的巨大压力.安德鲁·怀尔斯的判断没有错,14个月之后,他向《数学年刊》递交了第二份论文,由《模椭圆曲线和费马大定理》和《某些赫克代数的环论性质》两篇组成,这一次对证实不再有怀疑了.

安德鲁·怀尔斯特别奖.菲尔兹奖以加拿大数学家约翰·菲尔兹的名字命名,用于奖励那些年龄在40岁以下的青年才俊作出的杰出成就.安德鲁成功证实费马大定理时,刚刚过了40岁.目睹怀尔斯获奖并当场听取了他报告的中科院院士张恭庆教授对此评价道:这个300多年的问题得以解决,在数学界具备里程碑意义,这也是菲尔兹奖历史上唯一的一个特别奖.

第4章　不定积分

数学中存在许多"互逆"的运算,如乘与除,加与减.从一种状态变形为另一种状态和由第二种状态返回第一种状态的关系就是"互逆".

例如,$(x+2)^2 = x^2 + 4x + 4$,从左往右看,这种运算称为"展开";从右往左看,这种运算称为"因式分解".

又如,$\dfrac{1}{2} + \dfrac{1}{5} = \dfrac{7}{10}$,从左往右看,这种运算称为"通分";从右往左看,这种运算称为"分数的和式分解".

现在,让我们试着从微分这种运算来考虑.如果已知了一个导函数,能否求得微分前"原来的函数"呢?

本章有4节,第1节阐述了不定积分的概念,接下来的3节则针对不同类型的积分,给出了相应的计算方法.

我们将会看到,由求导基本公式可以推得积分基本公式,由复合函数求导可以得到第一换元积分法,由乘积函数的求导法则可以导出分部积分法等.在熟练掌握计算方法的基础之上,更重要的,是理解好这些概念.随着学习的深入,应慢慢体会到,之前看起来没有关系的各个概念、知识,其实是相互关联的.

4.1　不定积分的概念及性质

4.1.1　原函数与不定积分

1. 原函数的概念及性质

先思考几个问题:

(1) 已知一个函数的导函数是 $2x$,求此函数的表达式.

(2) 已知某曲线在任意一点处的斜率是 $2x$,求此曲线方程.

(3) 已知质点的速度是 $v(t) = 2t$,求此质点的位移表达式.

其实这三个看似风马牛不相及的问题,本质上是一个问题,那就是,已知导函数,怎么求出原来的函数.

定义 4.1.1   如果在区间 I 上,可导函数 $F(x)$ 的导函数为 $f(x)$,即对任意 $x \in I$,都有 $F'(x) = f(x)$ 或 $dF(x) = f(x)dx$,那么函数 $F(x)$ 就称为 $f(x)$ 在区间 I 上的原函数.

例如,因为 $(x^2)' = 2x$,所以 x^2 是 $2x$ 的一个原函数. 显然,$(x^2 + 1)' = 2x$,$(x^2 + 2)' = 2x, \cdots, (x^2 + C)' = 2x$,所以 $x^2 + 1, x^2 + 2, \cdots, x^2 + C$ 都是 $2x$ 的原函数,其中,C 为任意常数.

因为 $(\sin x)' = \cos x$,所以 $\sin x$ 是 $\cos x$ 的一个原函数. 显然,$(\sin x + 1)' = \cos x, (\sin x + 2)' = \cos x, \cdots, (\sin x + C)' = \cos x$,因此,$\sin x + 1, \sin x + 2, \cdots, \sin x + C$ 都是 $\cos x$ 的原函数,其中,C 为任意常数.

又如,因为 $\left[\ln(x + \sqrt{1 + x^2})\right]' = \dfrac{1}{\sqrt{1 + x^2}}$,所以 $\ln(x + \sqrt{1 + x^2})$ 是 $\dfrac{1}{\sqrt{1 + x^2}}$ 的一个原函数.

对于原函数,自然要研究两个重要的问题:

(1) 原函数一定存在吗?

(2) 如果存在原函数,它是否唯一?

至于第一个问题,什么样的函数才会有原函数,将在下一章中讨论,这里先给出一个结论:

定理 4.1.1   区间 I 上的连续函数在该区间上一定有原函数.

对于第二个问题,若 $F'(x) = f(x)$,那么,对于任意常数 C,均有 $[F(x) + C]' = f(x)$.

又若 $G'(x) = f(x)$,则 $[F(x) - G(x)]' = 0$,由第 3 章拉格朗日中值定理的推论 2,得 $F(x) - G(x) = C$(常数). 于是有

定理 4.1.2   如果函数 $f(x)$ 有一个原函数,那么该函数就有无穷多个原函数,且任意两个原函数仅仅相差一个常数.

定理 4.1.2 简而言之,即原函数不唯一.

一般地,若 $F(x)$ 是 $f(x)$ 在区间 I 上的一个原函数,则函数 $f(x)$ 的**全体原函数**为 $F(x) + C$,其中 C 为任意的常数.

2. 不定积分的定义

定义 4.1.2   函数 $f(x)$ 原函数的全体称为 $f(x)$ 的不定积分,记为

$$\int f(x)dx,$$

其中 $\displaystyle\int$ 称为积分号,$f(x)$ 称为被积函数,$f(x)dx$ 称为被积表达式,x 称为积分变量.

函数的不定积分结果,就是该函数的原函数. 它是一个新的函数,而此新函数

的导数即为原来的函数. 求不定积分的方法就是把求导的过程倒过来.

注 导数与不定积分运算的关系:

(1) $\left[\int f(x)\mathrm{d}x\right]' = f(x)$ 或者 $\mathrm{d}\left[\int f(x)\mathrm{d}x\right] = f(x)\mathrm{d}x$, 口诀:

> "先积后导还原了".

(2) $\int F'(x)\mathrm{d}x = F(x) + C$ 或者 $\int \mathrm{d}F(x) = F(x) + C$, 口诀:

> "先导后积加常数".

4.1.2 基本积分表

对于原函数,其存在性和唯一性已经弄清,下面就要考虑原函数的全体,即怎么求不定积分.

前面提到导数与不定积分运算的互逆关系,我们可以由导数基本公式推得积分基本公式.

例如,由 $\left(\dfrac{x^{\mu+1}}{\mu+1}\right)' = x^{\mu}$,可推得 $\int x^{\mu}\mathrm{d}x = \dfrac{x^{\mu+1}}{\mu+1} + C\ (\mu \neq -1)$;由 $(\sin x)' = \cos x$,可推得 $\int \cos x\,\mathrm{d}x = \sin x + C$.

类似地,可以推得其他一些基本的积分公式,我们把这些积分公式汇集成如下一个表,并称之为**基本积分表**.

(1) $\int k\mathrm{d}x = kx + C$ (k 是常数); (2) $\int x^{\mu}\mathrm{d}x = \dfrac{x^{\mu+1}}{\mu+1} + C\ (\mu \neq -1)$;

(3) $\int \dfrac{\mathrm{d}x}{x} = \ln|x| + C$; (4) $\int \dfrac{\mathrm{d}x}{1+x^2} = \arctan x + C$;

(5) $\int \dfrac{\mathrm{d}x}{\sqrt{1-x^2}} = \arcsin x + C$; (6) $\int \cos x\,\mathrm{d}x = \sin x + C$;

(7) $\int \sin x\,\mathrm{d}x = -\cos x + C$; (8) $\int \dfrac{\mathrm{d}x}{\cos^2 x} = \int \sec^2 x\,\mathrm{d}x = \tan x + C$;

(9) $\int \dfrac{\mathrm{d}x}{\sin^2 x} = \int \csc^2 x\,\mathrm{d}x = -\cot x + C$;

(10) $\int \sec x\tan x\,\mathrm{d}x = \sec x + C$; (11) $\int \csc x\cot x\,\mathrm{d}x = -\csc x + C$;

(12) $\int \mathrm{e}^x\mathrm{d}x = \mathrm{e}^x + C$; (13) $\int a^x\mathrm{d}x = \dfrac{1}{\ln a}a^x + C$.

以上积分公式,是求不定积分的基础,必须熟记.利用不定积分的性质,可以把这些基本积分公式的适用范围大大扩充,最简单的积分性质有下述两个,它们统称为不定积分的线性运算性质.

4.1.3 不定积分的性质与计算

由不定积分的定义不难推得,不定积分具有如下两个性质:

性质 4.1.1 函数的和的不定积分等于各个不定积分的和,即

$$\int [f(x) + g(x)]\mathrm{d}x = \int f(x)\mathrm{d}x + \int g(x)\mathrm{d}x.$$

性质 4.1.2 求不定积分时,被积函数中不为零的常数因子可以提到积分符号外面,即

$$\int kf(x)\mathrm{d}x = k\int f(x)\mathrm{d}x \quad (k \text{ 为常数}, k \neq 0).$$

利用基本的积分公式和性质,可以求出一些简单函数的不定积分,我们把这种求积分的方法叫做**直接积分法**.

例 4.1.1 求 $\int x^{-5}\mathrm{d}x$.

解 由公式 $\int x^{\mu}\mathrm{d}x = \dfrac{x^{\mu+1}}{\mu+1} + C \ (\mu \neq -1)$,故

$$\int x^{-5}\mathrm{d}x = -\frac{x^{-4}}{4} + C.$$

例 4.1.2 求 $\int \dfrac{3x^2}{1+x^2}\mathrm{d}x$.

解 注意到 $\dfrac{x^2}{1+x^2} = \dfrac{x^2+1-1}{1+x^2} = 1 - \dfrac{1}{1+x^2}$,故

$$\int \frac{3x^2}{1+x^2}\mathrm{d}x = 3\int \frac{x^2}{1+x^2}\mathrm{d}x = 3\left(\int \mathrm{d}x - \int \frac{1}{1+x^2}\mathrm{d}x\right)$$
$$= 3x - 3\arctan x + C.$$

例 4.1.3 求 $\int \dfrac{1}{x^2(1+x^2)}\mathrm{d}x$.

解 先裂项,然后分项积分.

$$\int \frac{1}{x^2(1+x^2)}\mathrm{d}x = \int \left(\frac{1}{x^2} - \frac{1}{1+x^2}\right)\mathrm{d}x = \int \frac{1}{x^2}\mathrm{d}x - \int \frac{1}{1+x^2}\mathrm{d}x$$

$$=-\frac{1}{x}-\arctan x+C.$$

例 1.1.4   求 $\displaystyle\int\frac{1}{\sin^2 x\cos^2 x}\mathrm{d}x.$

解 $\displaystyle\int\frac{1}{\sin^2 x\cos^2 x}\mathrm{d}x=\int\frac{\sin^2 x+\cos^2 x}{\sin^2 x\cos^2 x}\mathrm{d}x=\int\left(\frac{1}{\cos^2 x}+\frac{1}{\sin^2 x}\right)\mathrm{d}x$

$$=\int\frac{1}{\cos^2 x}\mathrm{d}x+\int\frac{1}{\sin^2 x}\mathrm{d}x=\tan x-\cot x+C.$$

例 4.1.5   求 $\displaystyle\int\frac{4x^4+4x^2+1}{x^2+1}\mathrm{d}x.$

解 $\displaystyle\int\frac{4x^4+4x^2+1}{x^2+1}\mathrm{d}x=\int\frac{4x^2(x^2+1)+1}{x^2+1}\mathrm{d}x=\int\left(4x^2+\frac{1}{x^2+1}\right)\mathrm{d}x$

$$=4\int x^2\mathrm{d}x+\int\frac{1}{x^2+1}\mathrm{d}x=\frac{4}{3}x^3+\arctan x+C.$$

例 4.1.6   求 $\displaystyle\int\frac{2\cdot 7^x-5\cdot 2^x}{7^x}\mathrm{d}x.$

解 $\displaystyle\int\frac{2\cdot 7^x-5\cdot 2^x}{7^x}\mathrm{d}x=\int\left[2-5\left(\frac{2}{7}\right)^x\right]\mathrm{d}x=2x-5\frac{\left(\dfrac{2}{7}\right)^x}{\ln 2-\ln 7}+C.$

说明   (1) 注意不定积分的计算结果中一定有一个"小尾巴",即"$+C$";

(2) 计算得到结果后,将结果求导可以检验计算是否正确;

(3) 直接积分法并不能解决所有的积分计算问题,如 $\displaystyle\int\sin 2x\mathrm{d}x,\int\sqrt{a^2-x^2}\mathrm{d}x$

等. 所以接下来,需要研究一些常规的求积分的方法.

习　题　4.1

1. 不定积分的性质 $\displaystyle\int kf(x)\mathrm{d}x=k\int f(x)\mathrm{d}x$,其中,要求 $k\neq 0$, 为什么?

2. 求下列不定积分:

(1) $\displaystyle\int\frac{3x^4-3}{1+x^2}\mathrm{d}x;$　　　　　　　(2) $\displaystyle\int x^3\sqrt[3]{x}\mathrm{d}x;$

(3) $\displaystyle\int\left(x^2-6\mathrm{e}^x+\frac{4}{x}\right)\mathrm{d}x;$　　　　(4) $\displaystyle\int\frac{(x-1)^3}{x^2}\mathrm{d}x;$

(5) $\displaystyle\int\left(\frac{3}{\sqrt{1-x^2}}-\frac{2}{1+x^2}\right)\mathrm{d}x;$　　(6) $\displaystyle\int\frac{1+x+x^2}{x(1+x^2)}\mathrm{d}x;$

(7) $\int \dfrac{2 \cdot 3^x + 2^x}{3^x} \mathrm{d}x$;   (8) $\int \dfrac{\mathrm{e}^{2x} - 1}{\mathrm{e}^x + 1} \mathrm{d}x$.

3. 已知某一曲线通过点$(1, -5)$,且在曲线上任一点处的切线的斜率等于$1-2x$,求该曲线的方程.

4. 一曲线通过点$(\mathrm{e}^2, 3)$,且在任意点处的切线的斜率都等于该点的横坐标的倒数,求此曲线的方程.

5. 设 $f(x)$ 的导函数为 $\sin x$,求 $f(x)$ 的原函数全体.

6. 求下列不定积分:

(1) $\int \sqrt{x\sqrt{2x\sqrt{3x}}}\,\mathrm{d}x$;   (2) $\int \dfrac{\cos 2x}{\cos^2 x \sin^2 x} \mathrm{d}x$;

(3) $\int (x^n + x^{n-1} + \cdots + x + 1)\mathrm{d}x$;   (4) $\int (3^x - 3^{-x})^2 \mathrm{d}x$;

(5) $\int \dfrac{\cos 2x}{\cos x + \sin x} \mathrm{d}x$;   (6) $\int \dfrac{1}{1 + \cos 2x} \mathrm{d}x$.

7. 某物体由静止开始运动,经过 t s 后的速度是 $3t^2$ m/s,问:

(1) 在 3 s 后物体离开出发点的距离是多少?

(2) 物体走完 360 m 需要多少时间?

8. 设 $\int x^2 f(x)\mathrm{d}x = \arccos x^2 + C$,求 $f(x)$.

9. 证明: 若 $\int f(x)\mathrm{d}x = F(x) + C$, 则 $\int f(ax+b)\mathrm{d}x = \dfrac{1}{a}F(ax+b) + C$

$(a \neq 0)$.

4.2 第一类换元积分法

4.2.1 第一类换元积分公式

先思考一个问题:

$$\int \sin 2x\mathrm{d}x = ?$$

上节有基本积分公式 $\int \sin x\mathrm{d}x = -\cos x + C$, 如果把其中的 $2x$ 看成一个整体,通过换元,将一个形式复杂的不定积分转化成一个形式简单的不定积分,而这个形式简单的不定积分往往可能就是基本积分公式,这样问题就迎刃而解了.

把这种思想抽象成理论就是:

定理 4.2.1 设 $f(u)$ 有原函数, $u = \varphi(x)$ 可导,则有换元积分公式

$$\int f[\varphi(x)]\varphi'(x)\mathrm{d}x = \left[\int f(u)\mathrm{d}u\right]_{u=\varphi(x)}.$$

证 因为 $f(u)$ 有原函数 $F(u)$,即 $F'(u)=f(u)$,$\int f(u)\mathrm{d}u = F(u)+C$.

又因为 $u=\varphi(x)$ 是关于 x 的可导函数,所以有

$$\int f[\varphi(x)]\varphi'(x)\mathrm{d}x = \int f[\varphi(x)]\mathrm{d}\varphi(x) = \int \mathrm{d}F[\varphi(x)] = F[\varphi(x)]+C.$$

由
$$\left[\int f(u)\mathrm{d}u\right]_{u=\varphi(x)} = [F(u)+C]_{u=\varphi(x)} = F[\varphi(x)]+C,$$

从而推得
$$\int f[\varphi(x)]\varphi'(x)\mathrm{d}x = \left[\int f(u)\mathrm{d}u\right]_{u=\varphi(x)}.$$

用上式求不定积分的方法称为**第一类换元积分法**,它实质上是复合函数求导的逆过程.第一类换元积分法也称为“凑微分法”.

定理 4.2.1 常常被写成:若 $\int f(x)\mathrm{d}x = F(x)+C$,则 $\int f(u)\mathrm{d}u = F(u)+C$,其中 $u=\varphi(x)$. 从积分表达式可以发现,$\int f(u)\mathrm{d}u = F(u)+C$ 就是将已知条件 $\int f(x)\mathrm{d}x = F(x)+C$ 中的 x 换成 u. 所以说把基本积分表中的积分变量换成可微函数 $\varphi(x)$ 后仍成立.

4.2.2 第一类换元积分法的一般步骤

若某积分 $\int g(x)\mathrm{d}x$ 可化为 $\int f[\varphi(x)]\varphi'(x)\mathrm{d}x$ 的形式,且 $\int f(u)\mathrm{d}u$ 比较容易积分,那么从上述公式可看出凑微分法的步骤:

$$\text{凑微分} \longrightarrow \text{换元} \longrightarrow \text{积分} \longrightarrow \text{再换元}$$

$$\varphi'(x)\mathrm{d}x = \mathrm{d}\varphi(x) \to u=\varphi(x) \to \text{得 } F(u)+C \to \text{得 } F[\varphi(x)]+C$$

可按下列口诀来计算所给积分:

> 根据复合抓住 u,凑完微分配系数,使用公式要准确,积分消失加常数.

注 显然第一步是第一类换元积分法的关键.

例 4.2.1 $\int \sin 2x\,\mathrm{d}x$.

解法 1 $\displaystyle\int \sin 2x\,\mathrm{d}x = \frac{1}{2}\int \sin 2x\,\mathrm{d}(2x) = -\frac{1}{2}\cos 2x + C.$

解法 2 $\displaystyle\int \sin 2x \mathrm{d}x = 2\int \sin x\cos x\mathrm{d}x = 2\int \sin x \mathrm{d}\sin x = \sin^2 x + C.$

解法 3 $\displaystyle\int \sin 2x \mathrm{d}x = 2\int \sin x\cos x\mathrm{d}x = -2\int \cos x \mathrm{d}\cos x = -\cos^2 x + C.$

注 因为 $\sin^2 x = -\dfrac{1}{2}\cos 2x + \dfrac{1}{2} = -\cos^2 x + 1$，所以上述三个结果只相差一个常数，都是正确的. 例 4.2.1 回答了我们本节开头提出的问题.

例 4.2.2 求 $\displaystyle\int \frac{1}{5+2x}\mathrm{d}x.$

解
$$\int \frac{1}{5+2x}\mathrm{d}x = \frac{1}{2}\int \frac{1}{5+2x}\cdot(5+2x)'\mathrm{d}x$$
$$= \frac{1}{2}\int \frac{1}{u}\mathrm{d}u = \frac{1}{2}\ln u + C = \frac{1}{2}\ln(5+2x) + C.$$

例 4.2.3 求 $\displaystyle\int \frac{1}{x(1+2\ln x)}\mathrm{d}x.$

解
$$\int \frac{1}{x(1+2\ln x)}\mathrm{d}x = \frac{1}{2}\int \frac{1}{1+2\ln x}\mathrm{d}(1+2\ln x)$$
$$= \frac{1}{2}\int \frac{1}{u}\mathrm{d}u = \frac{1}{2}\ln u + C = \frac{1}{2}\ln(1+2\ln x) + C.$$

注 注意观察被积函数中，是否能分离出一个式子，这个式子是其余部分的导数. 有一些常用的微分等式，例如

$$\mathrm{d}x = \frac{1}{a}\mathrm{d}(ax \pm b) = -\mathrm{d}(a-x) \quad （其中 a,b 为常数且 a 不为零）;$$

$$\frac{1}{x}\mathrm{d}x = \mathrm{d}(\ln |x|), \ \frac{1}{\sqrt{x}}\mathrm{d}x = 2\mathrm{d}(\sqrt{x}) \quad （注意这里的系数 2）;$$

$$\mathrm{e}^x \mathrm{d}x = \mathrm{d}(\mathrm{e}^x), \ \mathrm{e}^{-x}\mathrm{d}x = -\mathrm{d}(\mathrm{e}^{-x}) \quad （注意这里的系数 -1）;$$

$$\cos x \mathrm{d}x = \mathrm{d}(\sin x).$$

例 4.2.4 求 $\displaystyle\int \frac{(\arctan x)^3}{1+x^2}\mathrm{d}x.$

解 $\displaystyle\int \frac{(\arctan x)^3}{1+x^2}\mathrm{d}x = \int (\arctan x)^3 \mathrm{d}(\arctan x) = \frac{1}{4}(\arctan x)^4 + C.$

例 4.2.5 求 $\displaystyle\int \frac{\sin\sqrt{x}}{\sqrt{x}}\mathrm{d}x.$

解 $\displaystyle\int \frac{\sin\sqrt{x}}{\sqrt{x}}\mathrm{d}x = 2\int \sin\sqrt{x}\,\mathrm{d}\sqrt{x} = -2\cos\sqrt{x} + C.$

例 4.2.6　求 $\displaystyle\int \frac{x}{(1+x)^3}\mathrm{d}x$.

解　$\displaystyle\int \frac{x}{(1+x)^3}\mathrm{d}x = \int \frac{x+1-1}{(1+x)^3}\mathrm{d}x = \int \left[\frac{1}{(1+x)^2} - \frac{1}{(1+x)^3} \right]\mathrm{d}(1+x)$

$$= -\frac{1}{1+x} + C_1 + \frac{1}{2\,(1+x)^2} + C_2$$

$$= -\frac{1}{1+x} + \frac{1}{2\,(1+x)^2} + C.$$

例 4.2.7　求 $\displaystyle\int \frac{1}{1-\mathrm{e}^x}\mathrm{d}x$.

解法 1　分项后凑微分

$$\int \frac{1}{1-\mathrm{e}^x}\mathrm{d}x = \int \frac{1-\mathrm{e}^x+\mathrm{e}^x}{1-\mathrm{e}^x}\mathrm{d}x = \int 1\mathrm{d}x + \int \frac{\mathrm{e}^x}{1-\mathrm{e}^x}\mathrm{d}x$$

$$= x - \int \frac{1}{1-\mathrm{e}^x}\mathrm{d}(1-\mathrm{e}^x)$$

$$= x - \ln|1-\mathrm{e}^x| + C = x - \ln(\mathrm{e}^x\,|\,\mathrm{e}^{-x}-1\,|) + C$$

$$= x - (\ln \mathrm{e}^x + \ln|\,\mathrm{e}^{-x}-1\,|) + C$$

$$= -\ln|\,\mathrm{e}^{-x}-1\,| + C.$$

解法 2　将被积函数的分子分母同时除以 e^x,则凑微分易得.

$$\int \frac{\mathrm{d}x}{1-\mathrm{e}^x} = \int \frac{\mathrm{e}^{-x}}{\mathrm{e}^{-x}-1}\mathrm{d}x = -\int \frac{1}{\mathrm{e}^{-x}-1}\mathrm{d}(\mathrm{e}^{-x}) = -\int \frac{1}{\mathrm{e}^{-x}-1}\mathrm{d}(\mathrm{e}^{-x}-1)$$

$$= -\ln|\,\mathrm{e}^{-x}-1\,| + C.$$

解法 3　将被积函数的分子分母同时乘以 e^x,裂项后凑微分.

$$\int \frac{\mathrm{d}x}{1-\mathrm{e}^x} = \int \frac{\mathrm{e}^x\mathrm{d}x}{\mathrm{e}^x(1-\mathrm{e}^x)} = \int \frac{\mathrm{d}\mathrm{e}^x}{\mathrm{e}^x(1-\mathrm{e}^x)} = \int \left[\frac{1}{\mathrm{e}^x} + \frac{1}{1-\mathrm{e}^x} \right]\mathrm{d}\mathrm{e}^x$$

$$= \ln \mathrm{e}^x - \int \frac{1}{1-\mathrm{e}^x}\mathrm{d}(1-\mathrm{e}^x)$$

$$= x - \ln|1-\mathrm{e}^x| + C = -\ln|\,\mathrm{e}^{-x}-1\,| + C.$$

注意被积函数是分式的裂项技巧.

例 4.2.8　求 $\displaystyle\int \frac{1}{a^2+x^2}\mathrm{d}x\ (a>0)$.

解　$\displaystyle\int \frac{1}{a^2+x^2}\mathrm{d}x = \frac{1}{a^2}\int \frac{1}{1+\left(\dfrac{x}{a}\right)^2}\mathrm{d}x = \frac{1}{a}\int \frac{1}{1+\left(\dfrac{x}{a}\right)^2}\mathrm{d}\left(\dfrac{x}{a}\right)$

$$= \frac{1}{a}\arctan\frac{x}{a}+C.$$

例 4.2.9 求 $\int \sin^2 x \cdot \cos^5 x \mathrm{d}x$.

解
$$\int \sin^2 x \cdot \cos^5 x \mathrm{d}x = \int \sin^2 x \cdot \cos^4 x \mathrm{d}(\sin x)$$
$$= \int \sin^2 x \cdot (1-\sin^2 x)^2 \mathrm{d}(\sin x)$$
$$= \int (\sin^2 x - 2\sin^4 x + \sin^6 x)\mathrm{d}(\sin x)$$
$$= \frac{1}{3}\sin^3 x - \frac{2}{5}\sin^5 x + \frac{1}{7}\sin^7 x + C.$$

归纳 用凑微分法解题,最常见的积分类型有如下八种:

(1) $\int f(x^{n+1})x^n \mathrm{d}x$; (2) $\int \frac{f(\sqrt{x})}{\sqrt{x}}\mathrm{d}x$;

(3) $\int \frac{f(\ln x)}{x}\mathrm{d}x$; (4) $\int \frac{f\left(\frac{1}{x}\right)}{x^2}\mathrm{d}x$;

(5) $\int f(\sin x)\cos x \mathrm{d}x$; (6) $\int f(a^x)a^x \mathrm{d}x$;

(7) $\int f(\tan x)\sec^2 x \mathrm{d}x$; (8) $\int \frac{f(\arctan x)}{1+x^2}\mathrm{d}x$.

应用凑微分法求不定积分,要熟记基本积分公式.在此基础上,扩展基本积分公式的运用范围.经过一定量的练习,多总结,也就能很快地判别出在什么状况下用凑微分法解题,从而熟练运用.

习 题 4.2

1. 填空:

(1) $\frac{1}{x}\mathrm{d}x = \mathrm{d}$ _____, $\mathrm{e}^x \mathrm{d}x = \mathrm{d}$ _____, $\sin x \mathrm{d}x = \mathrm{d}$ _____, $\sec^2 x \mathrm{d}x = \mathrm{d}$ _____.

(2) $\sec x \tan x \mathrm{d}x = \mathrm{d}$ _____, $\frac{1}{1+x^2}\mathrm{d}x = \mathrm{d}$ _____, $\frac{1}{\sqrt{1-x^2}}\mathrm{d}x = \mathrm{d}$ _____.

(3) $\int f(x^n)x^{n-1}\mathrm{d}x = $ _____ $\int$ _____ $\mathrm{d}x^n$,

$$\int f(ax+b)\mathrm{d}x = \underline{\qquad} \int \underline{\qquad} \mathrm{d}(ax+b).$$

2. 求下列不定积分:

(1) $\int \dfrac{\mathrm{d}x}{\sqrt[3]{2-x}}$;

(2) $\int (1-3x)^3 \mathrm{d}x$;

(3) $\int 2x\cos(x^2-1)\mathrm{d}x$;

(4) $\int x\cos(x^2)\mathrm{d}x$;

(5) $\int \dfrac{\arctan x}{1+x^2}\mathrm{d}x$;

(6) $\int (2x-1)^5 \mathrm{d}x$;

(7) $\int \dfrac{1}{1+\mathrm{e}^{-x}}\mathrm{d}x$;

(8) $\int \sqrt{2+\mathrm{e}^x}\,\mathrm{e}^x \mathrm{d}x$;

(9) $\int \dfrac{1}{x(\ln x)^5}\mathrm{d}x$;

(10) $\int \dfrac{x}{x^2+3}\mathrm{d}x$;

(11) $\int \dfrac{\sin x}{\cos^2 x}\mathrm{d}x$;

(12) $\int \dfrac{4\mathrm{d}x}{4x^2-1}$.

3. 填空:

(1) $\dfrac{\mathrm{d}x}{1+9x^2} = \underline{\qquad} \mathrm{d}(\arctan 3x)$;

(2) $\dfrac{x\mathrm{d}x}{\sqrt{1-x^2}} = \underline{\qquad} \mathrm{d}(\sqrt{1-x^2})$;

(3) $\mathrm{e}^{-\frac{x}{2}}\mathrm{d}x = \underline{\qquad} \mathrm{d}(1+\mathrm{e}^{-\frac{x}{2}})$;

(4) $\dfrac{\mathrm{d}x}{x} = \underline{\qquad} \mathrm{d}(3-5\ln x)$.

4. 求下列不定积分:

(1) $\int x\cos(2+3x^2)\mathrm{d}x$;

(2) $\int x\mathrm{e}^{x^2}\mathrm{d}x$;

(3) $\int \mathrm{e}^{\sin x}\cos x\mathrm{d}x$;

(4) $\int \mathrm{e}^{-\frac{1}{x}}\dfrac{\mathrm{d}x}{x^2}$;

(5) $\int \dfrac{x}{\sin^2(x^2+1)}\mathrm{d}x$;

(6) $\int \dfrac{\mathrm{e}^x}{\sqrt{1-\mathrm{e}^{2x}}}\mathrm{d}x$;

(7) $\int \dfrac{10^{\arccos x}}{\sqrt{1-x^2}}\mathrm{d}x$;

(8) $\int \dfrac{x\mathrm{d}x}{\sqrt{2-3x^2}}$;

(9) $\int \dfrac{3x^3}{1-x^4}\mathrm{d}x$;

(10) $\int \cos^2(\omega t)\sin(\omega t)\mathrm{d}t$;

(11) $\int \dfrac{x\mathrm{e}^{\sqrt{1+x^2}}}{\sqrt{1+x^2}}\mathrm{d}x$;

(12) $\int \dfrac{\mathrm{d}x}{(\arcsin x)^2 \sqrt{1-x^2}}$.

4.3 第二类换元积分法

4.3.1 第二类换元积分法公式

先计算几个积分：(1) $\int \sqrt{a^2 - x^2}\,\mathrm{d}x$；(2) $\int \dfrac{\mathrm{d}x}{(1 + \sqrt[3]{x})\sqrt{x}}$；(3) $\int \dfrac{\sqrt{x-1}}{x}\mathrm{d}x$.

我们会发现，运用前面的第一换元积分法无法计算这几个积分. 这几个积分有一个共同点——被积表达式中均有根号，难就难在根号. 试想，如果被积表达式中没有根号，那么这三个积分的计算是非常容易的.

下面，我们将对积分做恒等变换，其根本目的在于去掉被积表达式中的根号.

定理 4.3.1 设 $x = \psi(t)$ 是可导函数，并且 $\psi'(t) \neq 0$，又设 $f[\psi(t)]\psi'(t)$ 具有原函数，即

$$\int f[\psi(t)]\psi'(t)\mathrm{d}t = G(t) + C,$$

则有
$$\int f(x)\mathrm{d}x = G[\psi^{-1}(x)] + C.$$

其中 $t = \psi^{-1}(x)$ 表示 $x = \psi(t)$ 的反函数.

也就是说，令 $x = \psi(t)$，

$$\int f(x)\mathrm{d}x = \int f[\psi(t)]\psi'(t)\mathrm{d}t = G(t) + C = G[\psi^{-1}(x)] + C.$$

利用第二类换元积分公式来计算积分的方法叫做**第二类换元积分法**.

4.3.2 第二类换元积分法的一般方法

第二类换元积分法，即选择适当的变量代换 $x = \psi(t)$，将积分 $\int f(x)\mathrm{d}x$ 变为积分 $\int f[\psi(t)]\psi'(t)\mathrm{d}t$. 关键在于选择适当的变量代换 $x = \psi(t)$.

常用的方法有如下三种：

1. 三角代换

例 4.3.1 求 $\int \sqrt{a^2 - x^2}\,\mathrm{d}x \ (a > 0)$.

解 求解该积分的困难在于被积函数含有根式 $\sqrt{a^2 - x^2}$，但借助三角函数公式 $1 - \sin^2 x = \cos^2 x$，可将根式去掉.

设 $x = a\sin t \left(-\dfrac{\pi}{2} < t < \dfrac{\pi}{2}\right)$, 那么 $\sqrt{a^2 - x^2} = a\cos t$, $\mathrm{d}x = a\cos t\mathrm{d}t$, 于是

$$\int \sqrt{a^2 - x^2}\,\mathrm{d}x = \int a\cos t \cdot a\cos t\mathrm{d}t = a^2 \int \cos^2 t\mathrm{d}t = a^2 \left(\frac{t}{2} + \frac{\sin 2t}{4}\right) + C$$

$$= \frac{a^2}{2}t + \frac{a^2}{2}\sin t\cos t + C.$$

由 $x = a\sin t$, 即 $\sin t = \dfrac{x}{a}$, 作一个辅助直角三角形(图 4.3.1), 由图形即可得

$$\cos t = \frac{\sqrt{a^2 - x^2}}{a},$$

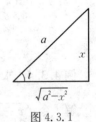

图 4.3.1

于是所求积分为

$$\int \sqrt{a^2 - x^2}\,\mathrm{d}x = \frac{a^2}{2}\arcsin \frac{x}{a} + \frac{1}{2}x\sqrt{a^2 - x^2} + C.$$

例 4.3.2 求 $\displaystyle\int x^3 \sqrt{4 - x^2}\,\mathrm{d}x$.

解 令 $x = 2\sin t$, 则 $\mathrm{d}x = 2\cos t\mathrm{d}t$, $t \in \left(-\dfrac{\pi}{2}, \dfrac{\pi}{2}\right)$.

$$\int x^3 \sqrt{4 - x^2}\,\mathrm{d}x = \int (2\sin t)^3 \sqrt{4 - 4\sin^2 t} \cdot 2\cos t\mathrm{d}t$$

$$= 32 \int \sin^3 t \cos^2 t\mathrm{d}t$$

$$= 32 \int \sin t(1 - \cos^2 t)\cos^2 t\mathrm{d}t$$

$$= -32 \int (\cos^2 t - \cos^4 t)\mathrm{d}\cos t$$

$$= -32 \left(\frac{1}{3}\cos^3 t - \frac{1}{5}\cos^5 t\right) + C$$

$$= -\frac{4}{3}\left(\sqrt{4 - x^2}\right)^3 + \frac{1}{5}\left(\sqrt{4 - x^2}\right)^5 + C.$$

归纳 当被积函数中含有 $\sqrt{a^2 - x^2}$, $\sqrt{x^2 + a^2}$ 或 $\sqrt{x^2 - a^2}$, 可考虑用相应的三角代换 $x = a\sin t$, $x = a\tan t$ 或 $x = a\sec t$. 三角代换的目的是化掉根式, 需要指出的是, 积分中采用三角代换不是绝对的, 需根据情况来定.

2. 根式代换

例 4.3.3 $\int \dfrac{x^5}{\sqrt{1+x^2}} \mathrm{d}x.$

解 令 $\sqrt{1+x^2}=t$,则 $x^2=t^2-1, x\mathrm{d}x=t\mathrm{d}t.$

$$\int \frac{x^5}{\sqrt{1+x^2}}\mathrm{d}x = \int \frac{(t^2-1)^2}{t}t\mathrm{d}t = \int (t^4-2t^2+1)\mathrm{d}t$$

$$= \frac{1}{5}t^5 - \frac{2}{3}t^3 + t + C = \frac{1}{15}(8-4x^2+3x^4)\sqrt{1+x^2}+C.$$

例 4.3.4 求 $\int \dfrac{\sqrt{x-1}}{x}\mathrm{d}x.$

解 令 $\sqrt{x-1}=u$,即 $x=u^2+1$,则 $\mathrm{d}x=2u\mathrm{d}u$, 于是

$$\int \frac{\sqrt{x-1}}{x}\mathrm{d}x = \int \frac{u}{u^2+1}2u\mathrm{d}u = 2\int \frac{u^2}{u^2+1}\mathrm{d}u$$

$$= 2\int \left(1-\frac{1}{u^2+1}\right)\mathrm{d}u = 2(u-\arctan u)+C$$

$$\xrightarrow{\text{代回} u=\sqrt{x-1}} 2(\sqrt{x-1}-\arctan\sqrt{x-1})+C.$$

例 4.3.5 求 $\int \dfrac{\mathrm{d}x}{(1+\sqrt[3]{x})\sqrt{x}}.$

解 为了能同时消去两个根式,令 $x=t^6(t>0)$,即 $t=\sqrt[6]{x}$,于是

$$\int \frac{\mathrm{d}x}{(1+\sqrt[3]{x})\sqrt{x}} = \int \frac{6t^5\mathrm{d}t}{(1+t^2)t^3} = 6\int \frac{t^2\mathrm{d}t}{1+t^2} = 6\int \left(1-\frac{1}{1+t^2}\right)\mathrm{d}t$$

$$= 6(t-\arctan t)+C \xrightarrow{\text{代回} t=\sqrt[6]{x}} 6(\sqrt[6]{x}-\arctan\sqrt[6]{x})+C.$$

归纳 (1) 若被积函数含有根式 $\sqrt[m]{ax+b}$ 时,可令 $\sqrt[m]{ax+b}=t$ 即作代换 $x=\dfrac{1}{a}(t^m-b)$;

(2) 当被积函数含有两种或两种以上的根式时,令 $t=\sqrt[n]{x}$,其中 n 为各根指数的最小公倍数.

3. 倒代换

例 4.3.6 求 $\int \dfrac{(x-1)^7}{x^9}\mathrm{d}x.$

解 设 $x = \dfrac{1}{t}$，那么 $\mathrm{d}x = -\dfrac{1}{t^2}\mathrm{d}t$，于是

$$\int \frac{(x-1)^7}{x^9}\mathrm{d}x = \int \left(\frac{1}{t}-1\right)^7 t^9\left(-\frac{\mathrm{d}t}{t^2}\right) = -\int (1-t)^7 \mathrm{d}t$$

$$= \int (1-t)^7 \mathrm{d}(1-t) = \frac{1}{8}(1-t)^8 + C = \frac{1}{8}\left(1-\frac{1}{x}\right)^8 + C.$$

例 4.3.7 求 $\displaystyle\int \frac{1}{\mathrm{e}^x+1}\mathrm{d}x$.

解法 1 （第二类换元积分法）令 $x = \ln t$，那么 $\mathrm{d}x = \dfrac{1}{t}\mathrm{d}t$，于是

$$\int \frac{1}{\mathrm{e}^x+1}\mathrm{d}x = \int \frac{1}{t(t+1)}\mathrm{d}t = \int \frac{(t+1)-t}{t(t+1)}\mathrm{d}t = \ln t - \ln(t+1) + C$$

$$= x - \ln(\mathrm{e}^x+1) + C.$$

解法 2 （第一类换元积分法）

$$\int \frac{1}{\mathrm{e}^x+1}\mathrm{d}x = \int \frac{(\mathrm{e}^x+1)-\mathrm{e}^x}{\mathrm{e}^x+1}\mathrm{d}x = \int 1 \cdot \mathrm{d}x - \int \frac{\mathrm{e}^x}{\mathrm{e}^x+1}\mathrm{d}x$$

$$= x - \int \frac{\mathrm{d}(\mathrm{e}^x+1)}{\mathrm{e}^x+1} = x - \ln(\mathrm{e}^x+1) + C.$$

归纳 若当分母的阶较高时，可考虑采用倒代换.

本节的例题中，有的积分是今后常要用到的，它们也可作为积分基本公式使用，现归纳如下：（其中常数 $a>0$）

(14) $\displaystyle\int \tan x\,\mathrm{d}x = -\ln|\cos x| + C$;

(15) $\displaystyle\int \cot x\,\mathrm{d}x = \ln|\sin x| + C$;

(16) $\displaystyle\int \sec x\,\mathrm{d}x = \ln|\sec x + \tan x| + C$;

(17) $\displaystyle\int \csc x\,\mathrm{d}x = \ln|\csc x - \cot x| + C$;

(18) $\displaystyle\int \frac{1}{a^2+x^2}\mathrm{d}x = \frac{1}{a}\arctan\frac{x}{a} + C$;

(19) $\displaystyle\int \frac{1}{x^2-a^2}\mathrm{d}x = \frac{1}{2a}\ln\left|\frac{x-a}{x+a}\right| + C$;

(20) $\int \dfrac{1}{\sqrt{a^2-x^2}}\mathrm{d}x = \arcsin\dfrac{x}{a}+C$;

(21) $\int \dfrac{\mathrm{d}x}{\sqrt{a^2+x^2}} = \ln(x+\sqrt{a^2+x^2})+C$;

(22) $\int \dfrac{\mathrm{d}x}{\sqrt{x^2-a^2}} = \ln\left| x+\sqrt{x^2-a^2}\right|+C$.

利用上述补充的公式有时可使积分过程更加简捷.

例 4.3.8　求 $\int \dfrac{\mathrm{d}x}{x^2+2x+5}$.

解　$\displaystyle\int \dfrac{\mathrm{d}x}{x^2+2x+5} = \int \dfrac{1}{(x+1)^2+2^2}\mathrm{d}(x+1) = \dfrac{1}{2}\arctan\dfrac{x+1}{2}+C$.

例 4.3.9　求 $\int \dfrac{\mathrm{d}x}{\sqrt{x^2+2x+5}}$.

解　$\displaystyle\int \dfrac{\mathrm{d}x}{\sqrt{x^2+2x+5}} = \int \dfrac{1}{\sqrt{(x+1)^2+2^2}}\mathrm{d}(x+1)$

$$= \ln(x+1+\sqrt{x^2+2x+5})+C.$$

习　题　4.3

1. 求下列积分：

(1) $\displaystyle\int \dfrac{\mathrm{d}x}{x\sqrt{1+\ln x}}$;

(2) $\displaystyle\int \dfrac{\sqrt{x}+(\ln x)^2}{x}\mathrm{d}x$;

(3) $\displaystyle\int \dfrac{\mathrm{d}x}{\sqrt{x}+\sqrt[3]{x}}$;

(4) $\displaystyle\int \dfrac{\mathrm{d}x}{\sqrt{x}+1}$;

(5) $\displaystyle\int \dfrac{\mathrm{d}x}{\sqrt{x^2+2x+2}}$;

(6) $\displaystyle\int \dfrac{\sqrt{x^2+1}}{x^2}\mathrm{d}x$;

(7) $\displaystyle\int \dfrac{\mathrm{d}x}{x(x^6+4)}$;

(8) $\displaystyle\int \dfrac{\sqrt{x^2-9}}{x}\mathrm{d}x$.

2. 试用两种换元法计算下列积分：$\int x\sqrt{x+1}\mathrm{d}x$.

3. 设 $I_n=\displaystyle\int \tan^n x\,\mathrm{d}x$，求证：

$$I_n = \dfrac{1}{n-1}\tan^{n-1}x - I_{n-2} \quad (n\geqslant 2).$$

并求 $\int \tan^5 x \mathrm{d}x$.

4. 求一个函数 $f(x)$，满足 $f'(x) = \dfrac{1}{\sqrt{1+x}}$，且 $f(0) = 1$.

5. 求下列积分：

(1) $\displaystyle\int \frac{\mathrm{d}x}{1+\sqrt{2x}}$;

(2) $\displaystyle\int \frac{\mathrm{d}x}{\sqrt{(x^2+1)^3}}$;

(3) $\displaystyle\int \frac{\mathrm{d}x}{x^2+x+1}$;

(4) $\displaystyle\int \frac{\mathrm{d}x}{\sqrt{4x^2-4x-1}}$;

(5) $\displaystyle\int \frac{x^2}{\sqrt{9-x^2}}\mathrm{d}x$;

(6) $\displaystyle\int \frac{\mathrm{d}x}{\sqrt{x^2+3}}$.

6. 试用两种换元法计算下列积分：$\displaystyle\int \frac{x\mathrm{d}x}{(1+x^2)^2}$.

7. 试比较第一换元积分法与第二换元积分法的异同.

4.4 分部积分法

学习导数时，对于两个函数乘积的导数，有公式：

$$\big[u(x)v(x)\big]' = u'(x)v(x) + u(x)v'(x).$$

等号两边对 x 求积分，从而有

$$u(x)v(x) = \int u'(x)v(x)\mathrm{d}x + \int u(x)v'(x)\mathrm{d}x.$$

移项得

$$\int u(x)v'(x)\mathrm{d}x = u(x)v(x) - \int u'(x)v(x)\mathrm{d}x$$

或

$$\int u(x)\mathrm{d}v(x) = u(x)v(x) - \int v(x)\mathrm{d}u(x),$$

也可以简写成

$$\int u\mathrm{d}v = uv - \int v\mathrm{d}u.$$

我们称这个公式为**分部积分公式**.

由分部积分公式可知，如果等式右端中的积分较左端积分容易求出，则可借助该公式求出左端积分的结果，这种求积分的方法叫**分部积分法**. 分部积分法由乘积的求导法则导出,用于计算被积函数为两个函数乘积的积分.

现在通过例子来说明如何运用这个公式.

例 4.4.1 求 $\int x\sin x\mathrm{d}x$.

解 设 $u=x$, $\mathrm{d}v=\sin x\mathrm{d}x$,那么 $\mathrm{d}u=\mathrm{d}x$,且 $v=-\cos x$,代入分部积分公式得

$$\int x\sin x\mathrm{d}x =-x\cos x+\int \cos x\mathrm{d}x =-x\cos x+\sin x+C.$$

求这个积分时,如果设 $u=\sin x$, $\mathrm{d}v=x\mathrm{d}x$,那么 $\mathrm{d}u=\cos x\mathrm{d}x$, $v=\dfrac{x^2}{2}$,于是

$$\int x\sin x\mathrm{d}x =\frac{x^2}{2}\sin x-\int \frac{x^2}{2}\cos x\mathrm{d}x.$$

显然,上式右边的积分比原积分更不容易求出.

应用分部积分法求积分时,恰当地选择 u 及 $\mathrm{d}v$ 是一个关键. 选择 $\mathrm{d}v$ 一般最佳选择是三角函数,其次是指数函数,再次是幂函数、对数函数,最次是反三角函数. 分部积分法计算积分时,有口诀:

> "可凑尽量凑,不可不强求. 反对幂指三,逆序找函数."

"反对幂指三"是指:反三角函数、对数函数、幂函数、指数函数、三角函数.

例 4.4.2 求 $\int \ln x\mathrm{d}x$.

解法 1 $\int \ln x\mathrm{d}x =x\ln x-\int x\mathrm{d}\ln x =x\ln x-\int x\cdot\dfrac{1}{x}\mathrm{d}x =x\ln x-x+C.$

解法 2 令 $\ln x=t$, $x=\mathrm{e}^t$.

$$\int \ln x\mathrm{d}x =\int t\mathrm{d}\mathrm{e}^t =t\mathrm{e}^t-\int \mathrm{e}^t\mathrm{d}t =t\mathrm{e}^t-\mathrm{e}^t+C =x\ln x-x+C.$$

注 在求不定积分时,换元积分法与分部积分法往往可以综合使用.

例 4.4.3 求 $\int x\ln x\mathrm{d}x$.

解 $\int x\ln x\mathrm{d}x =\dfrac{1}{2}\int \ln x\mathrm{d}x^2 =\dfrac{1}{2}\left(x^2\ln x-\int x^2\mathrm{d}\ln x\right) =\dfrac{1}{2}\left(x^2\ln x-\int x\mathrm{d}x\right)$

$$=\frac{1}{2}\left(x^2\ln x-\frac{1}{2}x^2\right)+C =\frac{1}{2}x^2\ln x-\frac{1}{4}x^2+C.$$

例 4.4.4 求 $\int x^2\arctan x\mathrm{d}x$.

解 $\int x^2 \arctan x \mathrm{d}x = \frac{1}{3}\int \arctan x \mathrm{d}(x^3) = \frac{1}{3}x^3 \arctan x - \frac{1}{3}\int \frac{x^3}{1+x^2}\mathrm{d}x$

$$= \frac{1}{3}x^3 \arctan x - \frac{1}{3}\int x\mathrm{d}x + \frac{1}{3}\int \frac{x}{1+x^2}\mathrm{d}x$$

$$= \frac{1}{3}x^3 \arctan x - \frac{1}{6}x^2 + \frac{1}{6}\ln(1+x^2) + C.$$

例 4.4.5 求 $\int x^2 \mathrm{e}^x \mathrm{d}x$.

解 设 $u = x^2$, $\mathrm{d}v = \mathrm{e}^x \mathrm{d}x$,那么 $\mathrm{d}u = 2x\mathrm{d}x$, $v = \mathrm{e}^x$,于是

$$\int x^2 \mathrm{e}^x \mathrm{d}x = x^2\mathrm{e}^x - 2\int x\mathrm{e}^x \mathrm{d}x = x^2\mathrm{e}^x - 2\int x\mathrm{d}\mathrm{e}^x = x^2\mathrm{e}^x - 2x\mathrm{e}^x + 2\int \mathrm{e}^x \mathrm{d}x$$

$$= (x^2 - 2x + 2)\mathrm{e}^x + C.$$

例 4.4.6 求 $\int \mathrm{e}^x \sin x \mathrm{d}x$.

解 设 $u = \sin x$,那么

$$\int \mathrm{e}^x \sin x \mathrm{d}x = \int \sin x \mathrm{d}\mathrm{e}^x = \mathrm{e}^x \sin x - \int \mathrm{e}^x \cos x \mathrm{d}x$$

$$= \mathrm{e}^x \sin x - \int \cos x \mathrm{d}\mathrm{e}^x = \mathrm{e}^x \sin x - \mathrm{e}^x \cos x + \int \mathrm{e}^x \mathrm{d}\cos x$$

$$= \mathrm{e}^x(\sin x - \cos x) - \int \mathrm{e}^x \sin x \mathrm{d}x,$$

从而 $$\int \mathrm{e}^x \sin x \mathrm{d}x = \frac{1}{2}\mathrm{e}^x(\sin x - \cos x) + C.$$

但要注意,由于上式右端不含有积分项,因此必须加上任意常数 C.

归纳 (1) 利用分部积分法求积分时,可以使用口诀. 此外,有一个函数可以最优先考虑,那就是 e^x;

(2) 分部积分使用的常见类型:

$$\int x^k \ln^m x \mathrm{d}x, \int x^k \mathrm{e}^{ax} \mathrm{d}x, \int x^k \sin bx \mathrm{d}x, \int x^k \cos ax \mathrm{d}x, \int x^k \arctan bx \mathrm{d}x;$$

(3) 在求不定积分时,换元积分法与分部积分法往往会综合使用.

例 4.4.7 求 $\int \mathrm{e}^{\sqrt[3]{x}}\mathrm{d}x$.

解 令 $\sqrt[3]{x} = t$,则 $x = t^3$, $\mathrm{d}x = 3t^2\mathrm{d}t$. 于是

$$\int e^{\sqrt[3]{x}}dx = \int 3e^t t^2 dt = 3\int e^t t^2 dt.$$

利用例 4.4.5 的结果,并用 $t=\sqrt[3]{x}$ 代回,得所求积分:

$$\int e^{\sqrt[3]{x}}dx = 3\int e^t t^2 dt = 3(t^2-2t+2)e^t + C$$
$$= 3[(\sqrt[3]{x})^2 - 2\sqrt[3]{x}+2]e^{\sqrt[3]{x}} + C.$$

习 题 4.4

1. 求下列各不定积分:

(1) $\int \ln(1+x^2)dx$;

(2) $\int x^2 \ln x dx$;

(3) $\int x\arctan x dx$;

(4) $\int \arcsin x dx$;

(5) $\int x\cos x dx$;

(6) $\int xe^{-2x}dx$;

(7) $\int x\ln(x-1)dx$;

(8) $\int \arccos x dx$;

(9) $\int \cos(\ln x)dx$;

(10) $\int x\tan^2 x dx$;

(11) $\int \sin\sqrt{x}dx$;

(12) $\int x^n \ln x dx \ (n\neq -1)$.

2. 已知 $f(x)$ 的一个原函数为 $\dfrac{\cos x}{x}$,求 $\int xf'(x)dx$.

3. 已知 $f(x)=\dfrac{e^x}{x}$,求 $\int xf''(x)dx$.

4. 求下列各不定积分:

(1) $\int x\sin x\cos x dx$;

(2) $\int e^{\sqrt{x}}dx$;

(3) $\int 2x\ln(1+x^2)dx$;

(4) $\int x^5 \sin x^2 dx$;

(5) $\int \sin(\ln x)dx$;

(6) $\int \dfrac{e^{\arctan x}}{(1+x^2)^{3/2}}dx$.

5. 已知 $f(x)$ 的一个原函数为 $\ln^2 x$,求 $\int xf'(x)dx$.

总 习 题 4

(A)

1. 选择题.

(1) 设 $f(x) = \tan x$,则 $\displaystyle\int \frac{f'(\arctan x)}{1+x^2}\mathrm{d}x = ($ $)$.

A. $-x+C$ 　　　　 B. $\sin x+C$ 　　　　 C. $x+C$ 　　　　 D. $\arcsin x+C$

(2) 若不定积分 $\displaystyle\int f(x)\mathrm{d}x = x^2\mathrm{e}^{2x}+C$,则 $f(x) = ($ $)$.

A. $2x\mathrm{e}^{2x}$ 　　　　 B. $2x^2\mathrm{e}^{2x}$ 　　　　 C. $x\mathrm{e}^{2x}$ 　　　　 D. $2x\mathrm{e}^{2x}(1+x)$

(3) 已知 $\displaystyle\int \mathrm{e}^x f(x)\mathrm{d}x = \mathrm{e}^x\sin x+C$,则 $\displaystyle\int f(x)\mathrm{d}x = ($ $)$.

A. $\sin x+C$ 　　　　　　　　　　 B. $\cos x+C$

C. $-\cos x+\sin x+C$ 　　　　　 D. $\cos x+\sin x+C$

(4) 若 $\dfrac{\ln x}{x}$ 为 $f(x)$ 的原函数,则 $\displaystyle\int xf'(x)\mathrm{d}x = ($ $)$.

A. $\dfrac{1}{x}-2\dfrac{\ln x}{x}+C$ 　　　　　　　　 B. $\dfrac{1}{x}+C$

C. $\dfrac{\ln x}{x}+C$ 　　　　　　　　　　 D. $\dfrac{1+\ln x}{x^2}+C$

(5) 已知函数 $f(x)$ 在 $(-\infty, +\infty)$ 内可导,且恒有 $f'(x) = 0$,又有 $f(-1) = 1$,则函数 $f(x) = ($ $)$.

A. -1 　　　　 B. 1 　　　　 C. 0 　　　　 D. x

2. 填空题.

(1) 已知一阶导数 $\left[\displaystyle\int f(x)\mathrm{d}x\right]' = \sqrt{1+x^2}$,则 $f'(1) = $ _____.

(2) 设 $f(x^2-1) = \ln\dfrac{x^2}{x^2-2}$,且 $f[\varphi(x)] = \ln x$,则 $\displaystyle\int \varphi(x)\mathrm{d}x = $ _____.

(3) 通过点 $\left(\dfrac{\pi}{6}, 1\right)$ 的积分曲线 $y = \displaystyle\int \sin x\mathrm{d}x$ 的方程是 _____.

(4) 设 $f'(\ln x) = 1+2x$,则 $f(x) = $ _____.

(5) 设函数 $f(x)$ 满足下列条件:① $f(0) = 2$,$f(-2) = 0$;② $f(x)$ 在 $x = -1$,$x = 5$ 处有极值;③ $f(x)$ 的导数是 x 的二次函数. 则 $f(x) = $ _____.

3. 求下列不定积分:

(1) $\displaystyle\int \frac{\mathrm{d}x}{x^2(1+x^2)}$;

(2) $\displaystyle\int \mathrm{e}^x (\mathrm{e}^x - 1)^3 \mathrm{d}x$;

(3) $\displaystyle\int x (x^2 - 1)^4 \mathrm{d}x$;

(4) $\displaystyle\int \sin^2 x \cos^2 x \mathrm{d}x$;

(5) $\displaystyle\int \frac{1}{\sin^2 \dfrac{x}{2} \cos^2 \dfrac{x}{2}} \mathrm{d}x$;

(6) $\displaystyle\int \frac{1}{\sin x \cos x} \mathrm{d}x$.

4. 已知 $\dfrac{\sin x}{x}$ 是 $f(x)$ 的一个原函数, 求积分 $\displaystyle\int xf'(x)\mathrm{d}x$.

5. 求下列不定积分:

(1) $\displaystyle\int \frac{x^{11}}{x^8 + 3x^4 + 2} \mathrm{d}x$;

(2) $\displaystyle\int \mathrm{e}^{2x} (\tan x + 1)^2 \mathrm{d}x$;

(3) $\displaystyle\int \frac{\arctan x}{x^2(x^2 + 1)} \mathrm{d}x$;

(4) $\displaystyle\int \frac{1}{\sin x \cos^3 x} \mathrm{d}x$;

(5) $\displaystyle\int \frac{1}{2\sin x + \sin 2x} \mathrm{d}x$;

(6) $\displaystyle\int \frac{x\mathrm{e}^{\arctan x}}{(1+x^2)^{\frac{3}{2}}} \mathrm{d}x$.

6. 设 $f(\sin^2 x) = \dfrac{x}{\sin^2 x}$, 求积分 $\displaystyle\int \frac{\sqrt{x}}{\sqrt{1-x}} f(x)\mathrm{d}x$.

(B)

1. 填空题.

(1) $\displaystyle\int 2^x \mathrm{e}^x \mathrm{d}x = $ _____.

(2) 设 $f(x)$ 是连续函数, 则 $\mathrm{d}\displaystyle\int f(x)\mathrm{d}x = $ _____; $\displaystyle\int \mathrm{d}f(x) = $ _____;

$\dfrac{\mathrm{d}}{\mathrm{d}x}\displaystyle\int f(x)\mathrm{d}x = $ _____; $\displaystyle\int f'(x)\mathrm{d}x = $ _____ (其中 $f'(x)$ 存在).

(3) $\dfrac{\mathrm{d}}{\mathrm{d}x}\displaystyle\int f(x)\mathrm{d}(\arctan x) = $ _____.

(4) 已知 $f'(3x - 1) = \mathrm{e}^x$, 则 $f(x) = $ _____.

(5) 设 $\displaystyle\int f'(x^3)\mathrm{d}x = x^4 - x + C$, 则 $f(x) = $ _____.

2. 选择题.

(1) 对于不定积分 $\displaystyle\int f(x)\mathrm{d}x$, 在下列等式中正确的是( ).

A. $\mathrm{d}\left[\displaystyle\int f(x)\mathrm{d}x\right] = f(x)$

B. $\displaystyle\int \mathrm{d}f(x) = f(x)$

C. $\int f'(x)\mathrm{d}x = f(x)$ D. $\dfrac{\mathrm{d}}{\mathrm{d}x}\int f(x)\mathrm{d}x = f(x)$

(2) 设 $f(x)$ 是 $(-\infty, +\infty)$ 内的奇函数，$F(x)$ 是它的一个原函数，则（   ）.

A. $F(x) = -F(-x)$ B. $F(-x) = F(x)$

C. $F(x) = -F(-x) + C$ D. $F(x) = F(-x) + C$

(3) $\int \dfrac{1}{\mathrm{e}^x + \mathrm{e}^{-x}}\mathrm{d}x = $（   ）.

A. $\arctan(\mathrm{e}^x + \mathrm{e}^{-x}) + C$ B. $\arctan(\mathrm{e}^x) + C$

C. $\ln(\mathrm{e}^x + \mathrm{e}^{-x}) + C$ D. $\dfrac{-2\mathrm{e}^x}{(\mathrm{e}^x + \mathrm{e}^{-x})^2} + C$

(4) 已知函数 $(x+1)^2$ 为 $f(x)$ 的一个原函数，则下列函数中（   ）是 $f(x)$ 的原函数.

A. $x^2 - 1$ B. $x^2 + 1$ C. $x^2 - 2x$ D. $x^2 + 2x$

(5) 设 $\int \dfrac{f(x)}{\sin^2 x}\mathrm{d}x = g(x)f(x) + \int \cot^2 x\,\mathrm{d}x$，则 $f(x)$，$g(x)$ 分别是（   ）.

A. $f(x) = \ln\cos x,\ g(x) = \tan x$ B. $f(x) = \ln\cos x,\ g(x) = -\cot x$

C. $f(x) = \ln\sin x,\ g(x) = \tan x$ D. $f(x) = \ln\sin x,\ g(x) = -\cot x$

3. 求下列不定积分：

(1) $\int \tan^3 x\,\mathrm{d}x$;   (2) $\int \dfrac{\ln x}{(1-x)^2}\mathrm{d}x$;

(3) $\int \dfrac{f'(\ln x)}{x\sqrt{f(\ln x)}}\mathrm{d}x$;   (4) $\int \mathrm{e}^{-2x}\sin\dfrac{x}{2}\mathrm{d}x$;

(5) $\int \ln^2 x\,\mathrm{d}x$;   (6) $\int \dfrac{1}{1+\sqrt{1-x^2}}\mathrm{d}x$;

(7) $\int x^2 \cos^2\dfrac{x}{2}\mathrm{d}x$;   (8) $\int (x^2-1)\sin 2x\,\mathrm{d}x$;

(9) $\int \dfrac{\arctan\sqrt{x}}{\sqrt{x}(1+x)}\mathrm{d}x$;   (10) $\int \mathrm{e}^x \sin^2 x\,\mathrm{d}x$;

(11) $\int \dfrac{\mathrm{e}^x + 1}{\mathrm{e}^x - 1}\mathrm{d}x$;   (12) $\int \dfrac{x}{(1-x)^3}\mathrm{d}x$.

4. 已知 $f(x)$ 的一个原函数为 $F(x) = \dfrac{\sin x}{x}$，求 $\int xf'(2x)\mathrm{d}x$.

5. 求下列不定积分：

(1) $\int \dfrac{\cos x}{\sin x + \cos x}\mathrm{d}x$;   (2) $\int \dfrac{\mathrm{e}^{3x} + \mathrm{e}^x}{\mathrm{e}^{4x} - \mathrm{e}^{2x} - 2}\mathrm{d}x$;

(3) $\int e^{\sin x} \dfrac{x\cos^3 x - \sin x}{\cos^2 x}\mathrm{d}x$;

(4) $\int \dfrac{x^2 \arctan x}{1+x^2}\mathrm{d}x$;

(5) $\int \dfrac{\arctan e^x}{e^{2x}}\mathrm{d}x$;

(6) $\int \dfrac{1}{x^4-1}\mathrm{d}x$.

6. 设 $f(\ln x) = \dfrac{\ln(1+x)}{x}$, 求积分 $\int f(x)\mathrm{d}x$.

阅读材料 4   不定积分的学习方法

众所周知, 微积分的两大部分是微分与积分. 微分实际上是求一个已知函数的导数, 而积分是已知一个函数的导数, 求原函数. 所以, 微分与积分互为逆运算.

本章的基本知识结构是从原函数与不定积分概念入手, 从逆运算意义上出发建立不定积分性质、运算法则和基本公式. 反复运用这些运算法则和公式, 达到培养熟练的这种技能.

本章相对来说并不困难, 在理解原函数与不定积分概念的基础上, 通过较多的例题和练习训练从而达到熟练掌握求不定积分的技能. 具体而言, 学习的要求是这样的:

(1) 要理解不定积分的概念, 掌握原函数与不定积分的概念及其之间的区别; 掌握不定积分的线性运算法则, 熟练掌握不定积分的基本积分公式.

(2) 换元积分公式与分部积分公式在本章中处于十分重要的地位. 必须牢记换元积分公式和选取替换函数(或凑微分)的原则, 并能恰当地选取替换函数(或凑微分), 熟练地应用换元积分公式; 牢记分部积分公式, 知道求哪些函数的不定积分运用分部积分公式, 并能恰当地将被积表达式分成两部分的乘积, 熟练地应用分部积分公式; 独立地完成一定数量的不定积分练习题, 从而逐步达到快而准的求出不定积分.

另外, 凑元积分法是计算积分用得最多的一种方法, 各种凑元的方式很多, 比较灵活, 初学者难以把握, 因此应看例题, 多见识一些类型, 多动手尝试, 以便积累经验.

这一章中有一些口诀, 如:"根据复合抓住 u, 凑完微分配系数, 使用公式要准确, 积分消失加常数";"可凑尽量凑, 不可不强求";"反对幂指三, 逆序找函数"等, 要在做题中慢慢体会、多加应用.

第5章　定积分及其应用

现在,让我们从"地图的面积"了解定积分.

地图 5.1 的边界部分都是曲线,要从地图本身求得面积是一件很困难的事情,但是如果使用网格,问题就会变得简单.

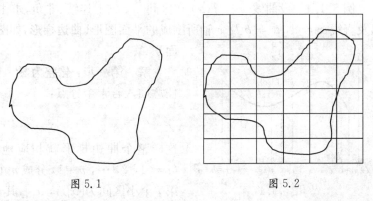

图 5.1　　　　　　　　　　　图 5.2

如图 5.2 所示,在地图 5.1 上画上正方形的网格(这可以看作对地图的一种划分).这样,地图中央部分就可以用格子的面积直接计算出来.边界部分,只有一部分在格子里,图形也不规则.

通过观察,可以发现边界部分的图形虽然形状各异,但是都是形如斜边为曲线的梯形.下面,"地图的面积"问题就转化为求曲边梯形的面积问题.

本章将先从两个实例出发,引出定积分的概念,然后给出著名的牛顿-莱布尼茨公式,介绍定积分的计算方法以及定积分的一些应用.

学习概念时,应首先理解定积分实质是一种特殊的和式极限,而牛顿-莱布尼茨公式则揭示了定积分与不定积分之间的关系,给定积分提供了一个简便有效的计算方法.要求解定积分,首先要找到被积函数的原函数,而求原函数是不定积分的内容,由此也可以进一步体会上一章内容的重要性.具体探讨定积分积分法时,请注意比较与不定积分的联系与区别.

就定积分的应用而言,它概念中的"无限细分"与"无限积累"的过程表示了微分分析过程,所以在定积分应用中,讨论的"微元法"思路是解决应用问题相当重要的切入点.

5.1 定积分的概念及性质

5.1.1 引例

引言中,地图的面积问题转化为了求曲边梯形的面积问题. 下面,我们把曲边梯形放在平面直角坐标系中考虑.

例 5.1.1 设曲线 $y = f(x)$ 在区间 $[a, b]$ 上连续、非负,求由曲线 $y = f(x)$ 以及直线 $x = a$,$x = b$ 及 x 轴所围成的平面图形(**曲边梯形**,如图 5.1.1 所示)的面积 A.

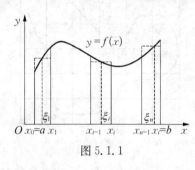

图 5.1.1

解 第一步:**化整为零** 在区间 $[a, b]$ 中任意插入若干个分点:

$$a = x_0 < x_1 < x_2 < \cdots < x_n = b,$$

这样整个曲边梯形就相应地被直线 $x = x_i$ $(i = 1, 2, \cdots, n-1)$ 分成 n 个小曲边梯形,则第 i 个小区间为 $[x_{i-1}, x_i]$,其长度记为 $\Delta x_i = x_i - x_{i-1}$ $(i = 1, 2, \cdots, n)$.

第二步:**以直代曲** 对于第 i 个小曲边梯形来说,当其底边长 Δx_i 足够小时,其高度的变化也是非常小的,这时它的面积可以用某个小矩形的面积来近似.

在第 i 个小区间 $[x_{i-1}, x_i]$ 上任取一点 ξ_i,以 $f(\xi_i)$ 为高作一个矩形(图 5.1.1),则第 i 个小曲边梯形面积

$$\Delta A_i \approx f(\xi_i)\Delta x_i.$$

第三步:**积零为整** 这样,整个曲边梯形面积的近似值就是

$$A = \sum_{i=1}^{n} \Delta A_i \approx \sum_{i=1}^{n} f(\xi_i)\Delta x_i.$$

第四步:**取极限** 可以看到,当分点越密时,小矩形的面积与小曲边梯形的面积就会越接近,因而和式 $\sum_{i=1}^{n} f(\xi_i)\Delta x_i$ 与整个曲边梯形的面积也会越接近.

记小区间长度的最大值为 λ,即 $\lambda = \max\{\Delta x_1, \Delta x_2, \cdots, \Delta x_n\}$,那么,当 $\lambda \to 0$ 时,即小区间个数无限增多,且长度都无限缩小,取上述和式的极限,便得曲边梯形的面积:

$$A = \lim_{\lambda \to 0} \sum_{i=1}^{n} f(\xi_i) \Delta x_i.$$

例 5.1.2　设某物体作直线运动,已知速度 $v = v(t)$ 是时间间隔 $[T_1, T_2]$ 上的连续函数,且 $v(t) \geqslant 0$,求在这段时间内物体所经过的路程 s.

分析　对于匀速直线运动,有公式:

$$\text{路程} = \text{速度} \times \text{时间}.$$

但是在这个问题中,速度不是常量而是随时间变化着的变量,因此所求路程 s 不能直接按匀速直线运动的路程公式来计算. 然而,物体运动的速度函数 $v = v(t)$ 是连续变化的,在一个很微小的时间间隔内,物体的运动又可近似的看作是匀速运动,因此,可用类似于讨论曲边梯形面积的方法来确定其路程.

解　第一步:**化零为整**　在 $[T_1, T_2]$ 中任意插入分点

$$T_1 = t_0 < t_1 < t_2 < \cdots < t_n = T_2,$$

这样直线运动被 $t = t_i$ 分成 n 个时间段,则第 i 个时间间隔为 $[t_{i-1}, t_i]$,其长度记为 $\Delta t_i = t_i - t_{i-1}$,经过的路程为 Δs_i $(i = 1, 2, \cdots, n)$.

第二步:**以匀速代变速**　在很短的时间内,速度的变化很小. 因此,如果把时间间隔分小,在小段时间内,以匀速运动近似代替变速运动,那么就可算出各部分路程的近似值.

在第 i 个时间间隔 $[t_{i-1}, t_i]$ 上任取一点 τ_i,以 $v(\tau_i)$ 来代替 $[t_{i-1}, t_i]$ 上各时刻的速度,从而可得部分路程的近似值

$$\Delta s_i \approx v(\tau_i) \Delta t_i.$$

第三步:**积零为整**　这样,在 $[T_1, T_2]$ 内物体所经过的路程 s 的近似值就是

$$s = \sum_{i=1}^{n} \Delta s_i \approx \sum_{i=1}^{n} v(\tau_i) \Delta t_i.$$

第四步:**取极限**　$s = \lim_{\lambda \to 0} \sum_{i=1}^{n} v(\tau_i) \Delta t_i$,其中 $\lambda = \max\{\Delta t_1, \Delta t_2, \cdots, \Delta t_n\}$.

从上面的两个例子可以看到,虽然曲边梯形的面积 A 及变速直线运动的路程 s 的实际意义不同,但解决问题的方法和步骤一致,有口诀:

> **"划分作近似,求和取极限".**

这两个例子的结果都可归结为具有相同结构的一种特定和的极限,如

$$A = \lim_{\lambda \to 0} \sum_{i=1}^{n} f(\xi_i) \Delta x_i,$$

$$s = \lim_{\lambda \to 0} \sum_{i=1}^{n} v(\tau_i) \Delta t_i.$$

抽去这些问题的实际背景,抓住它们在数量上共同的本质与特性加以概括,我们可以抽象出下述定积分的概念.

5.1.2 定积分的定义

1. 定积分的定义及存在的条件

定义 5.1.1 设函数 $y = f(x)$ 在$[a, b]$上有界,在区间$[a, b]$中任意插入一组分点

$$a = x_0 < x_1 < x_2 < \cdots < x_n = b,$$

把区间$[a, b]$分成 n 个小区间,记 $x_0 = a, x_n = b$,则第 i 个小区间为$[x_{i-1}, x_i]$,其长度记为 $\Delta x_i = x_i - x_{i-1}$ $(i = 1, 2, \cdots, n)$,在每个小区间$[x_{i-1}, x_i]$上任取一点 ξ_i,作积 $f(\xi_i)\Delta x_i$ $(i = 1, 2, \cdots, n)$,并作和式 $\sum_{i=1}^{n} f(\xi_i)\Delta x_i$,记 $\lambda = \max\{\Delta x_1, \Delta x_2, \cdots, \Delta x_n\}$,如果不论对$[a, b]$怎么分割,也不论在$[x_{i-1}, x_i]$上如何选取 ξ_i,极限 $\lim_{\lambda \to 0} \sum_{i=1}^{n} f(\xi_i)\Delta x_i$ 总存在,则称函数 $f(x)$ 在$[a, b]$上可积,并把该极限值称为函数 $f(x)$ 在区间$[a, b]$ 上的定积分,记为 $\int_a^b f(x)\mathrm{d}x$,即

$$\int_a^b f(x)\mathrm{d}x = \lim_{\lambda \to 0} \sum_{i=1}^{n} f(\xi_i)\Delta x_i.$$

其中 $f(x)$ 称为被积函数,$f(x)\mathrm{d}x$ 称为被积表达式,x 称为积分变量,a 称为积分下限,b 称为积分上限,$[a, b]$叫积分区间.

根据定积分的定义,前面所讨论的两个引例可分别叙述如下:

由曲线 $y = f(x)$ $(f(x) \geqslant 0)$,直线 $x = a$,$x = b$ 及 x 轴所围成的曲边梯形面积为

$$A = \int_a^b f(x)\mathrm{d}x.$$

以速度 $v = v(t)$ $(v(t) \geqslant 0)$ 作直线运动的物体,在时间间隔$[T_1, T_2]$内经过的路程为

$$s = \int_{T_1}^{T_2} v(t)\mathrm{d}t.$$

关于定积分的定义有以下几点说明:

（1）由于这个定义是由黎曼首先给出的，所以这里的可积也称为黎曼可积，相应的积分和式也称为黎曼和；

（2）极限存在是指：任意分割，任意取点，和式极限存在且相等；

（3）由定积分定义可知，$\int_a^b f(x)\mathrm{d}x$ 代表一个数，它取决于被积函数与积分区间，并且它的值与积分变量用什么字母表示无关，即 $\int_a^b f(x)\mathrm{d}x = \int_a^b f(t)\mathrm{d}t$.

上述定积分定义中，下限 a 小于上限 b. 实际上，下限 a 可以大于或等于上限 b，为了计算和应用方便，特作如下补充规定：

当 $a=b$ 时，$\int_a^b f(x)\mathrm{d}x = 0$；当 $a>b$ 时，$\int_a^b f(x)\mathrm{d}x = -\int_b^a f(x)\mathrm{d}x$.

下面，还需要弄清楚一个问题：函数 $f(x)$ 在 $[a, b]$ 上满足什么条件，$f(x)$ 在 $[a, b]$ 上才一定可积呢? 这个问题不做深入讨论，我们不加证明地给出如下的充分条件：

定理 5.1.1 若 $f(x)$ 在闭区间 $[a, b]$ 上满足下列条件之一：

（1） $f(x)$ 在 $[a, b]$ 上连续；

（2） $f(x)$ 在 $[a, b]$ 上有界，且只有有限个第一类间断点.

那么，$f(x)$ 在 $[a, b]$ 上一定可积.

2. 定积分的几何意义

设 $f(x)$ 是 $[a, b]$ 上的连续函数，由曲线 $y=f(x)$ 及直线 $x=a$，$x=b$，$y=0$ 所围成的曲边梯形的面积记为 A. 由定积分的定义及例 5.1.1，容易知道定积分有如下几何意义：

（1）若 $f(x) \geqslant 0$，$\int_a^b f(x)\mathrm{d}x = A$；

（2）若 $f(x) \leqslant 0$，$\int_a^b f(x)\mathrm{d}x = -A$；

（3）一般而言，定积分 $\int_a^b f(x)\mathrm{d}x$ 在直角坐标平面上总表示由曲线 $y=f(x)$，直线 $x=a$，$x=b$ 及 x 轴所围图形中，x 轴上方部分的面积减去下方部分的面积. 这时定积分在几何上表示上述这些部分曲边梯形面积的代数和，如图 5.1.2 所示情形，有

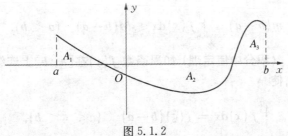

图 5.1.2

$$\int_a^b f(x)\mathrm{d}x = A_1 - A_2 + A_3.$$

例 5.1.3　利用定积分的几何意义计算定积分：$\int_0^1 \sqrt{1-x^2}\,\mathrm{d}x$.

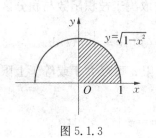

图 5.1.3

解　显然，根据定积分的定义来求解是比较困难的，根据定积分的几何意义知，$\int_0^1 \sqrt{1-x^2}\,\mathrm{d}x$ 就是图 5.1.3 所示半径为 1 的圆在第一象限部分的面积，所以

$$\int_0^1 \sqrt{1-x^2}\,\mathrm{d}x = \frac{\pi}{4}\cdot 1^2 = \frac{\pi}{4}.$$

5.1.3　定积分的性质

性质 5.1.1　$\displaystyle\int_a^b [f(x)\pm g(x)]\mathrm{d}x = \int_a^b f(x)\mathrm{d}x \pm \int_a^b g(x)\mathrm{d}x.$

性质 5.1.2　$\displaystyle\int_a^b kf(x)\mathrm{d}x = k\int_a^b f(x)\mathrm{d}x$（$k$ 为常数）.

性质 5.1.3　如果在 $[a,b]$ 上，$f(x)\equiv 1$，则 $\displaystyle\int_a^b 1\mathrm{d}x = \int_a^b \mathrm{d}x = b-a.$

性质 5.1.4　（积分的可加性）对任意的点 c，有

$$\int_a^b f(x)\mathrm{d}x = \int_a^c f(x)\mathrm{d}x + \int_c^b f(x)\mathrm{d}x.$$

性质 5.1.5　（积分的保序性）如果在 $[a,b]$ 上 $f(x)\leqslant g(x)$，则

$$\int_a^b f(x)\mathrm{d}x \leqslant \int_a^b g(x)\mathrm{d}x.$$

推论 1　如果在 $[a,b]$ 上，$f(x)\geqslant 0$，则 $\displaystyle\int_a^b f(x)\mathrm{d}x \geqslant 0.$

推论 2　$\displaystyle\left|\int_a^b f(x)\mathrm{d}x\right| \leqslant \int_a^b |f(x)|\,\mathrm{d}x.$

性质 5.1.6　（积分估值定理）设 M 及 m 分别是函数 $f(x)$ 在 $[a,b]$ 上的最大值与最小值，则

$$m(b-a) \leqslant \int_a^b f(x)\mathrm{d}x \leqslant M(b-a) \quad (a<b).$$

性质 5.1.7　（积分中值定理）如果函数 $f(x)$ 在 $[a,b]$ 上连续，则在 $[a,b]$ 上至少存在一点 ξ，使

$$\int_a^b f(x)\mathrm{d}x = f(\xi)(b-a) \quad (a\leqslant \xi \leqslant b).$$

证 因 $f(x)$ 在 $[a, b]$ 内连续，所以 $f(x)$ 在 $[a, b]$ 内有最大值 M 和最小值 m,

$$m(b-a) \leqslant \int_a^b f(x)\mathrm{d}x \leqslant M(b-a).$$

根据积分估值定理，有

$$m \leqslant \frac{1}{b-a} \int_a^b f(x)\mathrm{d}x \leqslant M.$$

即 $\dfrac{1}{b-a} \displaystyle\int_a^b f(x)\mathrm{d}x$ 介于函数 $f(x)$ 的最小值 m 及最大值 M 之间. 根据闭区间上连续函数的介值定理，在 $[a, b]$ 上至少存在一点 ξ，使得函数 $f(x)$ 在 ξ 处的值与这个确定的数值相等，

$$\frac{1}{b-a} \int_a^b f(x)\mathrm{d}x = f(\xi) \quad (a \leqslant \xi \leqslant b),$$

即

$$\int_a^b f(x)\mathrm{d}x = f(\xi)(b-a) \quad (a \leqslant \xi \leqslant b).$$

性质 5.1.7 的几何意义是：如图 5.1.4 所示，在区间 $[a, b]$ 上至少存在一点 ξ，使得曲边梯形的面积等于同一底边，而高为 $f(\xi)$ 的一个矩形的面积，并称

$$\frac{1}{b-a} \int_a^b f(x)\mathrm{d}x$$

图 5.1.4

为函数 $f(x)$ 在区间 $[a, b]$ 上的平均值.

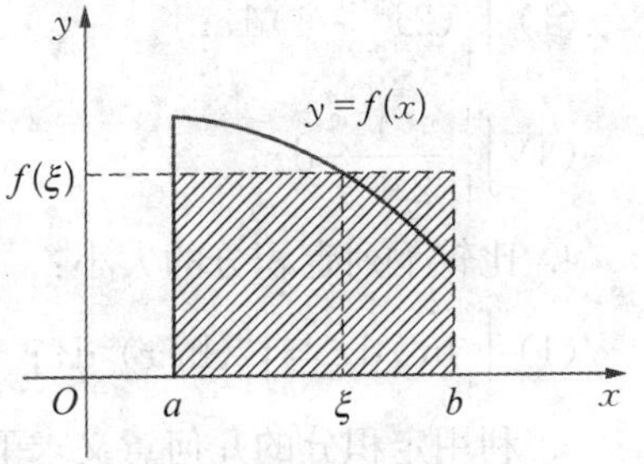

例 5.1.4 比较 $\displaystyle\int_0^1 x^2 \mathrm{d}x$ 与 $\displaystyle\int_0^1 x^3 \mathrm{d}x$ 的大小.

解 因为在区间 $[0, 1]$ 上，有 $x^2 \geqslant x^3$，由定积分保序性质，得

$$\int_0^1 x^2 \mathrm{d}x \geqslant \int_0^1 x^3 \mathrm{d}x.$$

例 5.1.5 估计积分值 $\displaystyle\int_0^\pi \frac{1}{3+\sin^3 x}\mathrm{d}x$ 的大小.

解 令 $f(x) = \dfrac{1}{3+\sin^3 x}$，$\forall x \in [0, \pi]$，由于 $0 \leqslant \sin^3 x \leqslant 1$，则

$$\frac{1}{4} \leqslant \frac{1}{3+\sin^3 x} \leqslant \frac{1}{3},$$

所以
$$\int_0^\pi \frac{1}{4}\mathrm{d}x \leqslant \int_0^\pi \frac{1}{3+\sin^3 x}\mathrm{d}x \leqslant \int_0^\pi \frac{1}{3}\mathrm{d}x,$$

从而
$$\frac{\pi}{4} \leqslant \int_0^\pi \frac{1}{3+\sin^3 x}\mathrm{d}x \leqslant \frac{\pi}{3}.$$

习　题　5.1

1. 填空：设 $\int_{-1}^1 2f(x)\mathrm{d}x = 8$，则 $\int_{-1}^1 f(x)\mathrm{d}x = \underline{\hspace{1.5cm}}$，$\int_1^{-1} f(x)\mathrm{d}x = \underline{\hspace{1.5cm}}$，$\int_{-1}^1 \frac{1}{5}[2f(x)+1]\mathrm{d}x = \underline{\hspace{1.5cm}}$.

2. 利用定积分的几何意义求下列定积分：

(1) $\int_{-\pi}^\pi \sin x\mathrm{d}x$；　　　　　　　　(2) $\int_0^3 (x-1)\mathrm{d}x$.

3. 估计下列定积分的值：

(1) $\int_1^3 (2x^2 - 1)\mathrm{d}x$；　　　　　　　(2) $\int_0^2 \mathrm{e}^{-x^2}\mathrm{d}x$；

(3) $\int_1^4 \frac{1}{2+x}\mathrm{d}x$；　　　　　　　(4) $\int_0^{\frac{\pi}{2}} (1-\cos x)\mathrm{d}x$.

4. 比较下列定积分的大小：

(1) $\int_1^2 \ln x\mathrm{d}x$ 与 $\int_1^2 (\ln x)^2\mathrm{d}x$；　　(2) $\int_3^4 \ln x\mathrm{d}x$ 与 $\int_3^4 (\ln x)^2\mathrm{d}x$.

5. 利用定积分的几何意义求下列定积分：

(1) $\int_{-1}^1 |x|\mathrm{d}x$；　　　　　　　(2) $\int_0^2 \sqrt{4-x^2}\mathrm{d}x$.

6. 比较下列定积分的大小：

(1) $\int_1^2 x^2\mathrm{d}x$ 与 $\int_1^2 x^3\mathrm{d}x$；　　　(2) $\int_0^{\frac{\pi}{4}} \sin^4 x\mathrm{d}x$ 与 $\int_0^{\frac{\pi}{4}} \sin^3 x\mathrm{d}x$.

7. 利用定积分表示下列极限：$\lim\limits_{n\to\infty} \frac{1}{n}\sum\limits_{i=1}^n \sqrt{1+\frac{i}{n}}$.

5.2　微积分基本公式

先考虑一个问题：设某物体作直线运动，已知速度 $v = v(t)$ 是时间间隔 $[T_1, T_2]$ 上的一个连续函数，且 $v(t) \geqslant 0$，求物体在这段时间内所经过的路程.

结合上节定积分的知识，这段路程为

$$\int_{T_1}^{T_2} v(t)\mathrm{d}t = s(T_2) - s(T_1),$$

其中, $s'(t) = v(t)$.

那么, 自然地, 有一个问题值得思考: 这一表达是否具有普遍意义?

从另外一个方面考虑, 前面介绍了定积分的概念, 按照定义, 通过求和式的极限来确定定积分的值, 但实际运算起来非常复杂.

为了解决这个问题, 我们先来介绍积分上限函数的概念及其性质.

5.2.1　积分上限函数及其导数

设函数 $y = f(x)$ 在 $[a, b]$ 上连续, x 为 $[a, b]$ 上的任意一点, 我们来考察定积分

$$\int_a^x f(x)\mathrm{d}x.$$

这里, x 既表示积分的上限又表示积分变量, 为明确起见, 把积分变量改用另一字母 t 表示, 从而该定积分可表为 $\int_a^x f(t)\mathrm{d}t$.

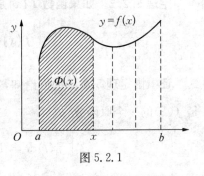

从定积分的几何意义 (图 5.2.1) 就可以看出, 由于上限 x 在 $[a, b]$ 上任意取值时, 总有唯一确定的数值 $\int_a^x f(t)\mathrm{d}t$ 与之对应, 因此, 定义了一个在区间 $[a, b]$ 上的函数, 记为 $\Phi(x)$, 即

$$\Phi(x) = \int_a^x f(t)\mathrm{d}t \quad (a \leqslant x \leqslant b),$$

图 5.2.1

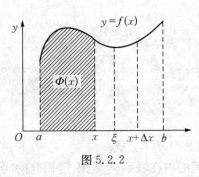

图 5.2.2

称 $\Phi(x)$ 为积分上限的函数.

定理 5.2.1　如果函数 $f(x)$ 在 $[a, b]$ 上连续, 则积分上限的函数

$$\Phi(x) = \int_a^x f(t)\mathrm{d}t$$

在 $[a, b]$ 上可导, 并且其导数为

$$\Phi'(x) = \frac{\mathrm{d}}{\mathrm{d}x}\int_a^x f(t)\mathrm{d}t = f(x) \quad (a \leqslant x \leqslant b).$$

证　任取 x 及 Δx, 使 $x, x + \Delta x \in (a, b)$ (图 5.2.2), 则

$$\Delta\Phi = \Phi(x + \Delta x) - \Phi(x)$$
$$= \int_a^{x+\Delta x} f(t)\mathrm{d}t - \int_a^x f(t)\mathrm{d}t = \int_x^{x+\Delta x} f(t)\mathrm{d}t.$$

由定积分的中值定理,存在 $\xi \in (x, x + \Delta x)$ 或 $(x + \Delta x, x)$,使 $\int_x^{x+\Delta x} f(t)\mathrm{d}t = f(\xi)\Delta x$ 成立. 所以,

$$\Phi'(x) = \lim_{\Delta x \to 0} \frac{\Delta \Phi}{\Delta x} = \lim_{\Delta x \to 0} \frac{f(\xi)\Delta x}{\Delta x} = \lim_{\Delta x \to 0} f(\xi) = \lim_{\xi \to x} f(\xi) \xrightarrow{f(x) \text{ 连续}} f(x).$$

推论   如果函数 $f(x)$ 在 $[a, b]$ 上连续,则函数 $\Phi(x) = \int_a^x f(t)\mathrm{d}t$ 为 $f(x)$ 在 $[a, b]$ 上的一个原函数.

注   这个定理一方面肯定了闭区间 $[a, b]$ 上连续函数 $f(x)$ 一定有原函数,从而解决了第 4 章 4.1 节留下的原函数存在问题,另一方面,它初步揭示了积分学中的定积分与原函数之间的联系,为下一步研究微积分基本公式奠定基础.

5.2.2   牛顿-莱布尼茨公式

定理 5.2.2   如果函数 $F(x)$ 是 $[a, b]$ 上连续函数 $f(x)$ 的任意一个原函数,则

$$\int_a^b f(x)\mathrm{d}x = F(b) - F(a).$$

证   由定理 5.2.1 的推论知,$\int_a^x f(t)\mathrm{d}t$ 是 $f(x)$ 的一个原函数,又已知 $F(x)$ 也是 $f(x)$ 的一个原函数,故

$$\int_a^x f(t)\mathrm{d}t = F(x) + C \quad (a \leqslant x \leqslant b),$$

其中 C 为某一常数.

又因为 $0 = \int_a^a f(t)\mathrm{d}t = F(a) + C$,所以 $C = -F(a)$. 于是有

$$\int_a^x f(t)\mathrm{d}t = F(x) - F(a),$$

所以 $\int_a^b f(x)\mathrm{d}x = F(b) - F(a)$ 成立.

上述公式称为牛顿-莱布尼茨公式,又称为微积分基本公式.

公式揭示了定积分与被积函数的原函数之间的内在联系,它把求定积分的问题转化为求原函数的问题. 归纳一下,求连续函数 $f(x)$ 在 $[a, b]$ 上的定积分有两个步骤:首先,只需要求出 $f(x)$ 在区间 $[a, b]$ 上的一个原函数 $F(x)$;然后,代入计算 $F(b) - F(a)$ 即可.

注   在运用该公式时,$F(b) - F(a)$ 通常记为 $[F(x)]_a^b$ 或 $F(x)\Big|_a^b$,即

$$\int_a^b f(x)\mathrm{d}x = F(x)\Big|_a^b = F(b) - F(a).$$

例 5.2.1　求 $\displaystyle\int_0^1 x^{-5}\mathrm{d}x$.

解　因为 $\displaystyle\int x^{-5}\mathrm{d}x = -\frac{1}{4}x^{-4} + C$,所以 $\displaystyle\int_0^1 x^{-5}\mathrm{d}x = \left[-\frac{1}{4}x^{-4}\right]_0^1 = -\frac{1}{4}$.

例 5.2.2　求 $\displaystyle\int_{-1}^0 \frac{3x^2}{1+x^2}\mathrm{d}x$.

解　因为

$$\int \frac{3x^2}{1+x^2}\mathrm{d}x = 3\int \frac{x^2}{1+x^2}\mathrm{d}x = 3\left(\int \mathrm{d}x - \int \frac{1}{1+x^2}\mathrm{d}x\right) = 3x - 3\arctan x + C,$$

所以 $\displaystyle\int_{-1}^0 \frac{3x^2}{1+x^2}\mathrm{d}x = \left[3x - 2\arctan x\right]_{-1}^0 = 0 - \left(-3 + \frac{\pi}{2}\right) = 3 - \frac{\pi}{2}$.

注　运算熟练后,不需将不定积分的计算另外列出,而直接写在过程中.

例 5.2.3　求 $\displaystyle\int_0^{\pi/2} \sin^2 x\cos x\mathrm{d}x$.

解　$\displaystyle\int_0^{\pi/2} \sin^2 x\cos x\mathrm{d}x = \int_0^{\pi/2} \sin^2 x\mathrm{d}(\sin x) = \left[\frac{1}{3}\sin^3 x\right]_0^{\pi/2}$

$$= \frac{1}{3}\sin^3 \frac{\pi}{2} - 0 = \frac{1}{3}.$$

例 5.2.4　求极限: $\displaystyle\lim_{x\to 0} \frac{\displaystyle\int_0^x \mathrm{e}^{t^2}\mathrm{d}t}{x}$.

解　$\displaystyle\lim_{x\to 0} \frac{\displaystyle\int_0^x \mathrm{e}^{t^2}\mathrm{d}t}{x} = \lim_{x\to 0} \frac{\dfrac{\mathrm{d}}{\mathrm{d}x}\displaystyle\int_0^x \mathrm{e}^{t^2}\mathrm{d}t}{1} = \lim_{x\to 0}\mathrm{e}^{x^2} = 1.$

习　题　5.2

1. 计算下列各定积分:

(1) $\displaystyle\int_1^2 (x^2 + 4x - 1)\mathrm{d}x$;

(2) $\displaystyle\int_0^{\frac{\pi}{2}} \cos^3 x\sin x\mathrm{d}x$;

(3) $\displaystyle\int_0^1 \mathrm{e}^{2x}\mathrm{d}x$;

(4) $\displaystyle\int_1^2 \left(x + \frac{1}{x}\right)^2\mathrm{d}x$;

(5) $\displaystyle\int_0^1 (3^x + x^4)\mathrm{d}x$;

(6) $\displaystyle\int_0^{2\pi} |\sin x|\mathrm{d}x$;

(7) $\displaystyle\int_{-\pi}^{\pi}\cos 3x\mathrm{d}x$;　　　　　　(8) $\displaystyle\int_{-1}^{0}\frac{3x^4+3x^2+1}{x^2+1}\mathrm{d}x$.

2. 计算下列各函数的导数: $\varphi(x)=\displaystyle\int_{1}^{\sqrt{x}}\sqrt{1+t^2}\mathrm{d}t$.

3. 试计算 $\displaystyle\int_{-1}^{2}|1-x|\mathrm{d}x$.

4. 求由曲线 $y=-x^2+3x$ 与直线 $x=0$, $x=1$ 及 x 轴所围成的曲边梯形的面积.

5. 计算下列各定积分:

(1) $\displaystyle\int_{1}^{2}x\Big(\sqrt{x}+\frac{1}{x^2}\Big)\mathrm{d}x$;　　　　　(2) $\displaystyle\int_{0}^{2\sqrt{3}}\frac{1}{4+x^2}\mathrm{d}x$;

(3) $\displaystyle\int_{0}^{2}f(x)\mathrm{d}x$, 其中 $f(x)=\begin{cases}x, & x<1, \\ -3x, & x\geqslant 1.\end{cases}$

6. 求下列极限: $\displaystyle\lim_{x\to 0}\frac{\displaystyle\int_{1}^{\cos x}\mathrm{e}^t\mathrm{d}t}{x^2}$.

7. 试计算 $\displaystyle\int_{0}^{2}\max\{x^2, x\}\mathrm{d}x$.

8. 设函数 $f(x)$ 在 $[a, b]$ 上连续, 在 (a, b) 内可导且 $f'(x)\leqslant 0$, 试证明: $F(x)=\dfrac{1}{x-a}\displaystyle\int_{a}^{x}f(t)\mathrm{d}t$ 在 (a, b) 内有 $F'(x)\leqslant 0$.

9. 设 $f(x)$ 是连续函数, 已知 $f(x)=x+4\displaystyle\int_{0}^{1}f(t)\mathrm{d}t$, 求 $f(x)$.

5.3　定积分积分法

牛顿-莱布尼茨公式是定积分与不定积分的一座桥梁, 为定积分的计算提供了一种有效的方法. 与不定积分的计算类似, 有定积分计算的两种方法: 换元积分法和分部积分法.

5.3.1　定积分的换元积分法

定理 5.3.1　假设函数 $f(x)$ 在区间 $[a, b]$ 上连续, 若 $x=\varphi(t)$ 在 $[\alpha, \beta]$ (或 $[\beta, \alpha]$) 上具有连续导数 $\varphi'(t)$. 当 t 从 α 变到 β 时, $\varphi(t)$ 从 a 单调地变到 b. 且 $a=\varphi(\alpha)$, $b=\varphi(\beta)$, 则

$$\int_{a}^{b}f(x)\mathrm{d}x=\int_{\alpha}^{\beta}f[\varphi(t)]\varphi'(t)\mathrm{d}t.$$

上述公式称为定积分的**换元公式**.

例 5.3.1　求 $\int_0^4 \dfrac{x+2}{\sqrt{2x+1}}\,\mathrm{d}x$.

解　令 $t=\sqrt{2x+1}$，则 $x=\dfrac{t^2-1}{2}$，$\mathrm{d}x=t\mathrm{d}t$.

当 $x=0$ 时，$t=1$；当 $x=4$ 时，$t=3$. 于是

$$\int_0^4 \frac{x+2}{\sqrt{2x+1}}\,\mathrm{d}x=\int_1^3 \frac{\dfrac{t^2-1}{2}+2}{t}\,t\mathrm{d}t=\frac{1}{2}\int_1^3 (t^2+3)\,\mathrm{d}t$$

$$=\left[\frac{1}{2}\left(\frac{1}{3}t^3+3t\right)\right]_1^3=\frac{22}{3}.$$

注　作代换后，所得定积分的上、下限要相应换成新变量 t 的对应值. 有口诀：

"变元必变限，上限变上限，下限变下限".

根据定积分的几何意义，从几何直观上，显然有下述结论：

例 5.3.2　证明：若 $f(x)$ 在 $[-a,a]$ 连续，那么

$$\int_{-a}^a f(x)\,\mathrm{d}x=\begin{cases}0, & f(x) \text{为奇函数},\\ 2\int_0^a f(x)\,\mathrm{d}x, & f(x) \text{为偶函数}.\end{cases}$$

证　因为 $\int_{-a}^a f(x)\,\mathrm{d}x=\int_{-a}^0 f(x)\,\mathrm{d}x+\int_0^a f(x)\,\mathrm{d}x$，而

$$\int_{-a}^0 f(x)\,\mathrm{d}x\xlongequal{x=-t}\int_a^0 f(-t)\,\mathrm{d}(-t)=\int_0^a f(-t)\,\mathrm{d}t=\int_0^a f(-x)\,\mathrm{d}x,$$

所以　　　　　$\int_{-a}^a f(x)\,\mathrm{d}x=\int_0^a [f(-x)+f(x)]\,\mathrm{d}x.$

若 $f(x)$ 为奇函数，即 $f(-x)=-f(x)$，则 $\int_{-a}^a f(x)\,\mathrm{d}x=0$；

若 $f(x)$ 为偶函数，即 $f(-x)=f(x)$，则 $\int_{-a}^a f(x)\,\mathrm{d}x=2\int_0^a f(x)\,\mathrm{d}x.$

5.3.2　定积分的分部积分法

对等式 $[u(x)v(x)]'=u'(x)v(x)+u(x)v'(x)$ 左右两边同时在 $[a,b]$ 上求定积分，并注意到 $\int_a^b (uv)'\,\mathrm{d}x=[uv]_a^b$，得

$$[uv]_a^b = \int_a^b u'v\,\mathrm{d}x + \int_a^b uv'\,\mathrm{d}x,$$

即可得到下面定理.

定理 5.3.2 若函数 $u = u(x)$，$v = v(x)$ 在 $[a, b]$ 上都具有连续导数，那么

$$\int_a^b u\,\mathrm{d}v = [uv]_a^b - \int_a^b v\,\mathrm{d}u.$$

上式称为**定积分的分部积分公式**，从结构形式上看与不定积分的分部积分公式是一致的，运用该公式求定积分的方法叫做**定积分的分部积分法**.

例 5.3.3 求 $\int_0^{\pi/2} x\sin x\,\mathrm{d}x$.

解 $\displaystyle\int_0^{\pi/2} x\sin x\,\mathrm{d}x = -\int_0^{\pi/2} x\,\mathrm{d}\cos x = -x\cos x\Big|_0^{\pi/2} + \int_0^{\pi/2} \cos x\,\mathrm{d}x$

$\qquad = 0 + \sin x\Big|_0^{\pi/2} = 1.$

例 5.3.4 求 $\int_0^{\frac{\sqrt{3}}{2}} \arcsin x\,\mathrm{d}x$.

解 $\displaystyle\int_0^{\frac{\sqrt{3}}{2}} \arcsin x\,\mathrm{d}x = x\arcsin x\Big|_0^{\frac{\sqrt{3}}{2}} - \int_0^{\frac{\sqrt{3}}{2}} \frac{x}{\sqrt{1-x^2}}\,\mathrm{d}x$

$\qquad = \dfrac{\sqrt{3}}{2}\cdot\dfrac{\pi}{3} + \dfrac{1}{2}\int_0^{\frac{\sqrt{3}}{2}} (1-x^2)^{-\frac{1}{2}}\,\mathrm{d}(1-x^2)$

$\qquad = \dfrac{\sqrt{3}\pi}{6} + \sqrt{1-x^2}\,\Big|_0^{\frac{\sqrt{3}}{2}} = \dfrac{\sqrt{3}\pi}{6} - \dfrac{1}{2}.$

例 5.3.5 求 $\int_0^1 \mathrm{e}^{\sqrt{x}}\,\mathrm{d}x$.

解 这是一个较为典型的例题，要综合运用分部积分法和定积分的换元法.
设 $\sqrt{x} = t$，则

$$\int_0^1 \mathrm{e}^{\sqrt{x}}\,\mathrm{d}x = 2\int_0^1 t\mathrm{e}^t\,\mathrm{d}t = 2\int_0^1 t\,\mathrm{d}\mathrm{e}^t = 2\mathrm{e} - 2[\mathrm{e}^t]_0^1 = 2.$$

习　题　5.3

1. 计算下列定积分：

(1) $\displaystyle\int_{-1}^1 \frac{\mathrm{d}x}{(1+4x)^2}$;

(2) $\displaystyle\int_1^3 \frac{1}{x(1+\ln x)}\,\mathrm{d}x$;

(3) $\int_0^{\frac{\pi}{2}} \cos^3 x \sin x \mathrm{d}x$;　　　　　(4) $\int_{\frac{\pi}{6}}^{\frac{\pi}{2}} \cos^2 x \mathrm{d}x$;

(5) $\int_0^3 \dfrac{\mathrm{d}x}{x^2 + x - 2}$;　　　　　(6) $\int_0^4 \dfrac{1}{1 + \sqrt{x}} \mathrm{d}x$;

(7) $\int_0^2 x \mathrm{e}^{-\frac{x^2}{2}} \mathrm{d}x$;　　　　　(8) $\int_0^4 \dfrac{x}{\sqrt{1 + x}} \mathrm{d}x$.

2. 证明等式：$\int_0^a x^3 f(x^2) \mathrm{d}x = \dfrac{1}{2} \int_0^{a^2} x f(x) \mathrm{d}x$ （a 为正整数）.

3. 试求 $\int_{-50}^{50} \dfrac{x^4 \sin x}{1 + x^4} \mathrm{d}x$.（用函数奇偶性）

4. 计算下列定积分：

(1) $\int_1^3 x \ln x \mathrm{d}x$;　　　　　(2) $\int_0^1 t \mathrm{e}^t \mathrm{d}t$;

(3) $\int_e^{e^2} \dfrac{\ln x}{(x-1)^2} \mathrm{d}x$;　　　　　(4) $\int_{-1}^4 \ln(x+2) \mathrm{d}x$;

(5) $\int_0^{\frac{1}{2}} \arcsin x \mathrm{d}x$;　　　　　(6) $\int_0^{\frac{\pi}{2}} \mathrm{e}^x \sin x \mathrm{d}x$.

5. 计算下列定积分：

(1) $\int_0^6 \sqrt{36 - x^2} \mathrm{d}x$;　　　　　(2) $\int_0^\pi \sin\left(x + \dfrac{\pi}{4}\right) \mathrm{d}x$;

(3) $\int_2^3 \dfrac{1}{2x^2 + 3x - 2} \mathrm{d}x$;　　　　　(4) $\int_{-2}^0 \dfrac{1}{x^2 + 2x + 2} \mathrm{d}x$;

(5) $\int_{64}^{729} \dfrac{\sqrt[3]{x}}{x(\sqrt{x} - \sqrt[3]{x})} \mathrm{d}x$;　　　　　(6) $\int_1^2 \dfrac{1}{x^2} \mathrm{e}^{-\frac{1}{x}} \mathrm{d}x$.

6. 设 $f''(x)$ 在 $[0, 1]$ 上连续，且 $f(0) = 1$，$f(2) = 3$，$f'(2) = 5$，求 $\int_0^1 x f''(2x) \mathrm{d}x$.

7. 试求 $\int_{-5}^5 \dfrac{x^3 \sin^2 x}{x^4 + 2x^2 + 1} \mathrm{d}x$.

8. 计算下列定积分：

(1) $\int_0^1 \arctan x \mathrm{d}x$;　　　(2) $\int_{-\pi}^\pi |x| \sin x \mathrm{d}x$;　　　(3) $\int_1^e \ln^2 x \mathrm{d}x$.

5.4　定积分的应用

数学理论的出现总是源于解决实际问题，因而它的应用非常广泛，定积分也不例外. 我们可以将一些实际问题中有关量的计算归结为定积分的计算.

前面曲边梯形面积就是归结为定积分来计算的,其过程有口诀:"划分作近似,求和取极限",即将整体化成局部之和,利用整体上变化的量局部上近似于不变这一辩证关系,局部上以直代曲,以"不变"代表"变",这就是建立定积分数学模型的基本方法,也是利用定积分解决实际问题的基本思想.

5.4.1 定积分的元素法

首先来回顾一下曲边梯形的面积问题.

设 $y = f(x)$ 在区间 $[a, b]$ 上连续且 $f(x) \geqslant 0$,则以曲线 $y = f(x)$ 为曲边、$[a, b]$ 为底的曲边梯形的面积 A 可表示为定积分

$$A = \int_a^b f(x) \mathrm{d}x.$$

其分析方法和步骤如下:

第一步:**化零为整** 插入分点,将区间 $[a, b]$ 任意分为 n 个小区间 $[x_{i-1}, x_i]$ $(i = 1, 2, \cdots, n)$,相应得到 n 个小曲边梯形,小曲边梯形的面积记为 ΔA_i.

第二步:**以直代曲** 计算 ΔA_i 的近似值:$\Delta A_i \approx f(\xi_i) \Delta x_i$.

第三步:**积零为整** 求 ΔA_i 的近似值之和得 A 的近似值:$A \approx \sum_{i=1}^n f(\xi_i) \Delta x_i$.

第四步:**取极限** 求近似值的极限得精确值:$A = \lim_{\lambda \to 0} \sum_{i=1}^n f(\xi_i) \Delta x_i$,其中

$$\lambda = \max\{\Delta x_1, \Delta x_2, \cdots, \Delta x_n\}.$$

下面对上述四个步骤进行具体分析:

第一步指明了所求量(面积 A)具有可分性和可加性.

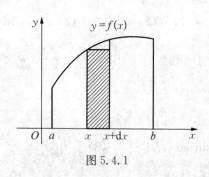

图 5.4.1

第二步是关键,这一步确定的 $\Delta A_i \approx f(\xi_i) \Delta x_i$ 是被积表达式 $f(x) \mathrm{d}x$ 的雏形. 为了简便起见,对 $\Delta A_i \approx f(\xi_i) \Delta x_i$ 省略下标,得 $\Delta A \approx f(\xi) \Delta x$,当 Δx 很小时,如图 5.4.1 所示,用 $[x, x + \mathrm{d}x]$ 表示 $[a, b]$ 内的任一小区间,区间长度为 $\mathrm{d}x$,ξ 无比靠近 x,通常称 $f(x) \mathrm{d}x$ 为**面积元素**,记为

$$\mathrm{d}A = f(x) \mathrm{d}x.$$

将三、四两步合并,即将这些面积元素在 $[a, b]$ 上"无限累加",就得到面积 A. 即

$$A = \int_a^b f(x) \mathrm{d}x.$$

　　总结一下,定积分的思想可以归纳成方法——**元素法**(也叫**微元法**),就是首先把一个大的、难的问题划分成若干个微小的、容易解决的问题;然后,将小问题的结果"求和"即可. 顺便提一下,积分号 $\int$ 本身就是英文单词 sum 首字母 s 的拉长,莱布尼茨当初对自己发明的这个积分号甚为满意.

　　用定积分来表达并计算量 A,其一般步骤如下:

　　(1) 确定积分变量和积分区间;

　　(2) 确"微元": $\mathrm{d}A = f(x)\mathrm{d}x$;

　　(3) 建立量 A 的积分表达式: $A = \int_a^b \mathrm{d}A = \int_a^b f(x)\mathrm{d}x$.

　　下面,通过具体的问题体会元素法的应用.

5.4.2　平面图形的面积

　　例 5.4.1　求由曲线 $y^2 = x$ 与 $y = x^2$ 所围成的封闭图形的面积.

　　解　这两条曲线所围成的图形,如图 5.4.2 所示. 为了定出图形所在的范围,先求这两条曲线的交点.

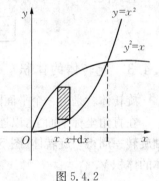

图 5.4.2

　　解方程组 $\begin{cases} y^2 = x, \\ y = x^2, \end{cases}$ 得解为 $\begin{cases} x = 0, \\ y = 0, \end{cases}$ 及 $\begin{cases} x = 1, \\ y = 1, \end{cases}$ 即两曲线相交于 $(0,0)$ 及 $(1,1)$. 而面积元素为 $\mathrm{d}A = (\sqrt{x} - x^2)\mathrm{d}x$,所以,所求面积为

$$A = \int_0^1 (\sqrt{x} - x^2)\mathrm{d}x = \frac{1}{3}.$$

　　例 5.4.2　求由抛物线 $y^2 = x + 2$ 与直线 $x - y = 0$ 所围图形的面积.

　　解　解方程组 $\begin{cases} y^2 = x + 2, \\ x - y = 0, \end{cases}$ 得两曲线交点为 $A(-1,\,-1)$ 及 $B(2,\,2)$,两曲线所围图形如图 5.4.3 所示. 取 y 为积分变量,积分区间为 $[-1, 2]$,由图形可得所求面积元素为

$$\mathrm{d}A = (y - y^2 + 2)\mathrm{d}y,$$

故所求面积为

$$A = \int_{-1}^{2} (y - y^2 + 2)\mathrm{d}y = \left[\frac{1}{2}y^2 - \frac{1}{3}y^3 + 2y \right]_{-1}^{2} = \frac{9}{2}.$$

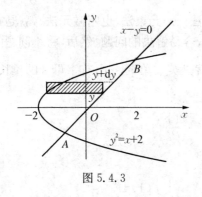

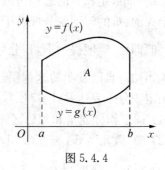

图 5.4.3   图 5.4.4

注 由连续曲线 $y=f(x)$，$y=g(x)$，且 $f(x)\geqslant g(x)$，直线 $x=a$，$x=b$（$a<b$）所围成平面图形（图 5.4.4）的面积为

$$A=\int_a^b \left[f(x)-g(x)\right]\mathrm{d}x.$$

有口诀：

> "投影找区间,穿刺找高度".

5.4.3 旋转体的体积

旋转体就是由一个平面图形绕该平面内的一条直线旋转一周而成的立体.

在直角坐标平面上,以连续曲线 $y=f(x)$ 为曲边、$[a,b]$ 为底的曲边梯形绕 x 轴旋转一周得一旋转体（图 5.4.5）,现在我们用定积分的元素法来计算这种旋转体的体积 V.

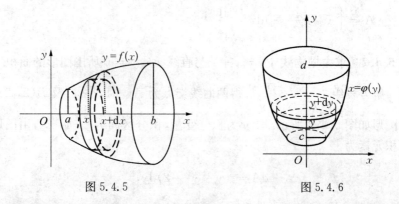

图 5.4.5   图 5.4.6

取横坐标 x 为积分变量,它的变化区间为 $[a,b]$. 如图 5.4.5 所示,对于 $[a,b]$ 上的任一小区间 $[x,x+\mathrm{d}x]$,相应部分图形的体积近似等于以 $f(x)$ 为底面半径、$\mathrm{d}x$ 为高的圆柱体的体积,从而得体积元素

$$dV = \pi \left[f(x) \right]^2 dx,$$

因此，所求旋转体的体积为

$$V = \pi \int_a^b \left[f(x) \right]^2 dx.$$

同理可得，以连续曲线 $x = \varphi(y)$ 为曲边，$[c, d]$ 为底的曲边梯形绕 y 轴旋转一周得旋转体(图 5.4.6)体积为

$$V = \pi \int_c^d \left[\varphi(y) \right]^2 dy.$$

例 5.4.3　求由曲线 $y = \sqrt{x}$、直线 $x = 1$ 及 x 轴所围成的图形绕 x 轴旋转一周而成的旋转体体积.

解　如图 5.4.7 所示，此立体实际就是由曲线 $y = \sqrt{x}$、直线 $x = 1$ 及 x 轴所围成的曲边梯形绕 x 轴旋转一周而成的旋转体.

故由上面公式可得，该旋转体的体积为

$$V = \int_0^1 \pi \left[f(x) \right]^2 dx = \pi \int_0^1 x dx = \frac{\pi}{2}.$$

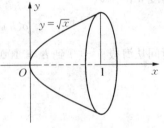

图 5.4.7

5.4.4　密度与质量

例 5.4.4　2011 年 12 月 17 日，法国洛里昂，一艘油轮被大风吹离航线发生原油泄漏(图 5.4.8)，致使以事故轮为中心，半径为 10 000 m 的圆形海域被严重污染. 现已测得距事故中心 r m 处，油膜密度为

图 5.4.8

$$\rho(r) = 22/(1+r) \ (\text{kg/m}^2),$$

试求出该海域原油的总质量.

解 由定积分微元法,不难想到所求总质量为

$$m = \int_0^{10\,000} \rho(r)\mathrm{d}S = \int_0^{10\,000} \frac{44\pi r}{1+r}\mathrm{d}r = 44\pi[r - \ln(1+r)]\Big|_0^{10\,000}$$

$$\approx 1\,381\,000(\text{kg}) = 1\,381(\text{t}),$$

即该海域所漏原油为 1 381 t.

思考题 如果地球大气层的大气温度是常数,那么大气中大气的密度是海拔高度 h 的函数

$$\rho(h) = 1.28\mathrm{e}^{-0.000\,124h} \ (\text{kg/m}^3),$$

请问从海拔 $h = 0$ 到 $h = 100$ m 之间大气的质量如何计算?

习 题 5.4

1. 求 $y = 4 - x^2$ 与 $y = 2$ 所围图形的面积.

2. 求抛物线 $y = x^2$ 将圆 $x^2 + y^2 \leqslant 2$ 分成的两个部分的面积.

3. 求 $y = \cos x \ \left(-\dfrac{\pi}{2} \leqslant x \leqslant \dfrac{\pi}{2}\right)$ 和 x 轴所围图绕 x 轴旋转所成立体的体积.

4. 求由下列曲线所围图形的面积:

(1) 直线 $x + 2y = 4$ 与抛物线 $y^2 = x + 4$;

(2) 曲线 $y = \dfrac{1}{x}$ 与直线 $y = x$ 及 $x = 2$.

5. 求由下列曲线所围成的图形,绕指定轴旋转所产生的旋转体的体积:

(1) 直线 $2x - y + 4 = 0, x = 0$ 及 $y = 0$ 所围图形绕 x 轴;

(2) 抛物线 $y^2 = x$ 与 $y = x^2$ 所围图形绕 y 轴.

6. 城市人口数的分布规律是:离市中心越近人口密度越大,离市中心越远,人口密度越小.若假设该城的边缘处人口密度为0,且以市中心为圆心,r 为半径的圆型区域上人口的分布密度为 $\rho(r) = 10\,000(20 - r) \ (\text{人/km}^2)$.试求出这个城市的人口总数 N.

总 习 题 5

(A)

1. 选择题.

(1) 函数 $f(x)$ 在 $[a, b]$ 上连续, 则下列等式不正确的是( ).

A. $\dfrac{\mathrm{d}}{\mathrm{d}x} \displaystyle\int_a^b f(x)\mathrm{d}x = 0$ B. $\displaystyle\int_a^a f(x)\mathrm{d}x = 0$

C. $\displaystyle\int_a^b f(x)\mathrm{d}x = \displaystyle\int_a^b f(t)\mathrm{d}t$ D. $\displaystyle\int f'(x)\mathrm{d}x = f(x)$

(2) 设 $f(x)$ 在 $[a, b]$ 上连续, $F(x) = \displaystyle\int_a^x f(t)\mathrm{d}t$, 则( ).

A. $F(x)$ 是 $f(x)$ 在 $[a, b]$ 上的一个原函数

B. $f(x)$ 是 $F(x)$ 在 $[a, b]$ 上的一个原函数

C. $F(x)$ 是 $f(x)$ 在 $[a, b]$ 上唯一的原函数

D. $f(x)$ 是 $F(x)$ 在 $[a, b]$ 上唯一的原函数

(3) 设 $f(x)$ 为连续函数, 则 $\displaystyle\int_0^1 f(x)\mathrm{d}x = ($).

A. $\displaystyle\int_0^{\frac{\pi}{2}} \cos x\, f(\sin x)\mathrm{d}x$ B. $\displaystyle\int_0^{\frac{\pi}{2}} \sin x\, f(\cos x)\mathrm{d}x$

C. $\displaystyle\int_0^{\frac{\pi}{2}} \cos x\, f(\cos x)\mathrm{d}x$ D. $\displaystyle\int_0^{\frac{\pi}{2}} \sin x\, f(\sin x)\mathrm{d}x$

(4) 下列各式中正确的是( ).

A. $\displaystyle\int_{\frac{1}{2}}^2 \ln x\,\mathrm{d}x > \displaystyle\int_1^2 \ln x\,\mathrm{d}x$ B. $\displaystyle\int_{\frac{1}{2}}^2 |\ln x|\,\mathrm{d}x > \displaystyle\int_1^2 \ln x\,\mathrm{d}x$

C. $\displaystyle\int_1^2 |\ln x|\,\mathrm{d}x > \displaystyle\int_1^2 \ln x\,\mathrm{d}x$ D. $\displaystyle\int_3^1 |\ln x|\,\mathrm{d}x > \displaystyle\int_2^1 \ln x\,\mathrm{d}x$

(5) 设 $f(x) = \begin{cases} \sqrt{x}, & 0 \leqslant x \leqslant 1, \\ \mathrm{e}^{-x}, & 1 < x \leqslant 3, \end{cases}$ 则 $\displaystyle\int_0^3 f(x)\mathrm{d}x = ($).

A. $2 - \mathrm{e}^{-3}$ B. $\dfrac{2}{3} + \mathrm{e}^{-1} - \mathrm{e}^{-3}$ C. 不存在 D. $\dfrac{4}{3} - \mathrm{e}^{-3}$.

(6) 下列( )的结果为零.

A. $x\ln x - x - \displaystyle\int \ln x\,\mathrm{d}x$ B. $\displaystyle\int_{-\infty}^{+\infty} \dfrac{x}{\sqrt{1+x^2}}\,\mathrm{d}x$

C. $\displaystyle\int_{-a}^a x[f(x) + f(-x)]\mathrm{d}x$ D. $\displaystyle\int_1^3 |x^2 - x - 2|\,\mathrm{d}x$

(7) $\int_0^x f(t)\mathrm{d}t = \dfrac{x^2}{4}$,则 $\int_0^4 \dfrac{1}{\sqrt{x}} f(\sqrt{x})\mathrm{d}x = ($ $)$.

    A. 16   B. 8   C. 4   D. 2

(8) 设函数 $f(x)$ 在 $(-\infty, +\infty)$ 内连续,且在 $x \neq 0$ 时可导,$F(x) = x\int_0^x f(t)\mathrm{d}t$,则下列结论正确的是(   ).

    A. $F''(x)$ 不存在   B. $F''(x)$ 存在且 $F''(0) = 0$

    C. $F''(x)$ 存在且 $F''(0) = 2f(0)$ D. $F''(x)$ 存在且 $F''(0) = f(0)$

(9) 使不等式 $\int_1^x \dfrac{\sin t}{t}\mathrm{d}t > \ln x$ 成立的 x 的范围是(   ).

    A. $(0, 1)$ B. $\left(1, \dfrac{\pi}{2}\right)$ C. $\left(\dfrac{\pi}{2}, \pi\right)$ D. $(\pi, +\infty)$

(10) 设 $f(x)$ 在 $[-a, a]$ 连续且为偶函数,$\phi(x) = \int_0^x f(t)\mathrm{d}t$,则(   ).

    A. $\phi(x)$ 是奇函数

    B. $\phi(x)$ 是非奇非偶函数

    C. $\phi(x)$ 是偶函数

    D. $\phi(x)$ 可能是奇函数,也可能是偶函数

2. 填空题.

(1) 设 $f(x) = \cos x$,则 $\int_0^\pi f(x)\mathrm{d}x =$ _____.

(2) $d\int_0^{x^2} \sqrt{1+t^2}\,\mathrm{d}t =$ _____ $\mathrm{d}x^2$.

(3) 曲线 $y = \cos x$ 与直线 $x = 0$,$x = \pi$,$y = 0$ 所围成平面图形面积等于_____.

(4) 已知 $y = \ln\left(\int_0^x \dfrac{\mathrm{d}t}{1+\sin^2 t}\right)$,则 $\dfrac{\mathrm{d}y}{\mathrm{d}x} =$ _____.

(5) $\int_{-\pi}^\pi x^3 \sin^2 x\mathrm{d}x =$ _____.

3. 计算下列积分:

(1) $\int_0^a (3x^2 - x)\mathrm{d}x$;   (2) $\int_0^3 x^3 \mathrm{e}^{x^2}\mathrm{d}x$;

(3) $\int_0^{\sqrt{2}} x\sqrt{2-x^2}\,\mathrm{d}x$;   (4) $\int_0^{\frac{\pi}{3}} \dfrac{x\mathrm{d}x}{\cos^2 x}$.

4. 设 $f(x) = \begin{cases} \sin x, & 0 \leqslant x \leqslant \pi/2 \\ 1, & \pi/2 < x \leqslant \pi \end{cases}$,求 $\Phi(x) = \int_0^x f(t)\mathrm{d}t$,并讨论 $\Phi(x)$ 在区间 $[0, \pi]$ 上的连续性.

5. 求由下列曲线所围图形的面积:

(1) $y = e^x$, $y = e^{-x}$, $x = 1$;

(2) $y = \ln x$, $x = 0$, $y = \ln a$, $y = \ln b$ $(b > a > 0)$.

6. 证明 $\dfrac{1}{2} \ln^2 x - \displaystyle\int_1^x \dfrac{\ln t}{1+t} \mathrm{d}t = \displaystyle\int_1^{\frac{1}{x}} \dfrac{\ln t}{1+t} \mathrm{d}t$ $(x > 0)$.

7. 设 $f''(x)$ 连续,且 $\displaystyle\int_0^{\pi} [f(x) + f''(x)] \sin x \mathrm{d}x = 5$, $f(\pi) = 0$, 求 $f(0)$ 的值.

8. 求极限:

(1) $\displaystyle\lim_{x \to 0} \dfrac{1}{x^3} \int_0^x \left(\dfrac{\sin t}{t} - 1 \right) \mathrm{d}t$;

(2) $\displaystyle\lim_{x \to 0} \dfrac{\left[\displaystyle\int_0^x \ln(1+t) \mathrm{d}t \right]^2}{x^4}$.

9. 若 $f(x)$ 在 $[0, 1]$ 上连续,试证明:

$$\int_0^{\pi} x f(\sin x) \mathrm{d}x = \dfrac{\pi}{2} \int_0^{\pi} f(\sin x) \mathrm{d}x,$$

并由此计算积分 $\displaystyle\int_0^{\pi} \dfrac{x \sin x}{1 + \cos^2 x} \mathrm{d}x$.

10. 已知早餐饼干总产量 Q 在时刻 t 的变化率为

$$Q'(t) = 250 + 32t - 0.6t^2 \,(\mathrm{kg/h}).$$

求从 $t = 2$ 到 $t = 4$ 这两小时之间的产量.

(B)

1. 填空题:

(1) $\displaystyle\int_{-1}^2 x \mathrm{d}x = $ _____ .

(2) $\left[\displaystyle\int_x^b f(t) \mathrm{d}t \right]' = $ _____ .

(3) 若 $\displaystyle\int_0^1 (2x + k) \mathrm{d}x = 2$,则 $k = $ _____ .

(4) 设 $f(u)$ 连续,a, b 均为常数且 $a \neq b$,则 $\dfrac{\mathrm{d}}{\mathrm{d}x} \displaystyle\int_a^b f(x+t) \mathrm{d}t = $ _____ .

2. 利用奇偶性计算下列定积分:

(1) $\displaystyle\int_{-\frac{1}{2}}^{\frac{1}{2}} \dfrac{(\arcsin x)^2}{\sqrt{1 - x^2}} \mathrm{d}x$;

(2) $\displaystyle\int_{-5}^5 \dfrac{x^2 \sin x^3}{x^4 + 2x^2 + 1} \mathrm{d}x$.

3. 计算 $\int_1^4 |3+2x-x^2|\,\mathrm{d}x$.

4. 求由下列曲线所围图形的面积:

(1) $y=\sqrt{x}$, $y=x$;　　　　　(2) $y=\dfrac{1}{x}$ 与 $y=x$, $x=2$.

5. 设函数 $f(x)$ 在 $[0,a]$ 上连续,证明 $\int_0^a f(x)\,\mathrm{d}x=\int_0^a f(a-x)\,\mathrm{d}x$.

6. 证明: $\int_0^1 x^m(1-x)^n\,\mathrm{d}x=\int_0^1 x^n(1-x)^m\,\mathrm{d}x$.

7. 已知物体运动的速度与时间的算术平方根成正比,时间从 $t=0$ 至 $t=4\ \mathrm{s}$ 时,物体经过的距离是 $56\ \mathrm{m}$,求距离 s 与时间 t 的函数关系式.

8. 求曲线 $y=x^2-2x$, $y=0$, $x=1$, $x=3$ 所围成的平面图形的面积 S,并求该平面图形绕 x 轴旋转一周所得旋转体的体积 V.

9. 周长为 8 的等腰三角形,绕其底边旋转,问腰长与底边长各为多少时,可得体积最大的旋转体?

10. 某地区居民购买手机的消费支出 $W(x)$ 的变化率(即 $W(x)$ 的导数)是居民总收入 x 的函数, $W'(x)=\dfrac{1}{200\sqrt{x}}$,当居民收入由 4 亿元增加至 9 亿元时,购买手机的消费支出增加多少?

阅读材料 5　定积分的历史和学习方法

定积分的原始思想可以追溯到古希腊.古希腊人在丈量形状不规则的土地的面积时,先尽可能地用规则图形(如矩形和三角形)把要丈量的土地分割成若干小块,并且忽略那些边边角角的不规则的小块.计算出每一小块规则图形的面积,然后将它们相加,就得到土地面积的近似值.后来看来,古希腊人丈量土地面积的方法就是面积思想的萌芽.

在 17 世纪之前,数学家们没有重视古希腊人的伟大思想,当时流行的方法是不可分量法.这种方法认为面积和体积可以看作是由不可分量的运动产生出来的.这种方法没有包含极限概念,也没有采用代数与算数的方法.因此,不可分量的思想没有取得成功.虽然积分概念未能很好地建立起来,然而,到牛顿那个年代,数学家们已经能够计算许多简单的函数的积分.

虽然 13 世纪就出现了利用分割区间作和式并计算面积的朦胧思想(奥雷姆,法国数学家),但是建立黎曼积分(即定积分)的严格定义的努力基本上由柯西开始.他比较早地用函数值的和式的极限定义积分(他还定义了广义积分).

但是柯西对于积分的定义仅限于连续函数. 1854 年,黎曼指出了积分的函数不一定是连续的或者分段连续的,从而把柯西建立的积分进行了推广. 他把可积函数类从连续函数扩大到在有限区间中具有无穷多个间断点的函数. 黎曼给出关于黎曼可积的两个充分必要条件,其中一个是考察函数 $f(x)$ 的振幅,另一个充分必要条件就是对于区间 $[a, b]$ 的每一个划分 $a = x_0 \leqslant x_1 \leqslant \cdots \leqslant x_n = b$,构造积分上和与积分下和:

$$S = \sum_{i=1}^{n} M_i \cdot \Delta x_i \qquad s = \sum_{i=1}^{n} m_i \cdot \Delta x_i,$$

其中 M_i 和 m_i 分别是函数 $f(x)$ 在每个子区间上的最大值和最小值. $f(x)$ 在 $[a, b]$ 黎曼可积的充分必要条件就是

$$\lim_{\max \Delta x \to 0} (S - s) = 0.$$

至今,这个定理仍然经常出现在微积分和数学分析的教科书中.

达布(法国数学家)对于黎曼的积分的定义作了推广. 他严格地证明了不连续函数,甚至有无穷多个间断点的函数,只要间断点可以被包含在长度可以任意小的有限个区间之内就是可积分的.

在牛顿和莱布尼茨之前,微分和积分作为两种数学运算、两种数学问题,是分别加以研究的. 虽然有不少数学家已经开始考虑微分和积分之间的联系,然而只有莱布尼茨和牛顿(各自独立地)将微分和积分真正沟通起来,明确地找到了两者之间内在的直接的联系,指出微分和积分是互逆的两种运算. 而这正是建立微积分的关键所在. 牛顿在 1666 年发表的著作《流数简论》中,从确定面积率的变化入手,通过反微分计算面积,把面积计算看成是求切线的逆. 从而得到了微积分基本定理. 在 1675 年,莱布尼茨就认识到,作为求和过程的积分是微分的逆. 他于 1675～1676 年给出了微积分基本定理 $\int_a^b \dfrac{\mathrm{d}f}{\mathrm{d}x} \mathrm{d}x = f(b) - f(a)$,并于 1693 年给出了这个定理的证明.

学习提示:

定积分与不定积分从某种意义上说,是完全不同的两个概念. 定积分的结果是一个具体的数值,而不定积分是全体原函数. 本章中著名的牛顿-莱布尼茨公式又恰好是定积分与不定积分的桥梁,要求解定积分,首先要找到被积函数的原函数,而求原函数是不定积分的内容. 这样,不定积分与定积分的知识就自然的衔接过渡,知识结构就像楼房一样,一层一层修建起来.

定积分概念的建立,是通过四个步骤完成的——"分割、近似、求和、取极

限",这是一种非常重要的思想方法,对很多实际问题的解决都有指导意义.

尽管定积分也有换元法和分部积分法,但是由于牛顿-莱布尼茨公式将定积分与不定积分紧密的联系在了一起,所以,求定积分时完全可以先求不定积分,再由积分上下限给出最终的结果.定积分计算本质上与不定积分是一致的,但是也要注意它们之间的细微差别,例如,不定积分换元后必须还原,而定积分则要注意换元必须换限.

第二篇

概率统计初步

概率论与数理统计是研究随机现象统计规律性的一个数学分支.概率论起源于赌博游戏.自 1654 年概率论作为一门数学分支诞生以来,三百多年里,概率论与和它一起发展起来的数理统计已经取得了巨大的成就,并被广泛应用于自然科学、人文社会科学、工程技术领域、医学与生命科学领域和国民生产的各个部门.本篇将简单介绍概率论和数理统计的一些基本知识,为同学们今后工作和深造奠定必要的统计基础.

第 6 章　随机变量

有了人类就有了取乐、消遣和赌博的种种游戏. 在一些简单的机会游戏中, 存在着不确定性和随机性, 如扔硬币、掷骰子和玩扑克等. 在数学上, 我们一次观察中可能出现也可能不出现的现象称为随机现象. 在一次观察中一定会出现的现象称为确定性现象, 如太阳从东方升起, 一个星期的天数等.

对随机现象进行一次观察称为随机试验. 在实际问题中, 随机试验的结果可以用数量来表示, 由此就产生了随机变量的概念. 例如, 掷一颗骰子面上出现的点数, 每天进入一号楼的人数, 昆虫的产卵都是数量结果. 在有些试验中, 试验结果看来与数值无关, 但我们可以引进一个变量来表示它的各种结果. 也就是说, 把试验结果数值化. 正如裁判员在运动场上不叫运动员的名字而叫号码一样, 二者建立了一种对应关系.

本章主要介绍随机变量、随机变量的分布律和分布函数、几种常见的离散型随机和连续型随机变量, 数学期望、方差和正态分布的应用.

6.1　随机变量及其分布

6.1.1　随机变量

例 6.1.1　向上掷一粒均匀的骰子, 观察出现的点数.

解　一粒均匀的骰子是一个正方体, 有 6 面, 每面分别刻上有 1 点、2 点、3 点、4 点、5 点和 6 点. 则向上掷一粒均匀的骰子, 出现的点数只可能是 1、2、3、4、5 和 6 各点中的一个.

我们把所有可能的结果组成的集合称为样本空间, 用 Ω 表示. 则向上掷一粒均匀的骰子观察出现的点数样本空间 $\Omega = \{1, 2, 3, 4, 5, 6\}$.

如果引入变量 X 表示向上掷一粒均匀的骰子出现的点数, 则 X 可能取 1, 2, 3, 4, 5 和 6 中的一个, 我们称 X 就是随机变量.

例 6.1.2　向上抛两枚均匀硬币, 观察出现正面的情况.

解 向上抛两枚均匀硬币,可能出现两个正面,一正面一个反面和两个反面. 如果引入变量 Y 表示正面的出现的个数,则 Y 可能取 $2,1$ 和 0 中的一个,则 Y 就是随机变量.

定义 6.1.1 用来表示随机试验结果的变量,就称为随机变量.

随机变量一般用大写的英文字母"X, Y, Z"表示,随机变量的取值用小写的英文字母"x, y, z"表示.

例如,某公共汽车站每隔 30 min 发一趟车,用 X 表示乘客候车的时间,则 $0 \leqslant X < 30$.

6.1.2 分布函数

定义 6.1.2 设有随机变量 X,对于任意的实数 x,称随机事件 $\{X \leqslant x\}$ 的概率 $P\{X \leqslant x\}$ 为随机变量的分布函数,记为 $F(x) = P\{X \leqslant x\}$.

定理 6.1.1 设随机变量 X 的分布函数为 $F(x)$,则

(1) $0 \leqslant F(x) \leqslant 1, x \in (-\infty, +\infty)$;

(2) $F(x)$ 是 x 的非降函数;

(3) $F(x)$ 右连续;

(4) $F(+\infty) = \lim\limits_{x \to +\infty} P\{X \leqslant x\} = 1$, $F(-\infty) = \lim\limits_{x \to -\infty} P\{X \leqslant x\} = 0$.

习 题 6.1

1. 判断下列函数哪些是分布函数:

(1) $F_1(x) = \dfrac{1}{2} + \dfrac{1}{\pi} \arctan x \ (-\infty < x \leqslant +\infty)$;

(2) $F_2(x) = \begin{cases} \dfrac{1}{2} + \dfrac{1}{2} \arcsin x, & -1 \leqslant x \leqslant 1, \\ 0, & \text{其他}; \end{cases}$

(3) $F_3(x) = |\sin x| \ (-\infty < x < +\infty)$;

(4) $F_4(x) = \cos x \ (-\infty < x < +\infty)$.

2. 已知随机变量 X 的分布函数为 $F(x)$,试将下列事件的概率用分布函数表示:

(1) $P\{X \leqslant 1\}$;

(2) $P\{X > 2\}$;

(3) $P\{1 < X \leqslant 5\}$;

(4) $P\{1 \leqslant X \leqslant 5\}$.

6.2 离散型随机变量

6.2.1 离散型随机变量及其分布律

定义 6.2.1 若随机变量 X 只能取有限个可能值或至多可列个可能值 x_1, x_2, $\cdots$, x_i, $\cdots$,则称 X 为离散型随机变量. 称

$$P\{X = x_i\} = p_i \quad (i = 1, 2, \cdots)$$

为随机变量 X 的概率分布律(简称分布律)

离散型随机变量 X 的分布律也可以用如下表格形式表示:

X	x_1	x_2	$\cdots$	x_k	$\cdots$
p_k	p_1	p_2	$\cdots$	p_k	$\cdots$

其中第一行表示 X 的一切可能的取值,第二行表示 X 取相应值的概率.

离散型随机变量 X 的分布律满足如下两条基本性质:

(1) **非负性** $p_i \geqslant 0 \ (i = 1, 2, \cdots)$;

(2) **规范性** $\sum\limits_{i=1}^{\infty} p_i = 1.$

离散型随机变量 X 的分布函数的计算公式:

$$F(x) = P\{X \leqslant x\} = \sum_{x_i \leqslant x} p_i.$$

例 6.2.1 给定离散型随机变量 X 的分布律如下:

X	0	1	2
p_k	$\dfrac{1}{10}$	$\dfrac{6}{10}$	$\dfrac{3}{10}$

(1) 求 X 的分布函数;

(2) 作出 $F(x)$ 的图形;

(3) 求 $P\{0 \leqslant X \leqslant 3/2\}$, $P\{1 \leqslant X < 3/2\}$, $P\{1 < X < 3/2\}$.

解 (1) 下面分区间讨论分布函数 $F(x)$.

对于 $x < 0$, $(-\infty, x]$ 内不含 X 的任何可能取值,故 $F(x) = 0$.

对于 $0 \leqslant x < 1$, $(-\infty, x]$ 内仅含点 $x_1 = 0$,从而

$$F(x) = P\{X \leqslant x\} = P\{X = 0\} = \frac{1}{10};$$

对于 $1 \leqslant x < 2$, $(-\infty, x]$ 内含点 $x_1 = 0$, $x_2 = 1$ 从而

$$F(x) = P\{X \leqslant x\} = P\{X = 0\} + P\{X = 1\} = \frac{1}{10} + \frac{6}{10} = \frac{7}{10};$$

对于 $x \geqslant 2$, $(-\infty, x]$ 内含点 $x_1 = 0$, $x_2 = 1$, $x_3 = 2$ 从而

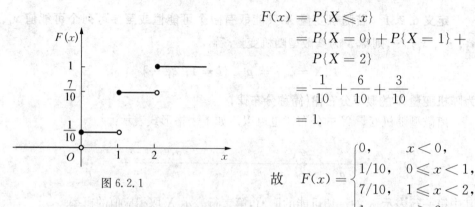

$$F(x) = P\{X \leqslant x\}$$
$$= P\{X = 0\} + P\{X = 1\} + P\{X = 2\}$$
$$= \frac{1}{10} + \frac{6}{10} + \frac{3}{10}$$
$$= 1.$$

图 6.2.1

故 $F(x) = \begin{cases} 0, & x < 0, \\ 1/10, & 0 \leqslant x < 1, \\ 7/10, & 1 \leqslant x < 2, \\ 1, & x \geqslant 2. \end{cases}$

(2) 分布函数 $F(x)$ 的图形如图 6.2.1 所示.

(3) $P\{0 \leqslant X \leqslant 3/2\} = P\{X = 0\} + P\{X = 1\} = \frac{1}{10} + \frac{6}{10} = \frac{7}{10}$,

$$P\{1 \leqslant X < 3/2\} = P\{X = 1\} = \frac{6}{10},$$

$$P\{1 < X < 3/2\} = P\{\varnothing\} = 0.$$

离散型随机变量在日常生活和工作中大量存在, 以下都是离散型随机变量的例子:

(1) 某公司明年一月份销售的计算机台数;

(2) 武汉国际广场下个星期接待的顾客数;

(3) 某学院教学楼 4 台电梯在某特定时刻能正常工作的台数;

(4) 下一年到西藏旅游的人数.

例 6.2.2 已知下列数据是某电梯一周内发生故障的次数 X 以及相应的概率:

故障次数 X	0	1	2	3
概率 p	0.15	0.20	0.35	a

(1) 试确定 a 的值;

(2) 求正好发生 2 次故障的概率;

(3) 求最多发生一次故障的概率;

(4) 求故障次数不超过 2 次的概率.

解 (1) 根据分布律满足的条件有

$$0.15 + 0.20 + 0.35 + a = 1,$$

因此 $a = 0.3$. 故随机变量 X 的分布律为

X	0	1	2	3
p	0.15	0.20	0.35	0.3

下面根据 X 的分布律,可以计算各概率.

(2) $P\{$"正好发生 2 次故障"$\} = P\{X = 2\} = 0.35.$

(3) $P\{$"至少发生一次故障"$\} = P(X \geqslant 1)$
$$= P\{X = 1\} + P\{X = 2\} + P\{X = 3\}$$
$$= 0.2 + 0.35 + 0.3 = 0.85.$$

(4) $P\{$"故障次数不超过 2 次"$\} = P(X \leqslant 2)$
$$= P\{X = 0\} + P\{X = 1\} + P\{X = 2\}$$
$$= 0.15 + 0.2 + 0.35 = 0.7.$$

对于(3)、(4)两问,也可以用对立事件计算其概率, $P\{X > x\} = 1 - P\{X \leqslant x\}$.

6.2.2 离散型随机变量的数学期望

随机变量的分布列包含了随机变量取值的一切信息,但是,有时我们并不需要随机变量取值的整体规律,只希望了解随机变量的一些特征信息,如集中程度和分散程度等.

对于随机变量的集中程度的一个度量就是**数学期望**.

定义 6.2.2 设随机变量 X 具有分布律 $P\{X = x_i\} = p_i \ (i = 1, 2, \cdots)$, 则称

$$\sum_i x_i p_i$$

为离散型随机变量 X 的数学期望,记为 $E(X)$ 或 EX.

数学期望实际上是 X 取值的平均值,只是这个平均值是以概率为权的加权平均,是概率意义下的平均值.

例 6.2.3 已知下列数据是某电梯一周内发生故障的次数 X 以及相应的概率:

故障次数 X	0	1	2	3
概率 p	0.15	0.20	0.35	0.3

求电梯一周内发生故障的次数的平均值.

解 $EX = 0 \times 0.15 + 1 \times 0.20 + 2 \times 0.35 + 3 \times 0.3 = 1.8.$

X 的数学期望为 1.8,也就是该电梯一周内发生故障的次数的平均值为 1.8次.

例 6.2.4 某出版社的历史数据表明,它所出版的图书任何一页所包含的印刷错误数 X 以及对应的概率如下所示:

X	0	1	2	3
概率 p	0.81	0.13	0.05	0.01

而另一个出版社出版图书任何一页所包含的印刷错误数 Y 以及对应的概率如下所示:

Y	0	1	2	3
概率 p	0.82	0.09	0.08	0.01

如果你要出版一本书,你应该选择哪一家出版社? 为什么?

解 两家出版社印刷错误数的数学期望分别为

$$EX = 0 \times 0.81 + 1 \times 0.13 + 2 \times 0.05 + 3 \times 0.01 = 0.26,$$

$$EY = 0 \times 0.82 + 1 \times 0.09 + 2 \times 0.08 + 3 \times 0.01 = 0.28.$$

因为第二家出版社每页的平均值印刷错误数为 0.28,高于第一家出版社的每页的平均值印刷错误数,故应该选择第一家出版社.

定义 6.2.3 如果 X 是一个离散型随机变量,它的分布律为

$$P\{X = x_i\} = p_i \quad (i = 1, 2, \cdots),$$

设 $g(x)$ 是 x 的一个一元函数,则称

$$\sum_i g(x_i) p_i$$

为随机变量函数 $g(X)$ 的数学期望,记为 $E[g(X)]$.

当 $g(x) = a + bX$ 时(其中 a 和 b 都是常数),我们有

$$E[g(X)] = E(a + bX) = a + bE(X).$$

当 $b = 0$ 时,有 $E(a) = a$.

结论 6.2.1 常数的数学期望就是它自己.

6.2.3 离散型随机变量的方差

对随机变量的离散程度的一个度量就是**方差**.

定义6.2.4 设随机变量 X 具有分布律 $P\{X=x_i\}=p_i$ $(i=1, 2, \cdots)$，它的数学期望为 μ，则

$$E[(X-\mu)^2]=\sum_i (x_i-\mu)^2 p_i$$

为离散型随机变量 X 的方差，记为 $D(X)$，DX 或 σ^2。X 的标准差为 $\sqrt{DX}$ 或 σ。

我们称 $X-EX$ 为随机变量 X 关于它的期望的离差。由方差的定义，方差就是离差平方的数学期望，即离差平方的平均值。因此，方差 DX 小说明随机变量 X 的分布比较集中；当方差 DX 大说明随机变量 X 的分布比较分散。

当 X 是产品某项技术指标的度量时，方差 DX 就是刻画产品质量稳定程度的指标。标准差和原随机变量具有相同的单位。

例6.2.5 以例6.2.4中的数据，计算两家出版社平均每页印刷错误的方差和标准差。

解 分两家出版社平均每页印刷错误的方差和标准差分别为

$$DX=(0-0.26)^2\times0.81+(1-0.26)^2\times0.13$$
$$+(2-0.26)^2\times0.05+(3-0.26)^2\times0.01=0.3524,$$
$$\sqrt{DX}=0.5936;$$
$$DY=(0-0.28)^2\times0.82+(1-0.28)^2\times0.09$$
$$+(2-0.28)^2\times0.08+(3-0.28)^2\times0.01=0.4216,$$
$$\sqrt{DY}=0.6493.$$

因为 $DX<DY$（或 $\sqrt{DX}<\sqrt{DY}$），我们可以认定第一家出版社的印刷质量比第二家出版社更稳定些。同时 $EX<EY$，我们认为第一家出版社的印刷质量比第二家出版社的高，因此应该选择第一家出版社。

方差的简便计算公式：因为

$$E[(X-\mu)^2]=E[X^2-2\mu X+\mu^2]=E(X^2)-(EX)^2,$$

所以方差有以下计算公式

$$DX=E(X^2)-(EX)^2.$$

设 a 和 b 都是常数，X 为离散性随机变量，则 $D(a+bX)=b^2D(X)$。

特别地，当 $b=0$ 时，$D(a)=0$。

结论6.2.2 常数的方差等于0。

例6.2.6 某学校教师的年收入由两部分组成：基本工资加课时费。假设某教师的基本工资为 60 000 元，他每年的总课时是一个随机变量 X，且 X 的分布律

如下：

X	320	450	600
概率 p	0.6	0.3	0.1

课时费为 35 元/课时，求该名教师年收入的期望值和标准差.

解 该教师的年收入是一个随机变量 Y，它是总课时 X 的函数

$$Y = 60\,000 + 35X,$$

而 $E(X) = 320 \times 0.6 + 450 \times 0.3 + 600 \times 0.1 = 387(\text{课时}),$

因此，该教师年收入的期望值为

$$E(Y) = E(60\,000 + 35X) = 60\,000 + 35 \times 387 = 73\,545(\text{元}).$$

该教师总课时的标准差为

$$\sqrt{DX} = \sqrt{(320-387)^2 \times 0.60 + (450-387)^2 \times 0.30 + (600-387)^2 \times 0.1}$$
$$= \sqrt{8421} = 91.8.$$

因此，该教师年收入的标准差为

$$\sqrt{DY} = \sqrt{35^2 DX} = 35\sqrt{DX} = 35 \times 91.8 = 3213.$$

6.2.4 三种常见的离散型分布

常见的分布有下面三种，即**两点分布、二项分布、泊松分布**，它们在实际中有重要的应用.

1. 两点分布(0-1 分布)

定义 6.2.5 设离散型随机变量 X 的分布律为

X	0	1
p	$1-p$	p

其中 $0 < p < 1$，则称 X 服从参数为 p 的两点分布，也称 X 服从 0-1 分布，简记为 $X \sim B(1, p)$.

如 $X \sim B(1, p)$，则有 $E(X) = p$，$D(X) = p(1-p)$.

两点分布可用来描述一切只有两种可能结果的随机试验. 例如，掷一枚均匀硬币是出现正面还是反面；产品质量是合格还是不合格；汽车在交通路口是通过还是停止等试验.

2. 二项分布

设随机试验具有两个可能的结果 A 和 $\bar{A}$，且有 $P(A) = p$，$P(\bar{A}) = 1-p$. 这

样的试验称为**伯努利试验**.

将上述**伯努利试验**独立地进行 n 次,则称这一重复独立的试验为 n **重伯努利试验**.

以下都是 n **重伯努利试验**的例子:

(1) 从一大批产品中独立地抽取 n 个产品,检验它们是合格品还是废品的试验;

(2) 一个同学在相同的条件下投篮 n 次,观察投篮命中与不命中的试验.

在现实生活中,伯努利试验是常见的,也是很重要的数学模型.

定义 6.2.6 设离散型随机变量 X 的分布律为

$$P\{X=k\} = C_n^k p^k (1-p)^{n-k} \quad (k=0, 1, \cdots, n).$$

称随机变量 X 服从参数为 n, p 的**二项分布**,记为 $X \sim B(n, p)$.

在 n 重伯努利试验中,用 X 表示事件 A 发生的次数,则 X 的所有可能的取值为 $0,1,2,\cdots,n$,而 X 取值 k 的概率为

$$P\{X=k\} = C_n^k p^k (1-p)^{n-k} \quad (k=0, 1, \cdots, n).$$

则 $X \sim B(n, p)$.

当 $n=1$ 时,二项分布退化为 0-1 分布.

通过计算可知,参数为 n, p 的二项分布的数学期望和方差分别为

$$E(X) = np, \qquad D(X) = np(1-p).$$

例 6.2.7 已知一个篮球运动员投篮的命中率为 0.8,如果他独立重复地投篮 10 次,X 表示命中的次数,试求:(1) 恰好命中 8 次的概率;(2) 至少命中 8 次的概率;(3) 不多于 8 次的概率;(4) $E(X)$ 和 $D(X)$.

解 由题意有 $X \sim B(10, 0.8)$.

(1) $P\{\text{“恰好命中 8 次”}\} = P\{X=8\} = C_{10}^8 0.8^8 (1-0.8)^2 \approx 0.302$.

(2) $P\{\text{“至少命中 8 次”}\} = P\{X \geqslant 8\} = P\{X=8\} + P\{X=9\} + P\{X=10\}$
$$= C_{10}^8 0.8^8 (1-0.8)^2 + C_{10}^9 0.8^9 (1-0.8) + C_{10}^{10} 0.8^{10}$$
$$\approx 0.3020 + 0.2416 + 0.1074 = 0.6510.$$

(3) $P\{\text{“命中次数不多于 8 次”}\} = P\{X \leqslant 8\} = 1 - P\{X > 8\}$
$$= 1 - P\{X=9\} - P\{X=10\}$$
$$= 1 - C_{10}^9 0.8^9 (1-0.8) - C_{10}^{10} 0.8^{10}$$
$$\approx 1 - 0.2416 - 0.1074 = 0.6510.$$

例 6.2.8 设有一专家决策系统,其中每个专家作出的决策互不影响,且每个专家作出正确决策的概率均为 p $(0<p<1)$.当占半数以上专家作出正确决策时,系统作出正确决策,问 p 多大时,5 个专家的决策系统比 3 个专家的决策系统更

可靠?

解 根据题意,对于有 n 个专家的决策系统,可以认为是 n 重伯努力试验,每个专家要么作出正确决策("成功"),要么作出错误决策("失败"),决策正确的概率是 p,决策错误的概率是 $1-p$.

设 X 是作出正确决策专家的个数,则 $X \sim B(n, p)$.

对于 5 个专家的决策系统,则 $X \sim B(5, p)$;对于 3 个专家的决策系统,则 $X \sim B(3, p)$.

在 5 个专家的决策系统,作出正确的概率为

$$P\{X \geqslant 3\} = P\{X = 3\} + P\{X = 4\} + P\{X = 5\}$$
$$= C_5^3 p^3 (1-p)^3 + C_5^4 p^4 (1-p) + p^5.$$

在 3 个专家的决策系统,作出正确的概率为

$$P\{X \geqslant 2\} = P\{X = 2\} + P\{X = 3\} = C_3^2 p^2 (1-p) + p^3.$$

要使 5 个专家的决策系统比 3 个专家的决策系统更可靠,必须有

$$C_5^3 p^3 (1-p)^3 + C_5^4 p^4 (1-p) + p^5 > C_3^2 p^2 (1-p) + p^3,$$

即当 $p > 1/2$ 时可满足此要求.

由此题的结论可见,要使一个专家系统更可靠,提高系统每个专家的素质是非常重要的. 所谓"韩信用兵,多多益善"不适用所有的场合.

利用二项分布计算概率时,若 n 较大,计算是相当麻烦的. 为了简化其计算,我们可以用泊松分布近似计算.

3. 泊松分布

定义 6.2.7 设离散型随机变量 X 取值为 $0, 1, 2, \cdots$,且取各个值的概率为

$$P\{X = k\} = \frac{\lambda^k e^{-\lambda}}{k!} \quad (k = 0, 1, 2 \cdots),$$

则称 X 服从参数为 λ $(\lambda > 0)$ 的泊松分布,记为 $X \sim P(\lambda)$.

容易计算泊松分布 $X \sim P(\lambda)$ 的数学期望 $E(X) = \lambda$,方差为 $D(X) = \lambda$.

泊松分布常常被用来描述在一个指定的时间内某一事件发生次数的分布,例如:

(1) 某公交车站在某一时段达到的顾客数的分布;

(2) 银行某窗口在某一时段接待的顾客数的分布;

(3) 某电梯一星期发生故障次数的分布;

(4) 某医院急救中心一周救助的病人数的分布.

在二项分布 $B(n, p)$ 中,若 $n \geqslant 20$,$p \leqslant 0.05$ 时,取 $\lambda = np$,则有如下概率近

似计算公式：

$$C_n^k p^k (1-p)^{n-k} \approx \frac{\lambda^k e^{-\lambda}}{k!} \quad (k = 0, 1, 2, \cdots, n).$$

习 题 6.2

1. 将一枚硬币投两次，X 表示 2 次正面向上的次数，试求 X 的分布律，并验证它满足分布列的两个基本性质.

2. 箱子中有 5 个同样的球，编号为 1,2,3,4,5，从中任取 3 个球，以 X 表示取出 3 个球中最小号码，试求：(1) X 的分布律；(2) EX，DX.

3. 在 50 件同类产品中有 5 件次品，从中任取 5 件，用 X 表示 5 次抽取中取出的次品数，试求出 X 的分布律.

4. 已知一离散型随机变量 X 的分布律为 $P\{X=k\} = a\dfrac{k}{6}$ $(k=1, 2, 3, 4,$ $5, 6)$，试确定常数 a.

5. 设离散型随机变量 X 的分布律为 $P\{X=k\} = \dfrac{k}{15}$ $(k=1, 2, 3, 4, 5)$，试求：

(1) $P\{1/2 < X < 5/2\}$；

(2) $P\{4 \leqslant X < 6\}$；

(3) EX，DX.

6. 甲、乙两台机床生产同一种零件，经统计得出甲乙两机床每天生产的次品数 X，Y 的分布分别为

X	0	1	2	3
概率 p	0.4	0.3	0.2	0.1

Y	0	1	2
概率 p	0.3	0.5	0.2

如果两台机床的产量相同，试比较它们的生产质量.

7. 射击比赛，每人射击 3 次（每次一发），规定全部不中得 0 分，只中一发得 30 分，中两发得 60 分，中三发得 100 分. 若某射手每次的命中率为 0.7，问他期望能得多少分？

8. 试求出两点分布、泊松分布、二项分布的数学期望和方差.

9. 已知 $X \sim B(100, 0.5)$，$Y = 2X + 10$，求 EY，DY.

6.3 连续型随机变量

6.3.1 连续型随机变量及其概率密度

上面我们讨论了取值是有限个或者是可列个的离散型随机变量. 在实际问题中,我们常遇到的是另一类取值充满一个区间里的随机变量,如某地区的气温、某电子元件的寿命、乘客候车的时间等,这类随机变量称为连续随机变量,下面给它下一个确切的定义.

定义 6.3.1 对于随机变量 X,如果存在非负可积函数 $p(x)$ $(x\in\mathbf{R})$,使得 X 落在任意区间(a,b)的概率为

$$P\{a < X < b\} = \int_a^b p(x)\mathrm{d}x,$$

则称 X 为连续性随机变量;并称 $p(x)$ 是 X 的概率密度函数,简称概率密度. $p(x)$ 的图形称为随机变量 X 概率密度曲线.

由定积分的几何意义可知,概率 $P\{a < X < b\}$ 的大小正好是由曲线 $y = p(x)$,直线 $x = a$, $x = b$ 以及横轴所围成曲边梯形的面积,如图 6.3.1 所示.

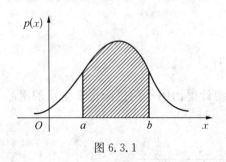

图 6.3.1

概率密度函数 $p(x)$ 有下列性质:

(1) $p(x) \geqslant 0$ $(-\infty < x < \infty)$;

(2) $\int_{-\infty}^{+\infty} p(x)\mathrm{d}x = 1$.

例 6.3.1 设连续型随机变量 X 的概率密度函数为

$$p(x) = A\mathrm{e}^{-|x|} \quad (-\infty < x < +\infty).$$

求(1) 系数 A;(2) $P\{X \in (0,1)\}$.

解 (1)由概率密度函数的基本性质有

$$\int_{-\infty}^{+\infty} A\mathrm{e}^{-|x|}\mathrm{d}x = 1.$$

又

$$\int_{-\infty}^{+\infty} A\mathrm{e}^{-|x|}\mathrm{d}x = A\left(\int_{-\infty}^{0} \mathrm{e}^{x}\mathrm{d}x + \int_{0}^{+\infty} \mathrm{e}^{-x}\mathrm{d}x\right) = 2A,$$

得

$$A = \frac{1}{2}.$$

(2) $P\{X \in (0,1)\} = \int_0^1 \frac{1}{2}\mathrm{e}^{-x}\mathrm{d}x = \frac{1}{2}(1 - \mathrm{e}^{-1}).$

6.3.2 连续型随机变量的数学期望和方差

在第 6.2 节,我们介绍了离散型随机变量的数学期望概念和计算方法,由于连续型随机变量取任何特定值的概率为 0,离散型随机变量数学期望的定义显然不适合连续型随机变量情形,下面我们介绍连续型的数学期望和方差定义.

定义 6.3.2 若连续型随机变量 X 的概率密度函数为 $p(x)$,则称 $\int_{-\infty}^{+\infty} xp(x)\mathrm{d}x$ 为 X 的数学期望,简称期望或均值,记为 $E(X)$.

注 $p(x)\mathrm{d}x$ 是概率元素,既可以看成随机变量 X 取值为 x 时的概率,由于 X 是连续型随机变量,以概率为权的加权平均值只能用积分表示.

定义 6.3.3 若连续型随机变量 X 的概率密度函数为 $p(x)$,数学期望为 μ,则称 $\int_{-\infty}^{+\infty}(x-\mu)^2 p(x)\mathrm{d}x$ 为 X 的方差,记为 $D(X)$.

对于连续型随机变量,方差同样有下列计算公式:

$$D(X) = E(X^2) - (EX)^2.$$

例 6.3.2 设某地区汛期一周内最高水位(单位: m)X 的概率密度如下:

$$p(x) = \begin{cases} 10/3, & 29.20 \leqslant x \leqslant 29.50, \\ 0, & \text{其他}. \end{cases}$$

求(1) 该周内最高水位超过 29.4 m 的概率;(2) 汛期一周内最高水位 X 的均值.

解 (1) 该周内最高水位超过 29.4 m 概率为

$$P\{X > 29.40\} = \int_{29.40}^{+\infty} p(x)\mathrm{d}x = \int_{29.40}^{29.50} \frac{10}{3}\mathrm{d}x = \frac{1}{3}.$$

(2) 一周内最高水位 X 的均值就是 X 的数学期望 $E(X)$,

$$E(X) = \int_{-\infty}^{+\infty} xp(x)\mathrm{d}x = \int_{29.20}^{29.50} \frac{10}{3}x\mathrm{d}x = 29.35(\mathrm{m}),$$

即汛期的一周内最高水位的平均值为 29.35 m.

6.3.3 正态分布

正态分布是一种重要的连续性随机变量,在现实生活和生产实践中,大多数随机变量服从或近似服从正态分布.正态分布在统计学中有着重要的应用.下面我们就系统学习正态分布.

定义 6.3.4 如果随机变量 X 的概率密度函数为

$$p(x) = \frac{1}{\sqrt{2\pi}\sigma} e^{-\frac{(x-\mu)^2}{2\sigma^2}} \quad (-\infty < x < +\infty),$$

则称 **X 服从正态分布**,其中 **μ** 和 **σ** 为参数,**σ > 0**,记为 **X ~ N(μ, σ²)**.

经计算,$E(X) = \mu$, $D(X) = \sigma^2$.

正态分布的密度函数 $p(x)$ 的图形(图 6.3.2)显钟形,曲线关于直线 $x = \mu$ 对称;在 $x = \mu \pm \sigma$ 处有拐点. 当 $x \to \pm\infty$ 时,曲线以直线 $y = 0$ 为渐近线;当 σ 大时,曲线平缓;当 σ 小时,曲线陡峭(图 6.3.3). 曲线在 $x = \mu$ 处达到最大值.

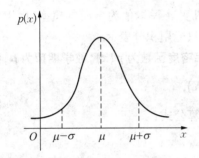

图 6.3.2

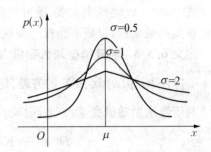

图 6.3.3

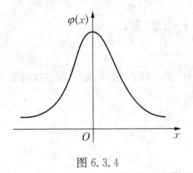

图 6.3.4

特别地,称 $\mu = 0, \sigma^2 = 1$ 的正态分布为**标准正态分布**,记为 $N(0,1)$,其概率密度函数

$$\varphi(x) = \frac{1}{\sqrt{2\pi}} e^{-\frac{x^2}{2}} \quad (-\infty < x < +\infty).$$

它的图像关于 $x = 0$ 对称,如图 6.3.4 所示.

习 题 6.3

1. 设随机变量 X 的概率密度函数为

$$p(x) = \begin{cases} 2(1-x), & 0 \leqslant x \leqslant 1, \\ 0, & \text{其他.} \end{cases}$$

试求 (1) $P\{X \geqslant 0.5\}$;(2) $E(X)$, $D(X)$.

2. 设连续型随机变量 X 的概率密度为

$$p(x) = \begin{cases} kx, & 0 \leqslant x \leqslant 1, \\ 0, & \text{其他.} \end{cases}$$

试求(1) 参数 k;(2) $E(X)$,$D(X)$.

3. 某种型号日光灯管的使用寿命(单位:h)X 服从参数为 $\lambda = \dfrac{1}{2000}$ 的指数分布,即概率密度为

$$p(x) = \begin{cases} \dfrac{1}{2000}\mathrm{e}^{-\frac{1}{2000}x}, & x \geqslant 0, \\ 0, & \text{其他.} \end{cases}$$

试求 (1) $P\{X \geqslant 1000\}$;(2) 日光灯管的平均使用寿命.

4. 某公交车站 55 路汽车的每天的运营时间是 6:00~23:00,每隔 15 min 一趟,一乘客每天到达车站的时刻 X 在 7:00~7:30 之间服从均匀分布,即 X 的概率密度为

$$p(x) = \begin{cases} \dfrac{1}{30}, & 0 \leqslant x \leqslant 30, \\ 0, & \text{其他.} \end{cases}$$

试求(1) 他候车时间不超过 5 分钟的概率;(2) 求 EX.(3) EX 在此说明了什么?

5. 设 X 是连续型随机变量,证明 $P\{X = a\} = 0$,其中 a 为常数.

6. 设随机变量 X 的概率密度为

$$f(x) = \begin{cases} 1+x, & -1 \leqslant x \leqslant 0, \\ 1-x, & 0 < x \leqslant 1, \\ 0, & \text{其他.} \end{cases}$$

试求 (1) $P\{0.5 < X < 1\}$;(2) $E(X)$,$D(X)$.

7. 设随机变量 $X \sim N(80, 100)$,$Y = \dfrac{X-80}{10}$,求 $E(Y)$,$D(Y)$.

6.4 正态分布的计算与应用

6.4.1 正态分布计算的查表法

因为正态分布是常用的分布,为了便于计算随机变量落在任意区间上的概率,人们编制了标准正态分布函数数值表(见本书后附录).

下面我们分析附表的构造,并给出查表的方法.

1. 表的构造

(1) 此表头为 $\Phi(x) = \displaystyle\int_{-\infty}^{x} \dfrac{1}{\sqrt{2\pi}}\mathrm{e}^{-\frac{t^2}{2}}\mathrm{d}t$,而标准正态分布 X 的密度函数为

$\varphi(x) = \dfrac{1}{\sqrt{2\pi}} \mathrm{e}^{-\frac{x^2}{2}}$，因此随机变量 X 在区间 $(-\infty, x]$ 上的概率为 $\Phi(x)$. 即

$$P\{-\infty < X \leqslant x\} = \int_{-\infty}^{x} \frac{1}{\sqrt{2\pi}} \mathrm{e}^{-\frac{t^2}{2}} \mathrm{d}t = \Phi(x).$$

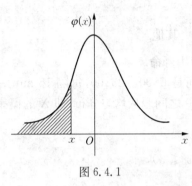

图 6.4.1

（2）从积分的几何意义上讲，$\Phi(x)$ 就是曲线 $\varphi(x) = \dfrac{1}{\sqrt{2\pi}} \mathrm{e}^{-\frac{x^2}{2}}$ 在积分区间 $(-\infty, x]$ 上的面积，从而也称 $\Phi(x)$ 为面积函数，如图 6.4.1 所示. 显然 $\displaystyle\int_{-\infty}^{+\infty} \frac{1}{\sqrt{2\pi}} \mathrm{e}^{-\frac{t^2}{2}} \mathrm{d}t = 1$，即 $\Phi(x) \to 1 \ (x \to +\infty)$；当 $x \to -\infty$ 时，$\Phi(x) \to 0$；而当 $x = 0$ 时，由于对称性，$\Phi(0) = \dfrac{1}{2}$.

（3）表的取值范围：表的第一列给出 $\Phi(x)$ 的自变量 x 从 $0.0 \sim 3.0$ 的间隔为 0.1 的取值，表的第一行为自变量 x 的第二位小数间隔为 0.01 的取值，每行和每列相交的数值为 $\Phi(x)$ 精确到小数点后面四位的值.

2. 查表法

（1）$X \sim N(0,1)$，求 $P\{X \leqslant x\}$，其中 $x > 0$.

由于 $P\{X \leqslant x\} = \Phi(x)$，故根据给定的 x，查出相应的 $\Phi(x)$ 的值.

（2）$X \sim N(0,1)$，求 $P\{X \leqslant -x\}$，其中 $x > 0$.

由于 $P\{X \leqslant -x\} = \Phi(-x)$，可以利用被积函数 $\varphi(x) = \dfrac{1}{\sqrt{2\pi}} \mathrm{e}^{-\frac{x^2}{2}}$ 的对称性：

$\Phi(-x) = 1 - \Phi(x)$，如图 6.4.2 所示.

（3）$X \sim N(0,1)$，求 $P\{x_1 < X \leqslant x_2\}$.

$$P\{x_1 < X \leqslant x_2\} = \int_{x_1}^{x_2} \frac{1}{\sqrt{2\pi}} \mathrm{e}^{-\frac{t^2}{2}} \mathrm{d}t,$$

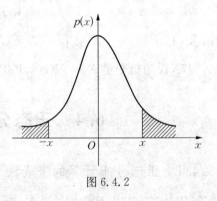

图 6.4.2

由定积分的几何意义，只要求出两个面积的差：

$$P\{x_1 < X \leqslant x_2\} = \int_{-\infty}^{x_2} \frac{1}{\sqrt{2\pi}} \mathrm{e}^{-\frac{t^2}{2}} \mathrm{d}t - \int_{-\infty}^{x_1} \frac{1}{\sqrt{2\pi}} \mathrm{e}^{-\frac{t^2}{2}} \mathrm{d}t = \Phi(x_2) - \Phi(x_1),$$

分别查出 $\Phi(x_2)$ 和 $\Phi(x_1)$，就可以求出 $\Phi(x_2) - \Phi(x_1)$.

(4) 在 $X \sim N(\mu, \sigma^2)$, 即在非标准正态分布的情况.

令 $Y = \dfrac{X - \mu}{\sigma}$, 则有 $Y \sim N(0, 1)$. 再用上述方法查附表即可.

下面用几个实例来说明, 如何用查表法计算服从正态分布的随机变量在任一区间上取值的概率.

例 6.4.1 设 $X \sim N(0, 1)$, 求 (1) $P\{X \leqslant 2.35\}$; (2) $P\{X \leqslant -1.25\}$; (3) $P\{|X| \leqslant 1.55\}$.

解 这三个小题可分别用查表法中的 (1)、(2)、(3) 来解.

(1) $P\{X \leqslant 2.35\} = \Phi(2.35) \xlongequal{\text{查表}} 0.9906$.

(2) $P\{X \leqslant -1.25\} = \Phi(-1.25) = 1 - \Phi(1.25) = 1 - 0.8944 = 0.1056$.

(3) $P\{|X| \leqslant 1.55\} = P\{-1.55 \leqslant X \leqslant 1.55\} = \Phi(1.55) - \Phi(-1.55)$
$$= 2\Phi(1.55) - 1 = 2 \times 0.9394 - 1 = 0.8788.$$

例 6.4.2 设 $X \sim N(1, 2^2)$, 求 $P\{0 < X \leqslant 5\}$.

解 此题用查表法中的方法 (4) 来解.

$$P\{0 < X \leqslant 5\} = P\left\{\frac{0-1}{2} < \frac{X-1}{2} \leqslant \frac{5-1}{2}\right\} = \Phi(2) - \Phi(-0.5)$$
$$= \Phi(2) - [1 - \Phi(0.5)] = 0.9772 + 0.6915 - 1 = 0.6687.$$

6.4.2 正态分布的应用

1. 棣莫弗-拉普拉斯中心极限定理

定理 6.4.1 设随机变量 $X \sim B(n, p)$ $(n = 1, 2, \cdots)$, 且 $0 < p < 1$, 则对于任一实数 x 有

$$\lim_{n \to \infty} P\left\{\frac{X - np}{\sqrt{np(1-p)}} < x\right\} = \frac{1}{\sqrt{2\pi}} \int_{-\infty}^{x} e^{-\frac{x^2}{2}} \, dx = \Phi(x).$$

一般地, 对于一个二项分布 $X \sim B(n, p)$, 当 $n > 30$ 时, $\dfrac{X - np}{\sqrt{np(1-p)}}$ 近似服从标准正态分布.

例 6.4.3 设从发芽率为 0.95 的一批种子里随机取出 400 粒, 试求其不发芽的种子数不多于 25 粒的概率.

解 因为种子的发芽率为 0.95, 则不发芽的概率为 0.05. 从中随机取出 400 粒观察其不发芽的粒数, 相当于进行 400 重伯努力试验. 设 X 是不发芽的粒数, 则 $X \sim B(400, 0.05)$.

$$EX = 400 \times 0.05 = 20,$$

$$\sqrt{DX} = \sqrt{400 \times 0.05 \times 0.95} = \sqrt{19} = 4.36,$$

则不发芽的种子数不多于 25 粒的概率为

$$P\{X \leqslant 25\} = P\left\{\frac{X-20}{4.36} \leqslant \frac{25-20}{4.36}\right\}.$$

根据中心极限定理有

$$P\{X \leqslant 25\} \approx \Phi\left(\frac{25-20}{4.36}\right) = \Phi(1.15) = 0.8749.$$

思考题 如果在例 6.4.3 中,求不发芽的种子数为 25 粒的概率怎么求呢?

2. 正态分布应用举例

例 6.4.4 公共汽车车门的高度,是按男子与车门碰头的机会在 0.01 以下来设计的,设男子身高 X 服从 $\mu = 168\,\mathrm{cm}$, $\sigma = 7\,\mathrm{cm}$ 的正态分布,即 $X \sim N(168, 7^2)$,问车门的高度应如何确定?

解 若车门的高度为 $h\,\mathrm{cm}$,由题意有 $P\{X \geqslant h\} \leqslant 0.01$ 或 $P\{X < h\} \leqslant 0.99$. 由于 $X \sim N(168, 7^2)$,因此

$$P\{X < h\} = \Phi\left(\frac{h-168}{7}\right) \geqslant 0.99.$$

由查表可知 $\Phi(2.33) \approx 0.9901 > 0.99$,即有 $\dfrac{h-168}{7} = 2.33$. 于是

$$h = 168 + 7 \times 2.33 = 184.31.$$

故车门的高度为 184.31 cm 时,男子与车门碰头的机会不超过 0.01.

例 6.4.5 某地抽样调查,考生的英语成绩(按百分制计算,近似服从正态分布),平均成绩为 72 分,96 分以上的占考生总数的 2.3%,试求考生成绩在 60 分到 84 分之间的占多少?

解 设 X 为考生的英语成绩,则 X 近似服从正态分布,数学期望为 μ,方差为 σ^2,即 $X \sim N(\mu, \sigma^2)$.

数学期望 μ 在实际上体现了随机变量取值在概率意义下的平均值,根据题意有 $\mu = 72$.

现在我们来确定方差 σ^2. 由题设 $P\{X \geqslant 96\} = 0.023$.

根据正态分布的查表法,把非标准正态分布转换成标准正态分布,即有

$$P\left\{\frac{X-\mu}{\sigma} \geqslant \frac{96-\mu}{\sigma}\right\} = 0.023.$$

故　$1 - \Phi\left(\dfrac{24}{\sigma}\right) = 0.023$, 　　$\Phi\left(\dfrac{24}{\sigma}\right) = 0.977$.

查表可知 $\dfrac{24}{\sigma} = 2$, 所以 $\sigma = 12$. 因此 $X \sim N(72, 12^2)$.

$$P\{60 \leqslant X \leqslant 84\} = P\left\{\frac{60-72}{12} < \frac{X-\mu}{\sigma} \leqslant \frac{84-72}{12}\right\}$$
$$= P\left\{-1 \leqslant \frac{X-\mu}{\sigma} \leqslant 1\right\} = \Phi(1) - \Phi(-1)$$
$$= 2\Phi(1) - 1 = 0.6826.$$

则考生成绩在 60 分到 84 分之间的占 68.26%.

例 6.4.6 设原始分数 $X \sim N(\mu, \sigma^2)$, 则称 $Y = \dfrac{X-\mu}{\sigma}$ 为标准分. 标准分用来衡量成绩相对科学合理. 某年级考试, 数学平均成绩为 $\mu_1 = 78$ 分, 标准差 $\sigma_1 = 7$ 分; 英语平均成绩 $\mu_2 = 62$ 分, 标准差 $\sigma_2 = 6$ 分. 某学生数学得 84 分, 英语得 68 分, 均超过平均分 6 分, 试问该生哪一门课程的成绩在全年级相对较好?

解 将该生的原始分数转换成标准分数, 得

$$Y_1 = \frac{84-\mu_1}{\sigma_1} = \frac{84-78}{7} \approx 0.857, \qquad Y_2 = \frac{84-\mu_2}{\sigma_2} = \frac{68-62}{6} = 1.$$

因为 $Y_2 > Y_1$, 故在全年级比较, 该生的英语成绩比数学成绩要好.

通过上面三个例子, 可知正态分布在我们生活中的应用是非常广泛的, 正态分布的随机现象在现实世界中处处存在.

习 题 6.4

1. 若 $X \sim N(0, 1)$, 计算下列事件的概率:

(1) $P\{X \leqslant 2.2\}$; 　(2) $P\{X > 1.76\}$; 　(3) $P\{|X| \leqslant 2.5\}$.

2. 若 $X \sim N(1, 2^2)$, 计算下列事件的概率:

(1) $P\{X \leqslant 2.2\}$; 　(2) $P\{X > -1.5\}$; 　(3) $P\{|X-1| > 1\}$.

3. 若 $X \sim N(\mu, \sigma^2)$, 计算下列事件的概率:

(1) $P\{|X-\mu| \leqslant \sigma\}$; 　(2) $P\{|X-\mu| \leqslant 2\sigma\}$; 　(3) $P\{|X-\mu| \leqslant 3\sigma\}$.

并思考一个正态分布随机变量的取值几乎都落在什么范围里.

4. 某学校 4000 名学生参加大学英语四级考试的成绩 X 近似服从 $N(415, 70^2)$, 试估计在 500 分以上和 600 分以下的学生人数.

5. 某年级进行计算机应用和英语两门课程的测验, 经统计, 计算机应用平均

成绩为 $\mu_1 = 70$ 分, 标准差 $\sigma_1 = 9$ 分; 英语平均成绩 $\mu_2 = 80$ 分, 标准差 $\sigma_2 = 6$ 分. 某学生英语考试得 85 分, 计算机应用得 80 分, 试问该生哪一门课程的成绩在全年级相对较好?

6. 一工厂生产的电子管寿命 X (单位: h) 服从期望值为 $\mu = 160$ 的正态分布, 如要求 $P\{120 < X < 200\} \geqslant 0.80$, 允许标准差 σ 的最大值为多少?

总 习 题 6

(A)

1. 选择题.

(1) 同时掷 3 枚均匀硬币, 则至多有 1 枚硬币正面向上的概率为( ).

A. 1/8   B. 1/6   C. 1/4   D. 1/2

(2) 设随机变量 X 的概率密度为 $f(x)$, 则 $f(x)$ 一定满足( ).

A. $0 \leqslant f(x) \leqslant 1$ B. $P\{X > x\} = \displaystyle\int_{-\infty}^{x} f(t)\mathrm{d}t$

C. $\displaystyle\int_{-\infty}^{+\infty} f(x)\mathrm{d}x = 1$ D. $f(+\infty) = 1$

(3) 已知随机变量 X 的分布律为

X	-1	2	5
p	0.2	0.35	0.45

则 $P\{-2 \leqslant X \leqslant 4\} = ($).

A. 0   B. 0.2   C. 0.35   D. 0.55

(4) 设随机变量 $X \sim B(4, 0.2)$, 则 $P\{X > 3\} = ($).

A. 0.0016   B. 0.0272   C. 0.4096   D. 0.8192

(5) 设随机变量 X 的分布函数为 $F(x)$, 下列结论中不一定成立的是( ).

A. $F(+\infty) = 1$ B. $F(-\infty) = 0$

C. $0 \leqslant F(x) \leqslant 1$ D. $F(x)$ 为连续函数

(6) 设随机变量 X 的概率密度为 $f(x) = \dfrac{1}{2\sqrt{2\pi}} \mathrm{e}^{-\frac{(x+1)^2}{8}}$ $(-\infty < x < +\infty)$, 则 $X \sim ($).

A. $N(-1, 2)$ B. $N(-1, 4)$

C. $N(-1, 8)$ D. $N(-1, 16)$

2. 已知随机变量 X 的分布函数为 $F(x) = \dfrac{1}{2} + \dfrac{1}{\pi} \arctan x$ $(-\infty < x < $

$+\infty)$. 求：

(1) $P\{-1 < X \leqslant \sqrt{3}\}$；　　(2) 常数 c, 使 $P\{X > c\} = \dfrac{1}{4}$.

3. 在 10 件同类产品中有 3 件次品, 从中任取 3 件, 用 X 表示取出的次品数, 试求出 X 的分布律.

4. 设随机变量 X 的概率密度为

$$f(x) = \begin{cases} x, & 0 \leqslant x < 1, \\ 2-x, & 1 \leqslant x < 2, \\ 0, & \text{其他}. \end{cases}$$

求 EX, DX.

5. 一台仪器装有 6 只相互独立工作的同类电子元件, 其寿命 X（单位：年）的概率密度为

$$f(x) = \begin{cases} \dfrac{1}{3} e^{-\frac{x}{3}}, & x > 0, \\ 0, & x \leqslant 0, \end{cases}$$

且任意一只元件损坏时这台仪器都会停止工作, 试求：

(1) 一只元件能正常工作 2 年以上的概率;

(2) 这台仪器在 2 年内停止工作的概率.

6. 某公司估计在一定时间内完成某项任务的概率如下：

天数	1	2	3	4	5
概率 p	0.05	0.20	0.35	0.30	0.10

(1) 某公司估计在 3 天（包括 3 天）之内完成的概率;

(2) 该任务的费用由两部分组成——10 万元的固定费用加上每天 10 000 元, 求整个项目费用的期望值.

7. 膨胀仪是测量金属膨胀系数的一种精密仪器, 测量结果通过感光设备在照相底片上显示出来, 现在同一台膨胀仪上, 分别用玻璃底片和软片两种底片多次测量某种合金的膨胀系数, 结果列成下表所示：

测量结果 X	13.4	13.5	13.6	13.7	13.8	
概率 p	0.05	0.15	0.60	0.15	0.05	

测量结果 Y	13.3	13.4	13.5	13.6	13.7	13.8	13.9
概率 p	0.05	0.05	0.15	0.50	0.15	0.05	0.05

试问哪种底片的效果好?

(B)

1. 选择题.

(1) 一批产品共 10 件,其中有 2 件次品,从这批产品中任取 3 件,则取出的 3 件中恰有一件次品的概率为(   ).

A. 1/60   B. 7/45   C. 1/5   D. 7/15

(2) 下列各函数中,可作为某随机变量概率密度的是(   ).

A. $f(x) = \begin{cases} 2x, & 0 < x < 1, \\ 0, & \text{其他} \end{cases}$ B. $f(x) = \begin{cases} 1/2, & 0 < x < 1, \\ 0, & \text{其他} \end{cases}$

C. $f(x) = \begin{cases} 3x^2, & 0 < x < 1, \\ -1, & \text{其他} \end{cases}$ D. $f(x) = \begin{cases} 4x^3, & -1 < x < 1, \\ 0, & \text{其他} \end{cases}$

(3) 某种电子元件的使用寿命 X(单位:h)的概率密度为 $f(x) = \begin{cases} \dfrac{100}{x^2}, & x \geqslant 100, \\ 0, & x < 100, \end{cases}$ 任取一只电子元件,则它的使用寿命在 150 h 以内的概率为 (   ).

A. 1/4   B. 1/3   C. 1/2   D. 2/3

(4) 下列各表中可作为某随机变量分布律的是(   ).

A.
X	0	1	2
p	0.5	0.2	−0.1

B.
X	0	1	2
p	0.3	0.5	0.1

C.
X	0	1	2
p	1/3	2/5	4/15

D.
X	0	1	2
p	1/2	1/3	1/4

(5) 设随机变量 X 的概率密度为 $f(x) = \begin{cases} ce^{-\frac{x}{5}}, & x \geqslant 0, \\ 0, & x < 0, \end{cases}$ 则常数 c 等于 (   ).

A. −1/5   B. 1/5   C. 1   D. 5

(6) 设随机变量 $X \sim B\left(3, \dfrac{1}{3}\right)$,则 $P\{X \geqslant 1\} = ($ $)$.

A. 1/27   B. 8/27   C. 19/27   D. 26/27

2. 设随机变量 X 的概率密度为

$$f(x) = \begin{cases} cx^2, & -2 \leqslant x \leqslant 2, \\ 0, & \text{其他}. \end{cases}$$

试求：(1) 常数 c；(2) EX，DX；(3) $P\{\mid X-EX \mid \leqslant DX\}$.

3. 设离散型随机变量 X 的分布律为 $P\{X=k\}=\dfrac{1}{2^k}$ $(k=1,2,\cdots)$，试求：

(1) X 取偶数的概率；　　(2) $P\{X\geqslant 5\}$.

4. 一批产品共 10 件，其中 8 件正品，2 件次品，每次从这批产品中任取 1 件. 设 X 为直至取得正品为止所需抽取次数.

(1) 若每次取出的产品仍放回去，求 X 的分布律；

(2) 若每次取出的产品不放回去，求 $P\{X=3\}$.

5. 甲在上班路上所需的时间（单位：min）$X\sim N(50,10^2)$，已知上班时间为早晨 8 时，她每天 7 时出门，试求：

(1) 甲迟到的概率；　　(2) 某周（以 5 天计）甲最多迟到一次的概率.

6. 在一家保险公司里有 10 000 个人参加保险，每人每年交 1000 元保险费. 在一年内一个人死亡的概率为 0.006，死亡时其家属可向保险公司领取 10 万元，问：

(1) 保险公司亏本的概率？

(2) 保险公司一年利润不少于 400 万元，600 万元的概率各为多少？

（根据中心极限定理计算）

7. 一个系统由 100 个互相独立起作用的部件组成，各个部件损坏的概率均为 0.2，已知必须有 85 个以上的部件正常工作才能使整个系统工作，根据中心极限定理计算整个系统正常工作的概率.

阅读材料 6　高斯与正态分布

正态分布是最重要的一种概率分布，也称"常态分布". 正态分布概念是由德国的数学家和天文学家棣莫弗于 1733 年首次在求二项分布的渐近公式时得到，德国数学家高斯则于 1809 年在研究误差理论时也导出了它，但由于高斯率先将其应用于天文学家研究，故正态分布又叫高斯分布，高斯这项工作对后世的影响极大，他使正态分布同时有了"高斯分布"的名称，后世之所以多将最小二乘法的发明权归之于他，也是出于这一工作. 高斯是一个伟大的数学家，重要的贡献不胜枚举. 但现今德国 10 马克的印有高斯头像的钞票，其上还印有正态分布的密度曲线. 这传达了一种想法：在高斯的一切科学贡献中，其对人类文明影响最大者，就是这一项.

正态分布是具有两个参数 μ 和 σ^2 的连续型随机变量 X 的分布，第一参数 μ 是此随机变量的均值，第二个参数 σ^2 是此随机变量的方差，所以正态分布记作

$N(\mu, \sigma^2)$. 当 μ 和 σ^2 确定后, X 的概率密度函数 $p(x)$ 也就确定了.

　　遵从正态分布的随机变量的概率规律为取 μ 邻近的值的概率大, 而取离 μ 越远的值的概率越小; σ 越小, 分布越集中在 μ 附近, σ 越大, 分布越分散. 正态分布的密度函数的特点是: 关于 μ 对称, 在 μ 处达到最大值, 在正(负)无穷远处取值为 0, 在 $\mu\pm\sigma$ 处有拐点. 它的形状是中间高两边低, 图像是一条位于 x 轴上方的钟形曲线.

　　生产与科学实验中很多随机变量的概率分布都可以近似地用正态分布来描述. 例如, 在生产条件不变的情况下, 产品的强力、抗压强度、口径、长度等指标, 同一种生物体的身长、体重等指标, 同一种种子的重量, 测量同一物体的误差, 某个地区的年降水量, 学生的考试成绩等. 从理论上看, 正态分布具有很多良好的性质, 许多概率分布可以用它来近似.

　　实际工作中, 正态曲线下横轴上一定区间的面积反映该区间的某个指标数占总数的百分比, 或变量值落在该区间的概率. x 轴与正态曲线之间的面积恒等于 1. 正态曲线下, 横轴区间 $(\mu-\sigma, \mu+\sigma)$ 内的面积为 68.26%, 横轴区间 $(\mu-2\sigma, \mu+2\sigma)$ 内的面积为 95.44%, 横轴区间 $(\mu-3\sigma, \mu+3\sigma)$ 内的面积为 99.74%, 如图 6.1 所示.

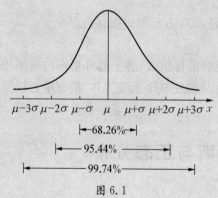

图 6.1

　　因此, 对于一个正态分布的随机变量 X, X 的取值落在区间 $(\mu-3\sigma, \mu+3\sigma)$ 的概率几乎是 1, 这就是正态分布随机变量的 3σ 原则.

第7章 数据整理

从事商务管理和金融管理的人员,经常要接触大量的统计数据.杂乱无章的数据体现不出它的价值,对实践也没有直接的指导意义.因此,在商务管理和金融管理工作中,对数据进行整理、分组、制表和制图,以及选择适当的综合指标描述数据的本质和统计含义是十分必要的.本章主要介绍统计数据的整理和描述方法.

7.1 数据的类型

根据描述事物所采用的不同度量尺度,数据可分为分类型数据和数量型数据.

分类型数据描述的是事物的品质特征.例如,人的性别、民族、职业等,都是分类型数据.分类型数据的本质表示是文字形式,有时也可以给不同类别赋予不同的数值.例如,性别是分类型数据,表现为男、女,也可以用"1"表示男,用"0"表示女.

产品的等级也是分类型数据,可分为合格品和废品.分类型数据的分类必须是清楚唯一的,如果产品分为合格品和废品两种,那么一个产品不能同时既是合格品又是废品.

数量型数据说明的是事物数量特征.例如,人的年龄、企业的职工人数、产品的产量和寿命、企业的营业额、股票的价格、产品的市场占有率、国民总产值、国家的人口等,都是数量型数据.数量型数据用数值形式表示.例如,小李的年龄为25岁,企业的职工人数为250人,企业某产品的市场占有率为30.5%等.

数据按照被描述的对象与时间的关系可分为**截面数据、时间序列数据**与**平行数据**.

截面数据描述的是事物在某一时刻的变化情况,即所谓**横向数据**.

表7.1.1列出了2010年我国各地区国内生产总值数据,这是一组截面数据.

表 7.1.1 2010 年我国各地区国内生产总值 GDP 单位:亿元

地 区	国内生产总值	地 区	国内生产总值
广 东	46 013.06	山 东	39 169.92
江 苏	41 425.48	浙 江	27 722.31

续表

地 区	国内生产总值	地 区	国内生产总值
河 南	23 092.36	江 西	9 451.26
河 北	20 394.26	天 津	9 224.46
辽 宁	18 457.27	山 西	9 200.86
四 川	17 185.48	吉 林	8 667.58
上 海	16 872.42	重 庆	7 925.58
湖 南	15 902.12	云 南	7 224.18
湖 北	15 806.09	新 疆	5 437.47
福 建	14 737.12	贵 州	4 602.16
北 京	14 113.58	甘 肃	4 120.75
安 徽	12 359.33	海 南	2 064.50
内蒙古	11 672.00	宁 夏	1 689.65
陕 西	10 123.48	青 海	1 350.43
黑龙江	10 368.60	西 藏	507.46
广 西	9 569.85		

注：资料来源：《中国统计年鉴 2011》.

时间序列数据描述的是事物在一定的时间范围内的变化情况，即所谓**纵向数据**.

表 7.1.2 列出了我国人均 GDP 从 2000 年到 2009 年的数据. 这是一组时间序列数据.

表 7.1.2　2000～2009 年我国人均 GDP　　单位：美元

年份	2000	2001	2002	2003	2004	2005	2006	2007	2008	2009
GDP	949	1042	1135	1274	1490	1732	2070	2652	3414	3748

注：资料来源：《中国统计年鉴 2012》.

平行数据是截面数据与时间序列数据的组合.

在表 7.1.3 中，每一个地区（每一行），都有 2008 到 2011 年该地区的国内生产总值（时间序列数据）；而对于表中的每一年（每一列），都有宁夏、青海、西藏等三个地区在该年的国内生产总值（**截面数据**）.它表示的是一个**平行数据**.

在统计中，我们把分类型数据也称为分类型变量；数量型数据也称为数量型变量.大多数的统计分析方法也都是对于数量型变量的分析，因此有时把数量型变量简称为变量.

表 7.1.3　西部地区 2008～2011 年国内生产总值　　　单位：亿元

年份 地区	2008	2009	2010	2011
宁　夏	1070	1334.6	1689.65	2060
青　海	970	1081.27	1350.43	1622
西　藏	398	437	507.46	605

注：资料来源：《中国统计年鉴 2012》.

7.2　数据的整理与图表显示

7.2.1　数据的分组与频率直方图

根据实际需要，将数据按照数据的某种特征或标准分成不同的组别是数据整理的一项初步工作. 对数据的分组需要按照数据的特征来进行，对于不同类型的数据将用不同的分组方法进行分组.

对数据进行分组后，再计算出所有类别或数据在各组中出现的次数或频数，就形成了**频数分布表**，频数与全体数据个数之比称为**频率**.

分类型数据按类计算出各类的频数或频率，就形成了频数或频率分布表. 我们用下面的例子具体说明如何制作分类型数据的频数和频率分布表.

例 7.2.1　某车间有 25 名工人，加工某种零件，他们某月的平均日产量如下：

115	103**	121*	107**	111
109**	108**	116	119	116
113	112	125*	113	123*
124*	117	105**	128*	126*
99**	120	92**	114	106**

车间规定平均日产量超过 120 件的工人当月奖金为一等，平均日产量在 110 至 120 之间的工人当月奖金为二等，平均日产量低于 110 件的工人当月奖金为三等. 试统计该车间的 25 名工人中，获得一等、二等奖以及三等奖人数.

解　此数据集不是分类型数据集，但是其数据可以按照奖金等级标准分类. 可以看出该车间该月共 6 名工人的平均日产量高于 120 件（带 * 号的数据），有 11 名工人的平均日产量在 110 至 120 之间，平均日产量低于 110 件的工人有 8 名（带 ** 号的数据）；分别占全体工人的 24％，44％ 和 32％. 将结果归纳成频数和频率分布表（同时计算出累积频率）如表 7.2.1 所示.

表 7. 2. 1 车间工人平均日产量频数和频率分布表

按奖金等级分组	频数/人	频率/%	累积频率/%
一 等	6	24.0	24.0
二 等	11	44.0	68.0
三 等	8	32.0	100
合 计	25	100	

从表 7.2.1 容易看出,获得不同奖金等级的人数,以及占全体工人的百分比.同时由累计频率得知有 68% 的工人奖金不低于二等.

分类型数据按类分组时,一定要注意既不能重复也不能漏数,这就要求所有类别必须有明确的界定.如上例中,日产量正好为 110 件和 120 件的工人应分在获得二等奖金的组内.

对于数量型数据,常用的分组法有两种方法,即**单变量值分组法**和**组距分组法**.

单变量值分组法就是把每一个变量作为一个组.

我们用下面的具体实例对这一方法进行说明.

例 7.2.2 某单位职工 20 人,下面是六月份单位职工请假天数的记录:

0,0,1,0,2,1,0,0,0,1,2,0,5,1,1,0,0,0,10,0.试统计单位职工六月份出勤情况.

解 观察这个记录,发现所有不同的请假天数一共只有 5 个,即 0,1,2,5 和 10.因此我们采用单变量值分组法,分成 5 组,具体结果如表 7.2.2 所示.

表 7. 2. 2 职工请假天数频数和频率分布表

请 假 天 数	频数/人	频率/%	累积频率/%
0	11	55	55
1	5	25	80
2	2	10	90
5	1	5	95
10	1	5	100
合 计	20	100	

由表 7.2.2 可以看出,该单位六月份有 55% 的全勤职工,有 90% 的职工请假天数不超过 2 天等.

在数据较多且取值比较分散的情况下,单变量值分组由于组数过多,不便于观察数据的分布特征和规律.因此,单变量值分组法适用于数据较少或分布比较集中的情形.

对于变量值较多的情况,可以采用组距分组法.

一个具体的数据集应当分成几组比较合适呢? 分组过多或分组过少都达不到简化综合数据集的目的,因此在具体分组之前,必须选择一个适当的分组个数.确定组数的一般原则如下:

数据个数	分组数
50 以下	5～6
50～100	6～10
100～250	7～12
250 以上	10～20

我们用一个实例具体讲述组距分组法的具体做法.

例 7.2.3 我国各地区 2008 年人口自然增长率如下表 7.2.3 所示,试用组距分组法对该数据集进行统计分组,并画出频率直方图.

表 7.2.3 2008 年我国各地区人口自然增长率

地 区	自然增长率(‰)	地 区	自然增长率(‰)
北 京	3.42	湖 北	2.71
天 津	2.19	湖 南	5.40
河 北	6.55	广 东	7.25
山 西	5.30	广 西	8.70
内 蒙古	4.27	海 南	8.99
辽 宁	1.10	重 庆	3.80
吉 林	1.61	四 川	2.39
黑龙江	2.23	贵 州	6.72
上 海	2.72	云 南	6.32
江 苏	2.30	西 藏	10.30
浙 江	4.58	陕 西	4.08
安 徽	6.45	甘 肃	6.54
福 建	6.30	青 海	8.35
江 西	7.91	宁 夏	9.69
山 东	5.09	新 疆	11.17
河 南	4.97		

注: 资料来源:《中国人口统计年鉴 2009》.

解 用组距分组法对上述数据进行分组的具体步骤:

第一步:将全部数据按升序排列,找出最大值 max 和最小值 min. 表 7.2.3 的最大值和最小值分别为 max $= 11.17$, min $= 1.10$.

第二步:确定组数,计算组距.

表 7.2.3 中共有 $n = 31$ 个数据,可以取分组数 $m = 6$. 组距 c 定义为 $c =$

$(b-a)/m$,其中 a 是一个不大于最小值 min 的数,b 是一个小于最大值 max 的数,即 $a \leqslant$ min,$b \geqslant$ max. 应当选择 a 和 b,使得组距 c 不为无限小数. 以表 7.2.3 为例,我们可以取 $a = 0.50$,$b = 12.50$,则组距 $c = (12.50 - 0.50)/6 = 2$.

第三步:计算每组的上、下限(分组界限)、组中值、以及数据落入各组的频数 v_i(个数)和频率 f_i(频数$/n$),形成频率分布表.特别需要注意的是各组的边界定义一定要明确,不要遗漏也不要重复.

第一组的下限为 a,上限为 $a+c$;第二组的下限为 $a+c$,上限为 $a+2c$;一般地,对于任意 $1 \leqslant i \leqslant m$,第 i 组的下限为 $a+(i-1)c$,上限为 $a+ic$. 第 m 组的下限为 $a+(m-1)c$,上限为 $a+mc = b$. 每组的组中值为(上限+下限)$/2$.

我国各地区 2008 年人口自然增长率的频率分布表如表 7.2.4 所示.

表 7.2.4 我国各地区 2008 年人口自然增长率频率分布表

组 号	组下限	组上限	分组界限	频数 v_i	频率 $f_i/\%$	组中值
1	0.5	2.5	$[0.5, 2.5)$	6	19.35	1.5
2	2.5	4.5	$[2.5, 4.5)$	6	19.35	3.5
3	4.5	6.5	$[4.5, 6.5)$	8	25.82	5.5
4	6.5	8.5	$[6.5, 8.5)$	6	19.35	7.5
5	8.5	10.5	$[8.5, 10.5)$	4	12.90	9.5
6	10.5	12.5	$[10.5, 12.5]$	1	3.23	11.5

根据频率分布表 7.2.4,可以画频率直方图.

具体做法如下:在横坐标 x 轴上,以每个分组区间为底边,画出高为频率 f_i/c 的矩形.表 7.2.4 的频率直方图如图 7.2.1 所示.

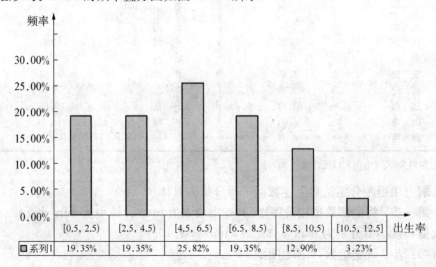

图 7.2.1 我国各地区 2008 年人口自然增长频率直方图

7.2.2 数据的图形显示

数据的图形显示除去频率直方图以外,还有许多方法,如饼形图、条形图、柱形图、散点图等.

1. 饼形图

饼形图是用来描述和表现各成分或某一成分占全部的百分比.

例如,某牌产品的市场占有率,某学校 MBA 学生入学前从事某一行业的人数占全体入学人数的百分比.

饼形图用一个圆代表全体,用其中的扇形区域代表各成分,扇形区域的大小与该成分的大小成正比(相同的百分比).

例 7.2.4 某学校 MBA 学生中有 26% 的学生大学本科专业是人文与社会科学类,有 45% 的学生的本科专业是工程,12% 的学生的本科专业是自然科学与数学. 试画出饼形图.

解 学校 MBA 学生来源的饼形图,如图 7.2.2 所示.

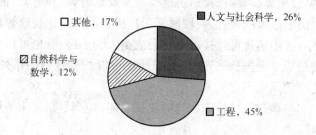

图 7.2.2 某学校本科专业饼形图

使用饼形图时注意以下三点:第一,饼形图的成分一半不要多于 6 个,如果多于 6 个,一般选取 5 个最重要的,把其余的合成"其他";第二,各成分份额的百分比之和应该是 100%;第三,成分比例必须与扇形区域的面积比例一致.

2. 条形图和柱形图

条形图是用来对信息进行比较的,它的纵坐标没有尺度,只用来标注各项信息的名称,如国家、行业、公司等.

例 7.2.5 2010 年 7 月武汉、杭州、昆明和三亚四个城市新房均价(单位:元/m²)如下表 7.2.5,试用条形图显示上述数据的结果.

表 7.2.5 **2010 年 7 月四个城市新房均价** 单位:元/m²

城　市	武　汉	杭　州	昆　明	三　亚
均　价	6 196	25 840	6 006	18 319

解　显示上述数据的结果的条形图如下图 7.2.3 所示.

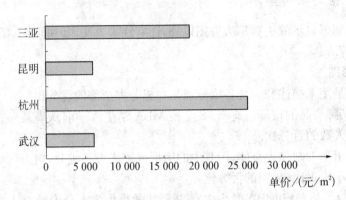

图 7.2.3　2010 年 7 月四个城市新房均价条形图

杭州是个风景优美,环境舒适的城市,由于城市小,治安很好,很适合居住养生,所以房价高. 2010 年 1 月 4 日,国务院批准海南建设国际旅游岛,这对海南来说是最大的国家政策支持,所以很多房地产开发商此时大肆哄抬房价,尤其是三亚的海景房. 通过国家政策的调控,一段时间后房价会回归到比较理智状态.

在条形图中,各项信息可以按由小到大或由大到小排列,也可以按姓氏笔画排列,还可以按公司成立的先后顺序排列. 当然也可以按其他目的排列. 需要注意的是,各条信息之间的间隔不要太宽.

一般来说,当各项信息的标识(名称)比较长时,应当尽量采用条形图.

3. 柱形图

如果数据是时间序列数据,我们应该以横坐标表示时间,纵坐标表示数据的大小,即应当使用柱形图. 这种图的好处是可以直观地看出事物随时间变化的规律.

例 7.2.6　用柱形图显示表 7.1.2 中数据.

解　我国 2000～2009 年 10 年间人均 GDP 结果见柱形图 7.2.4.

从图 7.2.4 可以很容易地看出,我国人均 GDP 从 2000～2009 年呈现逐年上升的趋势,但是 2002～2009 年增长趋势较快.

与条形图一样,柱形图中柱与柱之间的间隔不要过宽.

4. 折线图

用折线图法更明显描述时间序列的变化趋势. 折线图的优点是简单、容易理解,并且对于同一组数据,折线图具有唯一性.

图 7.2.5 是我国 2000～2009 年 10 年间人均 GDP 数据的折线图.

图 7.2.5 中的实心点表示该年人均 GDP 数值,实心点之间以直线相连接,形成一条折线,画出了从 2000～2009 年我国人均 GDP 随时间变化的大致趋势:人均 DGP 逐年上升,但 2003～2008 年几年上升很快.

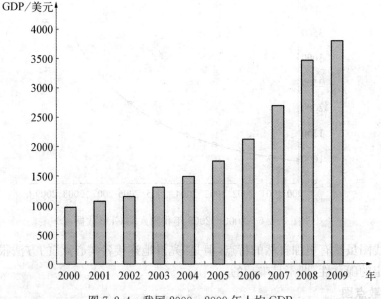

图 7.2.4　我国 2000~2009 年人均 GDP

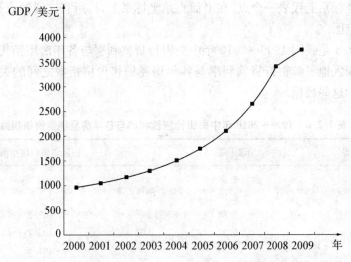

图 7.2.5　2000~2009 年我国人均折线图

5. 曲线图

　　商务和金融领域中许多事物不但其自身是逐渐变化的,而且连其变化的速度也是逐渐变化的. 折线点虽然展示了变量变化的趋势,但是,在各实心点处,数据变化的速度(线段的倾斜程度)会发生突变. 曲线图弥补了折线图的这一不足,采用光滑的曲线段连接各实心点,形成一条整体光滑的曲线(图 7.2.6).

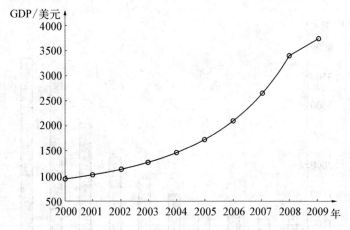

图 7.2.6　2000~2009 年我国人均 GDP 数据

曲线图虽然有更加自然的特点,但是"光滑地连接各实心点"的方法很多,因此带有一定的随意性,即不是唯一的.

6. 散点图

散点图一般用来表示两个变量之间的相互关系.两个变量的任何一对值都在平面直角坐标系上代表一个点.在平面直角坐标系上,将所有这样的点描画出来便形成了散点图.

表 7.2.6 是我国 1999~2010 年中央银行贷款利率与各年房屋销售价格指数,为了更加深入地了解银行贷款利率与各年房屋销售价格指数之间的关系,我们用散点图显示这些数据.

表 7.2.6　1999~2010 年中央银行贷款利率与各年房屋销售价格指数

年　份	贷款利率/%	房屋销售价格指数
1999	5.85	100.0
2000	5.85	101.1
2001	5.85	102.2
2002	5.31	103.7
2003	5.31	104.8
2004	5.58	109.7
2005	5.58	107.6
2006	6.12	105.5
2007	7.02	110.2
2008	5.31	105.5
2009	5.31	101.0
2010	5.81	109.3

1999～2010 年中央银行贷款利率与各年房屋销售价格指数散点图如图7.2.7 所示.

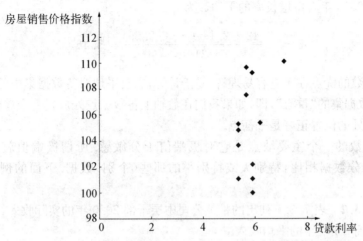

图7.2.7　1999～2010 年中央银行贷款利率与各年房屋销售价格指数散点图

从图 7.2.7 可以看出,中央银行贷款利率与各年房屋销售价格指数这两个变量之间没有什么关系.

散点图可以非常直观地显示两个变量之间的相互关系,以及数据变化的趋势.

7.3　数据集中趋势的度量

在前面两节,我们讨论了如何整理和显示数据集. 在这一节和下一节我们将介绍数据集中趋势(即数据集的中心位置)以及离散趋势(即数据集的分散程度)等各种度量. 掌握了这些度量方法就能使我们在大量的数据中抓住事物的本质,不至于迷失在数据的海洋中.

在这一节,我们将主要介绍平均数、中位数、众数的定义和计算,以及它们的应用,最后介绍分组数据平均数的计算.

7.3.1　平均数

数据集中趋势的最常用的度量就是平均数,其定义为

$$平均数 = \frac{全体数据的总和}{数据的个数}.$$

即:若数据为 x_1, x_2, $\cdots$, x_n,则这组数据平均数(记为 $\bar{x}$)为

$$\bar{x} = \frac{x_1 + x_2 + \cdots + x_n}{n} = \frac{1}{n}\sum_{i=1}^{n} x_i.$$

例 7.3.1 根据表 7.2.3 中的数据,计算我国 31 个地区 2008 年个人口平均自然增长率(单位:‰).

解 2008 年人口增长率的平均数为

$$\bar{x} = \frac{3.42 + 2.19 + \cdots + 9.69}{31} = 5.46‰.$$

平均数的优点在于它容易理解,易于计算;它公平地对待数据集中的每一个数据;它是数据集的"重心",即,如果我们在数轴上各数据点处放置一个单位重量,则平均数所处的位置正好是平衡点.

平均数的一个主要缺点是它对极端值十分敏感. 所谓极端值就是和数据集中大部分数据相比,特别大或特别小的那些(个别)数据. 下面的例子说明了这一点.

例 7.3.2 表 7.3.1 列出的是某公司中层干部 2000 年的实际收入,计算该公司中层干部 2000 年的平均收入.

表 7.3.1　某公司中层干部 2000 年的实际收入

职　位	实际收入/元
财务部经理	60 000
市场部经理	325 000
人事部经理	45 000
研发部经理	70 000
生产部经理	55 000

解 如果我们计算上述 5 位经理的平均收入,得到

$$平均收入 = 111\,000(元)$$

如果我们不考虑市场部经理的收入,只计算其余 4 个人的平均收入,则此时的平均收入为 57 500 元. 因此,市场部经理收入(一个极端值)的加入使得平均数增加了近一倍.

7.3.2　中位数

将数据集按上升顺序排列,位于数列正中间的数值称为该数据集的中位数. 中位数的具体计算过程如下:

(1) 将数据集中的数据按上升顺序排列,也记为 $x_1, x_2, \cdots, x_n$ ($x_1 \leqslant x_2 \leqslant \cdots \leqslant x_n$);

(2) 若 n 为奇数,则位于正中间的那个数据就是中位数,即 $x_{\frac{n+1}{2}}$ 就是中位数;

若 n 为偶数,则中位数为 $\dfrac{x_{\frac{n}{2}}+x_{\frac{n}{2}+1}}{2}$,即位于数列中间的两个数据的平均值.

例 7.3.3 某班 $1\sim30$ 号学生的数学课程结业考试成绩如下:

93　95　96　67　69　63　65　69　70　81　70　82　83　71　72
85　86　72　73　87　87　73　86　77　82　82　84　87　88　90.

试计算全班期末考试成绩的中位数.

解 将考试成绩按上升顺序排列,得到

63　65　67　69　69　70　70　71　72　72　73　73　77　81　82
82　82　83　84　85　86　86　87　87　87　88　90　93　95　96

因为 $n=30$,$x_{15}=82$,$x_{16}=82$,故

$$中位数 = \frac{x_{15}+x_{16}}{2} = 82.$$

例 7.3.4 计算例 7.3.2 中 5 位经理年收入的中位数.

解 将 5 位经理的收入按上升顺序排列得到

$$45\,000 \quad 55\,000 \quad 60\,000 \quad 70\,000 \quad 325\,000$$

则中位数为 $x_3=60\,000$.

中位数将整个数据集一分为二,正好有一半数据比中位数小,也正好有一半的数据比中位数大. 从数据的个数来说,中位数正好位于数据集的中间. 用中位数描述数据的集中趋势的优点是它对极端数值不像平均数那么敏感,因此,对于包含极端值的数据集来说,用中位数来描述集中趋势比用平均数更为恰当.

例如,若在例 7.3.3 中计算中位数时,不考虑市场部经理的收入,则得到的中位数是 $\dfrac{55\,000+60\,000}{2}=57\,500$,与例 7.3.4 中的中位数 $60\,000$ 相比差不多.

7.3.3　众数

众数是数据集中出现次数最多的数值. 众数的英文是 mode,它具有时尚、流行等含义,也就是说,有普及和常见的意思.

例 7.3.5 某公司研发部有 9 名研究人员,他们受高等教育的年数如下:

$$4 \quad 4 \quad 6 \quad 6 \quad 6 \quad 6 \quad 8 \quad 8 \quad 9$$

求他们受教育年数的众数.

解 因为年数 6 在数据集中出现了 4 次,其他数值最多出现两次,因此众数为 6.

众数的缺点是一个数据集可能没有众数,或众数可能不唯一,而数据集的平均数和中位数都是存在且唯一的. 如果一个数据集中每一个数据都只出现一次,则该数据集没有众数;如果一个数据集中只有一个数值出现的次数最多,则该数据集具有唯一众数;如果有两个数值出现了次数最多,则称该数据集具有双众数;如果有两个以上的数值出现的次数最多,则称该数据集具有多众数.

例 7.3.2 中,中层干部实际收入数据集不具有众数,因为其中任何数值都只出现一次. 而例 7.3.3 中,学生成绩数据集是双众数数据集,因为分数 82 和 87 都出现三次,其他分数最多出现两次.

众数的优点:反映了数据集中最常见的数值,即最普遍的数值;不仅对数量型数据集有意义,对分类型数据集也有意义.

例 7.3.6 某房地产公司 1998 年售出的住房情况如下(单位:套):两室一厅一卫有 96 套;三室两厅两卫有 152 套;四室两厅两卫有 46 套;五室两厅两卫有 5 套,求该数据集的众数.

解 在这里,数据集不是数量型数据集,而是分类型的,并且已经按类分组. 由于有 152 户购买了三室两厅两卫型住房,购买其他户型的住户都少于 152,因此,三室两厅两卫户型是这组数据集的众数.

众数的另一个优点是能告诉我们最普遍、最流行款式、尺寸、色彩等产品特征,从而帮助我们进行生产计划决策. 例如 7.3.6 中,由于众数是"三室两厅两卫",说明这一户型是当前最受欢迎的,在未来计划中应当考虑多建造三室两厅两卫户型的住房.

7.3.4 分组数据的平均数(加权平均)

如果数据集是以频率分布表的形式出现的,我们就不知道每一个原始数据的数值. 这时,我们可以利用频率分布表近似地计算平均数. 具体做法是:

$$\text{平均数} \bar{x} \approx \frac{\sum_{i=1}^{m} v_i y_i}{\sum_{i=1}^{m} v_i},$$

其中 m 为分组个数,v_i 为第 i 组频数,y_i 为第 i 组组中值.

例 7.3.7 某校文法学院有 25 名教师,表 7.3.2 是任教年龄的频数分布表,求所有教师的平均任教年龄.

表 7.3.2 任教年龄的频数分布表

任教年数	人数 v_i	组中值 y_i	$v_i y_i$
1～5 年	9	3	27
6～10 年	5	8	40
11～15 年	5	13	65
16～20 年	3	18	54
21～25 年	0	23	0
26～30 年	1	28	28
31～35 年	2	33	66
总 和	25		280

解 由表 7.3.2 可得,文法学院有 25 名教师,平均任教年龄 $= \dfrac{280}{25} \approx 11$ 年.

如果数据集中数值 y_i 出现的次数为 v_i $(i = 1, 2, \cdots, m)$,我们称数值 y_i 具有权重 v_i. 更一般地,权重可以为任意实数(不一定是正整数),则这组数据的加权平均为

$$\text{加权平均} = \sum_{i=1}^{m} v_i y_i \Big/ \sum_{i=1}^{m} v_i.$$

不同的权重反映了不同数值所具有的不同重要性:重要的数据其权重比较大,不那么重要的数据其权重比较小. 因此,分组数据的平均值就是把 v_i 作为组中值 y_i 的权重的加权平均.

7.4 数据离散趋势的度量

一个数据集中各数据的分散情况或离散的程度是该数据集的另一个重要特征,因此,我们在这一节介绍度量数据离散程度的几种方法,如方差、标准差、极差、变异系数和四分位点.

7.4.1 极差

最简单、最直观的度量数据离散程度的方法就是数据集中最大数值与最小数值的差,我们称之为极差,记为 R,即

$$\text{极差 } R = \text{最大值} - \text{最小值}.$$

很明显,极差越大,说明数据散布的范围越广,即数据越分散;极差越小,说明数据越集中.

例 7.4.1 为了考察两个品牌的灯泡质量,我们随机从两个品牌的灯泡各抽取了 10 只,测得它们的寿命如表 7.4.1 所示,试考察它们的质量优劣.

表 7.4.1 两个品牌的灯泡寿命 单位：h

品牌 1	995	1010	1005	990	1015	985	1010	1010	975	1005
品牌 2	1020	890	1130	1050	920	870	1100	930	1070	1020

解 灯泡质量的一个重要指标就是灯泡的平均寿命.通过计算两组灯泡的平均寿命都是 1000 h.

所以,仅从平均寿命上看,这两组品牌的灯泡质量难分上下.但是,我们从表 7.4.1 中不难发现,品牌 1 灯泡的寿命数据变化幅度不大,而品牌 2 灯泡的寿命数据变化幅度大,说明品牌 2 灯泡的质量不如品牌 1 的质量稳定.

品牌 1 灯泡中,最长的寿命为 1015 h,最短的寿命为 975 h,所以品牌 1 灯泡寿命的极差 $R_1 = 1015 - 975 = 40$ h.

品牌 2 灯泡中,最长的寿命为 1130 h,最短寿命为 870 h,所以品牌 2 灯泡寿命的极差 $R_2 = 1130 - 870 = 260$ h.

由极差 R_1 和 R_2,我们可以确定品牌 1 灯泡寿命的离散程度小于品牌 2 灯泡.

极差作为数据离散趋势的度量具有简单、直观、容易计算等优点.但是它也极易受极端值的影响.如果数据存在极端值,极差就不能反映数据一般性的离散程度了,这是极差的主要缺点.

7.4.2 四分位点和四分位极差

四分位点是把数据集等分为四部分的那些值.四分位点共有三个,分别称为第一四分位点(记为 Q_1),第二四分位点(记为 Q_2),第三四分位点(记为 Q_3).在计算四分位点之前,应先将数据集按上升顺序重新排列.

四分位点的定义是：第二四分位点 Q_2 就是整个数据集的中位数;第一四分位点是所有小于 Q_2 的数据所组成的数据集的的中位数;第三四分位点就所有大于 Q_2 的数据所组成的数据集的的中位数.

由四分位点的定义,我们知道,有 25% 的数据小于 Q_1,有 25% 的数据大于 Q_3,等等.

第三四分位点 Q_3 与第一四分位点 Q_1 之差 $Q_3 - Q_1$ 称为四分位极差.也就是说有 50% 的数据散布在跨度为 $Q_3 - Q_1$ 的范围内.

例 7.4.2 某商场经理分析近 17 周内的顾客投诉记录(表 7.4.2),希望得到以下信息：

(1) 四分位点,投诉次数 15 次落在什么范围?

(2) 四分位极差.

表 7.4.2　17 周内的顾客投诉记录

星　期	1	2	3	4	5	6	7	8	9	10	11	12	13	14	15	16	17
投诉次数	13	15	10	9	12	3	8	4	9	7	18	16	7	10	12	6	15

解　(1) 首先将表 7.4.2 中的数据按上升顺序重新排列, 然后计算四分位点. 排列后的数据为

$$3 \quad 4 \quad 6 \quad 7 \quad 7 \quad 8 \quad 9 \quad 9 \quad 10 \quad 10 \quad 12 \quad 12 \quad 13 \quad 15 \quad 15 \quad 16 \quad 18$$

即 $Q_1 = \dfrac{7+7}{2} = 7$, $Q_2 = 10$, $Q_3 = \dfrac{13+15}{2} = 14$. 投诉次数 15 落在上 25%(大于 Q_3)的范围内.

(2) 四分位极差 $Q_3 - Q_1 = 14 - 7 = 7$.

四分位极差不像极差那样容易受极端值的影响, 但是仍然存在着没有充分地利用数据所有信息的缺点.

7.4.3　方差和标准差

为了充分地利用数据所提供的信息, 我们用所有数据与平均数之差平方的平均值来度量数据集中数据的分散程度, 这就是方差, 记为 σ^2.

方差的计算公式为

$$\sigma^2 = \frac{1}{n}\left[(x_1 - \bar{x})^2 + (x_2 - \bar{x})^2 + \cdots + (x_n - \bar{x})^n\right] = \frac{1}{n}\sum_{i=1}^{n}(x_i - \bar{x})^2.$$

例如, 例 7.4.1 中两组灯泡寿命的方差分别为

$$\sigma_1^2 = \frac{1}{10}\left[(995 - 1000)^2 + (1010 - 1000)^2 + \cdots + (1005 - 1000)^n\right] = 155,$$

$$\sigma_2^2 = \frac{1}{10}\left[(1020 - 1000)^2 + (890 - 1000)^2 + \cdots + (1020 - 1000)^n\right] = 7540.$$

很明显, σ_1^2 远远小于 σ_2^2, 说明第一组灯泡寿命的分散程度小于第二组灯泡. 灯泡寿命方差的单位为平方小时, 为了使离散度量的单位与原单位一致, 我们令 $\sigma = \sqrt{\sigma^2}$ 并称 σ 为标准差.

根据公式, 我们可以计算两组灯泡寿命的标准差:

品牌 1 灯泡寿命的标准差 $= \sqrt{155} = 12.45(\text{h})$, 品牌 2 灯泡寿命的标准差 $= \sqrt{7540} = 86.83(\text{h})$.

方差还有一个等价的计算公式:

$$\sigma^2 = \frac{\sum_{i=1}^{n} x_i^2 - n\bar{x}^2}{n}.$$

方差和标准差比较充分地利用了数据所提供的信息,同时由于它们还具有理论上容易处理的优点,因此在统计上人们常常采用方差和标准差作为数据离散趋势的度量.

利用分组数据计算方差的公式如下:

$$\sigma^2 = \frac{\sum_{i=1}^{m} v_i y_i^2 - n\bar{y}^2}{n},$$

其中 m 为分组个数,v_i 为第 i 组频数,y_i 为第 i 组组中值,$\bar{y} = \sum_{i=1}^{m} v_i y_i \Big/ \sum_{i=1}^{m} v_i$ 是用分组数据计算的平均数.

例 7.4.3 根据例 7.3.7 的数据,计算该系教师在该院任教年数的方差和标准差.

解 计算过程如下:

第一步:计算 $v_i y_i$ 和 $\sum_{i=1}^{m} v_i y_i$(见表 7.4.3 第 4 列和 *);

第二步:计算 y_i^2(见表 7.4.3 第 5 列);

第三步:计算 $v_i y_i^2$ 和 $\sum_{i=1}^{m} v_i y_i^2$(见表 7.4.3 和 **);

第四步:计算方差

$$\sigma^2 = \frac{\sum_{i=1}^{m} v_i y_i^2 - n\bar{y}^2}{n} = \frac{5180 - 25 \times \left(\frac{280}{25}\right)^2}{25} = 81.76,$$

即教师任教年数的方差为 81.76;

第五步:计算标准差 $\sigma = \sqrt{\sigma^2} = \sqrt{81.76} = 9.04$,即教师任教年数的标准差为 9.04.

表 7.4.3 教师任教年数的方差和标准差中间计算结果

任 教 年 数	人数 v_i	组中值 y_i	$v_i y_i$	y_i^2	$v_i y_i^2$
1~5 年	9	3	27	9	81
6~10 年	5	8	40	64	320
11~15 年	5	13	65	169	845

续表

任 教 年 数	人数 v_i	组中值 y_i	v_iy_i	y_i^2	$v_iy_i^2$
16~20 年	3	18	54	324	972
21~25 年	0	23	0	529	0
26~30 年	1	28	28	784	784
31~35 年	2	33	66	1089	2178
总　　和	25		280*		5180**

注　由于组中值一般来说只是原始数据的近似值,所以利用分组数据只能近似地计算平均数、方差和标准差.要想得到这些综合指标的精确值,必须利用未分组数据.

7.4.4　变异系数

前面讲到的方差、标准差、极差和四分位极差都只能用来比较同一属性(具有相同单位)的两组数据的离散程度,特别是当两组数据的平均值相等时,我们可以直接用方差或标准差说明数据的离散程度,例如例 7.4.1.但是,如果两组数据具有不同的平均数,我们就不能直接用方差或标准差进行比较,因为方差(标准差)是根据平均值计算出来的,它是数据关于平均值的离差的平方和.因此,方差的大小不仅与数据本身的离散程度有关,还与平均值的大小有关.此时,应当计算变异系数.

变异系数是标准差与平均数的比值,即

$$V = \frac{\sigma}{\bar{x}} \times 100\%$$

表示数据相对于平均数的分散程度.

例 7.4.4　公司所有员工的平均工资为 8470 元,标准差为 764 元.这些员工受教育的平均年数为 15 年,标准差为 2 年.员工年工资和受教育年数中哪一个的差异更大一些?

解　因为两个变量(工资和受教育年数)具有不同的度量单位(分别为元和年),因此不能采用标准差来进行比较.为此,我们计算它们的变异系数:

$$V_1 = \frac{\sigma}{\bar{x}} \times 100\% = \frac{764}{8470} \times 100\% = 9.02\%,$$

$$V_2 = \frac{\sigma}{\bar{x}} \times 100\% = \frac{2}{15} \times 100\% = 13.33\%.$$

因为工资的变异系数小于受教育年数的变异系数,所以工资的变化程度小于受教育的变化程度.

总 习 题 7

1. 根据表 7.1,画出柱形图,并说明采用柱形图的好处.

表 7.1 2000～2009 年各年我国房屋销售价格指数

年 份	2000	2001	2002	2003	2004	2005	2006	2007	2008	2009
指 数	101.1	102.2	103.7	104.8	109.7	107.6	105.5	110.2	105.3	101.0

2. 根据表 7.1,画出折线图和散点图,并说明各自的好处.

3. 根据表 7.1,计算 2000～2009 年期间,我国商品房屋销售价格指数的平均值和标准差,极差和变异系数.

4. 我国 2000～2009 年各年房屋销售价格指数和房屋租赁价格指数如表 7.2 所示,画出散点图并进行分析.

表 7.2 2000～2009 年各年房屋销售价格指数和房屋租赁价格指数

年 份	2000	2001	2002	2003	2004	2005	2006	2007	2008	2009
销售价格指数	101.1	102.2	103.7	104.8	109.7	107.6	105.5	110.2	105.3	101.0
租赁价格指数	102.4	102.8	100.8	101.9	101.4	101.9	101.4	103.1	101.1	99.5

5. 某企业 100 名职工的月收入(单位:元)如下:

8 520	6 370	7 580	10 320	9 670	10 190	9 350	9 980	9 100	6 510
8 620	7 940	8 960	10 720	9 870	6 540	7 360	8 150	9 280	8 100
8 950	8 430	11 800	7 440	6 610	9 370	8 640	8 760	9 100	8 090
7 720	10 730	9 990	6 000	6 300	7 400	6 010	9 050	7 900	10 200
5 420	8 820	11 000	8 000	8 800	5 750	9 320	8 300	8 900	9 360
9 800	7 500	9 700	8 420	9 350	8 000	10 500	8 400	8 200	5 200
9 740	9 010	8 590	6 750	10 000	5 760	5 700	7 500	5 700	7 900
9 300	4 700	8 800	8 400	9 500	9 200	9 000	9 100	6 300	8 900
8 900	7 800	8 900	10 210	9 300	7 400	6 900	8 900	9 300	8 670
8 300	7 470	8 400	6 900	7 700	8 300	8 780	8 800	9 400	9 510

(1) 求频率分布表;

(2) 画出频率直方图;

(3) 近似地计算平均月收入、方差和标准差;

(4) 近似地计算这个数据集的极差和四分位极差.

6. 某单位职工的年平均工资为 98 500 元,标准差为 3 520;这些职工的平均年龄为 40 岁,标准差为 5 年. 分析年工资的变异程度大还是年龄变异程度大.

7. 2005～2009 年银行存款、国债和证券投资收益率(单位:%)如表 7.3 所示,求各种投资形式的平均收益、方差和标准差,比较三种收益的稳定性.

表 7.3　银行存款、国债和证券投资收益率　　　　　　　单位:%

年 份	2005	2006	2007	2008	2009
一年期整存整取存款利率	2.25	2.25	2.52	4.14	2.25
三年期国债	3.37	3.14	3.39	5.74	3.73
基金证券	1.62	3.45	6.45	−0.57	9.69

8. 就截面数据、时间序列数据和平行数据情形,举一个实例.

阅读材料 7　数据整理学习小结

一、熟记本章的基本概念

本章的基本概念较多,如分类型数据、数量型数据、截面数据、时间序列数据、频数、组距、组界、组中值、频率分布表、直方图、条形图和柱形图、饼形图、折线图、曲线图、散点图、平均数、中位数、众数、方差、标准差、极差、变异系数、四分位点、四分位极差等,在学习中一定要理解它们的本质.

二、掌握数据整理和分析的基本方法

我们要根据数据的特征将其进行整理和分析,能很快地掌握数据的内在规律,熟练掌握数据表示方法和分组方法,会制作频率直方图,熟练掌握计算有关集中趋势和离散趋势的度量指标.

三、数据处理实例

例　某班 40 名学生数学课程的考试成绩如下:

88	79	90	88	71	69	68	83
83	65	98	86	33	75	96	90
71	49	100	77	93	63	87	80
60	91	80	63	67	84	58	68
99	66	42	75	62	21	87	89

(1) 求频率分布表;

(2) 画出频率直方图;

(3) 求分组后成绩平均值、方差、标准差和变异系数;

(4) 求分组后的众数、四分位点和四分位极差.

解 (1) 第一步:将全部数据按升序排列,找出最大值 max 和最小值 min. 上表中的最大值和最小值分别为 max $= 100$, min $= 21$.

第二步:确定组数,计算组距. 我们可以取 $a = 20$, $b = 100$,则组距 $c = \dfrac{100 - 20}{8} = 10$.

第三步:计算每组的上、下限(分组界限)以及数据落入各组的频数 v_i(个数)形成频率分布表,如表 7.4 所示.

表 7.4 数学课程成绩频数、频率分布表

组 号	组下限	组上限	分组界限	频数 v_i	频率 $f_i/\%$	组中值
1	20	30	[20, 30)	1	2.50%	25
2	30	40	[30, 40)	1	2.50%	35
3	40	50	[40, 50)	2	5.00%	45
4	50	60	[50, 60)	1	2.50%	55
5	60	70	[60, 70)	10	25.00%	65
6	70	80	[70, 80)	6	15.00%	75
7	80	90	[80, 90)	11	27.50%	85
8	90	100	[90, 100]	8	20.00%	95

(2) 根据表 7.4,可画出成绩频率分布直方图.

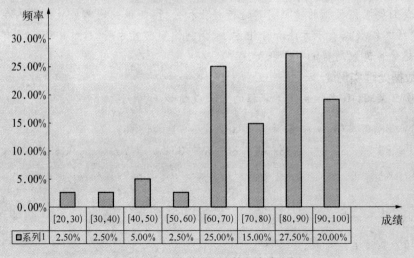

图 7.1 数学课程成绩频率直方图

（3）我们把方差、标准差的中间计算结果绘制成表7.5.

表7.5　方差、标准差的中间计算结果

组　数	下　限	上　限	组中值 y_i	人数 v_i	$v_i y_i$	$v_i (y_i - \bar{y})^2$
1	20	30	25	1	25	2 500
2	30	40	35	1	35	1 600
3	40	50	45	2	90	1 800
4	50	60	55	1	55	400
5	60	70	65	10	650	1 000
6	70	80	75	6	450	0
7	80	90	85	11	935	1 100
8	90	100	95	8	760	3 200
合计				40	3 000	11 600

学生成绩的平均值为 $\bar{y} = \dfrac{3\,000}{40} = 75.$

学生成绩的方差、标准差分别为

$$\sigma^2 = \frac{\sum\limits_{i=1}^{m} v_i (y_i - \bar{y})^2}{n} = \frac{11\,600}{40} = 290,$$

$$\sigma = \sqrt{\frac{\sum\limits_{i=1}^{m} v_i (y_i - \bar{y})^2}{n}} = \sqrt{290} = 17.03.$$

学生成绩的变异系数为

$$V = \frac{\sigma}{\bar{y}} = \frac{17.03}{75} = 0.227.$$

（4）根据表7.4，数学课程成绩众数是 $80\sim90$ 之间，其次是 $60\sim70$ 之间；第一四分位点在第 10 个数与第 11 个数之间，计算得 $Q_1 = 65.5$；第三四分位点在第 30 个数与第 31 个数之间，计算得 $Q_3 = 88.5$；四分位极差为 $Q_3 - Q_1 = 88.5 - 65.5 = 23.$

习题答案

习 题 1.1

1. -3，6，$3a^2-6a-3$，$3a^2+6a-3$，$3x^2-6$.

2. 8，25，$\dfrac{2a^2}{\sqrt{a-1}}$，$\dfrac{2(x+1)^2}{\sqrt{x}}$，$\dfrac{2(x-1)^2}{\sqrt{x-2}}$.

4. (1) $\sqrt{x^2+1}+1$，$x+2\sqrt{x}+2$； (2) $2\sqrt{x^2-1}+1$，$4x+4\sqrt{x}$.

5. (1) $h(x)=u^5$，$u=x^2+x+1$； (2) $h(x)=u^{-3}$，$u=3x^2-4$； (3) $h(x)=\dfrac{1}{u}$，$u=x^2-1$； (4) $h(x)=\sqrt{u}$，$u=x-1$.

6. $y=\begin{cases}0.15x, & 0\leqslant x\leqslant 50,\\ 7.5+0.25(x-50), & x>50.\end{cases}$

7. (1) $y=1560+4x(元)$； (2) $12x(元)$； (3) $6440(元)$.

8. (1) $4200(元)$； (2) $y=x-0.05(x-1000)$，$1000<x\leqslant 2000$.

习 题 1.2

1. (1) $\lim\limits_{x\to 1^-}f(x)=3$，$\lim\limits_{x\to 1^+}f(x)=0$，$\lim\limits_{x\to 1}f(x)$ 不存在；

   (2) $\lim\limits_{x\to 4^-}f(x)=0$，$\lim\limits_{x\to 4^+}f(x)=0$，$\lim\limits_{x\to 4}f(x)=0$；

   (3) $\lim\limits_{x\to 1^-}f(x)=-2$，$\lim\limits_{x\to 1^+}f(x)=2$，$\lim\limits_{x\to 1}f(x)$ 不存在.

2. (1) 24； (2) 0； (3) 9； (4) -1； (5) 0； (6) -2； (7) $\dfrac{2}{3}$； (8) $3x^2$； (9) $\dfrac{1}{2}$；

   (10) 0； (11) 2； (12) 0； (13) 0； (14) 1.

3. $2x+\Delta x$.

习 题 1.3

1. (1) 5； (2) $\dfrac{1}{2}$； (3) 1； (4) 2； (5) x； (6) $\dfrac{m}{n}$； (7) -1； (8) 1； (9) 4；

   (10) 3； (11) $\dfrac{\sqrt{2}}{2}$； (12) $\sqrt{2}$.

2. (1) $e^{\frac{1}{2}}$； (2) e^k； (3) e^4； (4) e^{-4}； (5) 1； (6) 2； (7) e^2； (8) e； (9) e^{-1}；

   (10) e^2.

3. $\ln 2$.

4. 本利和为 $p\left(1+\dfrac{r}{n}\right)^{nt}$. (1) 1469.33(元)；　(2) 1480.24(元)；　(3) 1489.85(元)；

(4) 1491.82(元).

习 题 1.4

2. (1) 无穷小；　(2) 无穷小；　(3) 无穷大；　(4) 无穷大.

3. (1) 5；　(2) $\dfrac{3}{2}$；　(3) 3；　(4) $\dfrac{1}{4}$；　(5) 2；　(6) 2；　(7) $\dfrac{1}{2}$；　(8) $\dfrac{n}{m}$.

习 题 1.5

1. $-1, 0$.

2. (1) $(-\infty, 1) \bigcup (1, 2) \bigcup (2, +\infty)$；　(2) $(-\infty, -3) \bigcup (3, +\infty)$；　(3) $[2, +\infty)$；

(4) $(-\infty, 1) \bigcup (1, +\infty)$.

3. (1) 0；　(2) 1；　(3) 5；　(4) 0；　(5) 1；　(6) 1.

4. 1.

5. a 为任意常数，$b=-1$.

8. (1) 2.88(元)；　(2) 连续.

总 习 题 1

(A)

1. (1) 错；　(2) 错；　(3) 错；　(4) 对；　(5) 错.

2. (1) ①③④；　(2) ④；　(3) ③；　(4) ①.

3. (1) $1+e^x$；　(2) 2；　(3) 5；　(4) $(-\infty, 1) \bigcup (1, +\infty)$.

4. (1) 4；　(2) $-\dfrac{1}{2}$；　(3) $\dfrac{1}{2}$；　(4) e；　(5) 1；　(6) e^2.

5. $a=1, b=-2$.

6. 2.

(B)

1. (1) 对；　(2) 错；　(3) 错；　(4) 错

2. (1) ①③④；　(2) ③；　(3) ④；　(4) ④.

3. (1) $\dfrac{(x+1)^2}{4}$；　(2) $a=1, b=-1$；　(3) $0, \pm 1$；　(4) 2.

4. (1) $\dfrac{n(n+1)}{2}$；　(2) 8；　(3) -2；　(4) 2；　(5) e^{-4}；　(6) $\dfrac{1}{1-x}$.

5. -2.

6. 间断点为 0.

习 题 2.1

1. (1) $y'=m$；　(2) $y'=-2x$；　(3) $y'=\dfrac{1}{3}x^{-\frac{2}{3}}$；　(4) $y'=\dfrac{x}{\sqrt{1+x^2}}$.

2. D.

3. C.

4. C.

5. $\varphi(a)$.

6. $(1, 2)$, $(-1, -2)$.

7. (1) 切线方程为 $y+x+2=0$, 法线方程为 $y-x=0$;

(2) 切线方程为 $y-\dfrac{x}{e}=0$, 法线方程为 $y+ex-e^2-1=0$.

8. 连续, 可导.

9. 连续, 不可导.

10. $f(0)=0$, $f'(0)=1$.

习 题 2.2

1. (1) $y'=10x^4+3x^2-4x+1$;   (2) $y'=-6x^{-7}-6x^{-4}+8x^{-3}-x^{-2}$;

(3) $y'=3x^2+5^x\ln 5-2e^x$;   (4) $y'=2\sec x^2+\sec x\tan x$;

(5) $y'=2\cos x-\dfrac{1}{x}$;   (6) $y'=\dfrac{1}{2}+\dfrac{2}{x^2}$;   (7) $y'=2x\cos x-x^2\sin x$;

(8) $y'=\dfrac{2}{(x+1)^2}$;   (9) $y'=\dfrac{-x\sin x-\cos x}{x^3}$;   (10) $y'=\dfrac{2x\sec^2 x-\tan x}{2\sqrt{x^3}}$.

(11) $y'=10^x\ln 10 \cdot \sin x+10^x\cos x$;   (12) $y'=\dfrac{-1-2x}{(1+x+x^2)^2}$;

(13) $y'=e^x\sin x\lg x+e^x\cos x\lg x+e^x\sin x\dfrac{1}{x\ln 10}$;

(14) $y'=\tan x+x\sec^2 x-2\sec x\tan x$;   (15) $y'=\ln x+1+\dfrac{1-\ln x}{x^2}$;

(16) $y'=\dfrac{(\sin x+x\cos x)(1+\tan x)-x\sin x\sec^2 x}{(1+\tan x)^2}$;

(17) $y'=e^x\sec x+xe^x\sec x+xe^x\sec x\tan x$;   (18) $y'=3x^2-12x+11$;

(19) $y'=a^x\ln a\cdot x^a+a^{x+1}x^{a-1}$;   (20) $y'=\dfrac{(1-\sqrt{x})^2-\left(\dfrac{1}{\sqrt{x}}-1\right)(1-x)}{(1-x)^2}$.

2. $(\cot)'=-\csc^2 x$, $(\csc)'=-\csc x\cot x$.

习 题 2.3

1. (1) $y'=24x(2x^2-5)^5$;   (2) $y'=2(3x-x^2+2)(2x-3)\sin(3x-x^2+2)$;

(3) $y'=-2xe^{-x^2}$;   (4) $y'=\dfrac{2x}{x^2-1}$;   (5) $y'=\sin 2x$;   (6) $y'=\dfrac{2x}{1+x^4}$;

(7) $y'=\dfrac{-x}{\sqrt{2-x^2}}$;   (8) $y'=\dfrac{2xe^{x^2}}{1+e^{2x^2}}$;   (9) $y'=\dfrac{4}{\sqrt{1-4x^2}}\arcsin 2x$;

(10) $y' = -\tan x$;　(11) $y' = \dfrac{2\sqrt{x+\sqrt{x}}+1+\dfrac{1}{2\sqrt{x}}}{4\sqrt{x+\sqrt{x+\sqrt{x}}}\cdot\sqrt{x+\sqrt{x}}}$;　(12) $y' = \dfrac{\ln x}{x\sqrt{1+\ln^2 x}}$;

(13) $y' = \dfrac{1}{2\sqrt{x}(1+x)}e^{\arctan\sqrt{x}}$;　(14) $y' = \dfrac{-x-1}{x+x^2\ln\dfrac{1}{x}}$;

(15) $y' = \dfrac{\pi}{2\sqrt{1-x^2}\arccos^2 x}$;　(16) $y' = \dfrac{1}{\ln(\ln x)\cdot\ln x\cdot x}$.

2. (1) $y' = (\sin x)^{\ln x}\left(\dfrac{\ln\sin x}{x}+\cot x\right)$;

(2) $y' = x^5\sqrt{\dfrac{1-x}{1+x^2}}\left[\dfrac{5}{x}-\dfrac{1}{2}\left(\dfrac{1}{1-x}+\dfrac{2x}{1+x^2}\right)\right]$;

(3) $y' = \left(\dfrac{x}{1+x}\right)^x\left(\ln\dfrac{x}{1+x}+\dfrac{1}{1+x}\right)$;

(4) $y' = \dfrac{\sqrt{x+2}\,(3-x)^4}{(x+1)^5}\left[\dfrac{1}{2(x+2)}-\dfrac{4}{3-x}-\dfrac{5}{x+1}\right]$.

3. (1) $\dfrac{p}{y}$;　(2) $-\dfrac{3x^2y+y^3}{x^3+3xy^2}$;　(3) $-\dfrac{e^x\sin y+e^{-y}\sin x}{e^x\cos y+e^{-y}\cos x}$;

(4) $-\dfrac{y\sin(xy)}{2+x\sin(xy)}$;　(5) $\dfrac{ay-x^2}{y^2-ax}$;　(6) $\dfrac{x+y}{x-y}$.

4. $\dfrac{f(x)f'(x)+g(x)g'(x)}{\sqrt{f^2(x)+g^2(x)}}$.

5. (1) $2xf'(x)$;　(2) $\sin 2xf'(\sin^2 x)+2f(x)f'(x)\sin f^2(x)$;

(3) $f'(e^x)\cdot e^x\cdot e^{f(x)}+f(e^x)\cdot e^{f(x)}\cdot f'(x)$;　(4) $f'\{f[f(x)]\}f'[f(x)]f'(x)$.

<h2 style="text-align:center">习　题　2.4</h2>

1. (1) $2^x(\ln 2)^2+2$;　(2) $-2\sin x-x\cos x$;　(3) $2\sec^2 x\tan x$;　(4) $\dfrac{1}{(1+x^2)^{\frac{3}{2}}}$;

(5) $-2e^{-t}\cos t$;　(6) $2\cos 2x$;　(7) $2\arctan x+\dfrac{2x}{1+x^2}$;　(8) $\dfrac{-x}{(1+x^2)^{\frac{3}{2}}}$;

(9) $\dfrac{4-x}{4(x-1)^{\frac{5}{2}}}$;　(10) $\dfrac{-2\sin(\ln x)}{x}$.

2. (1) $6xf'(x^3)+9x^4f''(x^3)$;　(2) $\dfrac{f''(x)f(x)-[f'(x)]^2}{f^2(x)}$.

3. (1) $\dfrac{2xy+ye^y(2-y)}{(x+e^y)^3}$;　(2) $\sin(x+y)[\cos(x+y)-1]^{-3}$;　(3) $-\dfrac{2(1+y^2)}{y^5}$;

(4) $\dfrac{2e^{2y}-xe^{3y}}{(1-xe^y)^3}$.

5. $a=-0.5$，$b=1$，$c=0$.

6. $\dfrac{2-\ln x}{x\,(\ln x)^3}$.

习 题 2.5

1. (1) $\left(2x-\dfrac{1}{x^2}\right)\mathrm{d}x$； (2) $(\cos 2x-2x\sin 2x)\mathrm{d}x$； (3) $(\mathrm{e}^{-x^2}-2x^2\mathrm{e}^{-x^2})\mathrm{d}x$；

(4) $\left[\dfrac{(x^2+1)\cos x-x\sin x}{\sqrt{(x^2+1)^3}}\right]\mathrm{d}x$； (5) $\left[\dfrac{4x}{x^2-1}-\ln(1-x^2)\right]\mathrm{d}x$；

(6) $[\mathrm{e}^x\sin(x^2-1)+2x\mathrm{e}^x\cos(x^2-1)]\mathrm{d}x$； (7) $\left(2x\arcsin x+\dfrac{x^2}{\sqrt{1-x^2}}\right)\mathrm{d}x$；

(8) $\left(\dfrac{-2x}{1+x^4}\right)\mathrm{d}x$； (9) $\left[\dfrac{2x\cos x-(1-x^2)\sin x}{(1-x^2)^2}\right]\mathrm{d}x$； (10) $\left(\dfrac{2\sqrt{x}-1}{4\sqrt{x^2-\sqrt{x^3}}}\right)\mathrm{d}x$.

2. (1) $\dfrac{x^2}{2}$； (2) $-\dfrac{1}{x}$； (3) $-\dfrac{1}{a}\cos ax$； (4) $\dfrac{1}{2}\arctan\dfrac{x}{2}$； (5) $\ln(x+1)$；

(6) $-\dfrac{1}{5}\mathrm{e}^{-5x}$； (7) $2\sqrt{x}$； (8) $\dfrac{1}{b}\tan bx$； (9) $\dfrac{2^x}{\ln 2}$； (10) $-\sqrt{1-x^2}$.

3. (1) $\mathrm{d}y=\left(\dfrac{\mathrm{e}^y+\cos x}{1-x\mathrm{e}^y}\right)\mathrm{d}x$； (2) $\mathrm{d}y=\left(\dfrac{2xy-y\mathrm{e}^{xy}-\mathrm{e}^y}{x\mathrm{e}^{xy}+x\mathrm{e}^y-x^2}\right)\mathrm{d}x$.

5. (1) 1.0349； (2) 2.7455； (3) 9.9867； (4) 0.001； (5) 0.7954.

6. $\Delta V=30.301\ \mathrm{m}^3$，$\mathrm{d}V=30\ \mathrm{m}^3$.

总 习 题 2

(A)

1. (1) 是； (2) 非； (3) 是； (4) 是.

2. (1) ① 充分，必要，② 充分必要，③ 充分必要； (2) $10^x\ln 10\cdot\sin x+10^x\cos x$；

(3) $\dfrac{x}{\sqrt{1+x^2}}\cos\sqrt{1+x^2}$； (4) $f'(\ln x)\cdot\dfrac{1}{x}\cdot\ln f(x)+f(\ln x)\cdot\dfrac{f'(x)}{f(x)}$；

(5) $f'(\mathrm{e}^x)\mathrm{e}^x$，$f''(\mathrm{e}^x)\mathrm{e}^{2x}+f'(\mathrm{e}^x)\mathrm{e}^x$； (6) $\left(\dfrac{-2\sqrt{xy}+y-y}{x+1}\right)\mathrm{d}x$.

3. (1) A； (2) D； (3) A； (4) B.

4. (1) $x\neq 0$ 处，$y'=\dfrac{2[2x^2-(1+x^2)\ln(1+x^2)]}{x^2(1+x^2)}$，$x=0$ 处，$y'=2$；

(2) $\dfrac{(2x+1)^2\cdot\sqrt[3]{2-3x}}{\sqrt[3]{(x-3)^2}}\left[\dfrac{4}{2x+1}-\dfrac{1}{2-3x}-\dfrac{2}{3(x-3)}\right]$；

(3) $x^x\cdot x^{x^x}\left(\dfrac{1}{x}+\ln x+\ln^2 x\right)$； (4) $-(1+\cos x)^{\frac{1}{x}}\dfrac{x\tan\dfrac{x}{2}+\ln(1+\cos x)}{x^2}$.

5. $\left(\dfrac{\sqrt{3}}{3}, \dfrac{\sqrt{3}}{9}\right), y = x - \dfrac{2}{9}\sqrt{3}; \left(-\dfrac{\sqrt{3}}{3}, -\dfrac{\sqrt{3}}{9}\right), y = x + \dfrac{2}{9}\sqrt{3}.$

6. $\left(\dfrac{a}{b}\right)^{x}\left(\dfrac{b}{x}\right)^{a}\left(\dfrac{x}{a}\right)^{b}\ln\left(\dfrac{a}{b}\right) - \left(\dfrac{a}{b}\right)^{x}\left(\dfrac{b}{x}\right)^{a-1}\left(\dfrac{ab}{x^2}\right)\left(\dfrac{x}{a}\right)^{b} + \left(\dfrac{a}{b}\right)^{x}\left(\dfrac{b}{x}\right)^{a}\dfrac{b}{a}\left(\dfrac{x}{a}\right)^{b-1}.$

7. $\pi x^{\pi-1} + \pi^{x}\ln\pi.$

8. $\dfrac{1}{2}.$

10. $100!\left[\dfrac{1}{(x+2)^{101}} - \dfrac{1}{(x+3)^{101}}\right].$

(B)

1. (1) 非； (2) 非； (3) 是； (4) 非； (5) 非； (6) 非； (7) 是.

2. (1) 2； (2) $\dfrac{1}{2\sqrt{\sin 2x}}e^{\sqrt{\sin 2x}}$； (3) $\sin x, e^{x}$； (4) $f'(0)$；

    (5) 2； (6) $-f'(x_0), 2f'(x_0)$； (7) $e^{t}(1+t)$； (8) 1.

3. (1) D； (2) D； (3) C； (4) D； (5) A.

4. 连续,可导,$f'(0) = 1.$

5. (1) $m > 0$； (2) $m > 1.$

6. 1.

7. $y = ex.$

8. $f'[\varphi(x) + y^2] \cdot \left[\varphi'(x) + \dfrac{2y}{1+e^{y}}\right].$

习 题 3.1

2. (1) $\left(-\infty, \dfrac{1}{2}\right)$单调增加,$\left(\dfrac{1}{2}, +\infty\right)$单调减少；

    (2) $(-1, 1)$单调增加,$(-\infty, -1), (1, +\infty)$单调减少；

    (3) $(0, 100)$单调增加,$(100, +\infty)$单调减少；

    (4) $(-\infty, +\infty)$单调增加；

    (5) $(0, n)$单调增加,$(n, +\infty)$单调减少；

    (6) $(-1, 0), (1, +\infty)$单调增加,$(-\infty, -1), (0, 1)$单调减少.

3. (1) 极小值 $y(1) = 4$；

    (2) 极大值 $y(0) = 6$,极小值 $y(1) = 5$；

    (3) 极大值 $y(-1) = 10$,极小值 $y(3) = -54$；

    (4) 极小值 $y(0) = 0$；

    (5) 极大值 $y(\pm 1) = 7$,极小值 $y(0) = 6$；

    (6) 极小值 $y\left(\dfrac{3}{4}\right) = \dfrac{5}{4}$；

    (7) 极小值 $y\left(2k\pi - \dfrac{\pi}{4}\right) = \dfrac{1}{\sqrt{2}}e^{2k\pi - \frac{\pi}{4}}$,

极大值 $y\left[(2k+1)\pi - \dfrac{\pi}{4}\right] = -\dfrac{1}{\sqrt{2}}\mathrm{e}^{(2k+1)\pi - \frac{\pi}{4}}$ $(k = 0, \pm 1, \pm 2, \cdots)$;

(8) 极大值 $y(\mathrm{e}) = \mathrm{e}^{\frac{1}{\mathrm{e}}}$;

(9) 极小值 $y(0) = 2$;

(10) 极大值 $y(-1) = 2$;

(11) 没有极值;

(12) 没有极值.

6. $\xi = \arccos\dfrac{2}{\pi}$.

习 题 3.2

1. (1) 在 $(-\infty, +\infty)$ 是凸弧; (2) 在 $(0, +\infty)$ 是凹弧;

(3) 拐点 $(2, -10)$, 在 $(-\infty, 2)$ 是凸弧, 在 $(2, +\infty)$ 是凹弧;

(4) 拐点 $(2, 2\mathrm{e}^{-2})$, 在 $(-\infty, 2)$ 是凸弧, 在 $(2, +\infty)$ 是凹弧;

(5) 在 $(-\infty, +\infty)$ 是凹弧;

(6) 拐点 $(-1, \ln 2)$, $(1, \ln 2)$, 在 $(-\infty, -1)$, $(1, +\infty)$ 是凸弧, 在 $(-1, 1)$ 是凹弧.

2. $a = 17$, $b = 51$, $c = 0$, $d = -24$.

习 题 3.3

1. (1) 最大值 $y(4) = 0$, 最小值 $y(-1) = -85$;

(2) 最大值 $y(3) = 9$, 最小值 $y(2) = -16$;

(3) 最大值 $y(3/4) = 1.25$, 最小值 $y(-5) = -5 + \sqrt{6}$;

(4) 最大值 $y(1) = 1/2$, 最小值 $y(0) = 0$;

2. 底边长为 $6\ \mathrm{cm}$, 宽为 $3\ \mathrm{cm}$, 高为 $4\ \mathrm{cm}$.

3. 每日来回 12 次, 每次 6 只小船, 可使运货总量最大.

4. 25 棵.

5. $\dfrac{1}{5\pi}\ \mathrm{m/min}$.

习 题 3.4

1. (1) 5; (2) -4; (3) $\dfrac{m}{n}a^{m-n}$; (4) 2; (5) $\dfrac{1}{2}$; (6) ∞; (7) $-\dfrac{1}{2}$; (8) 3;

(9) 1; (10) $\dfrac{1}{2}$; (11) 0; (12) $\dfrac{1}{2}$; (13) $\dfrac{1}{2}$; (14) 0; (15) 1; (16) $\mathrm{e}^{-\frac{1}{6}}$;

(17) e; (18) $\mathrm{e}^{-\frac{2}{\pi}}$; (19) 1; (20) e^{-1}.

3. 1.

4. $a = -3$, $b = \dfrac{9}{2}$.

总 习 题 3

(A)

1. (1) x_0,充分； (2) $(x_0, f(x_0))$,充分； (3) $-\dfrac{3}{2}$, $\dfrac{9}{2}$.

2. (1) C； (2) D； (3) D； (4) D； (5) B.

3. (1) 0； (2) $\dfrac{1}{2}$； (3) $e^{-\frac{1}{6}}$； (4) 2； (5) $\dfrac{1}{\sqrt{e}}$； (6) $\dfrac{1}{6}$.

4. $a = 0, b = -3$;极大值 $y(-1) = 2$, 极小值 $y(1) = -2$; 拐点 $(0, 0)$.

5. $a = -\dfrac{9}{2}, b = 6$.

6. $\pm\dfrac{\sqrt{2}}{8}$.

7. 每年分 5 批.

(B)

1. (1) -4； (2) $x = -\dfrac{1}{2}$ 为竖直渐近线； (3) 3, $(0, 1)$, $(1, 2)$, $(2, 3)$； (4) 1, $\dfrac{1}{2}$.

2. (1) D； (2) A； (3) D； (4) C.

7. $a = -1, b = 0, c = 2, d = 2$.

8. 沿公路一边 800 m,另一边 2000 m.

9. (1) 0.875 m/s； (2) $\dfrac{5}{\sqrt{2}}$ m ≈ 3.5 m； (3) 4 s.

习 题 4.1

2. (1) $x^3 - 3x + C$； (2) $\dfrac{3}{13}x^{\frac{13}{3}} + C$； (3) $\dfrac{1}{3}x^3 - 6e^x + 4\ln|x| + C$；

(4) $\dfrac{1}{2}x^2 - 3x + 3\ln|x| + \dfrac{1}{x} + C$； (5) $3\arcsin x - 2\arctan x + C$；

(6) $\arctan x + \ln|x| + C$； (7) $2x + \dfrac{1}{\ln 2 - \ln 3}\left(\dfrac{2}{3}\right)^x + C$； (8) $e^x - x + C$.

3. $y = x - x^2 - 5$.

4. $y = \ln x + 1$.

5. $-\cos x + C$.

6. (1) $\dfrac{8\sqrt[8]{12}}{15}x^{\frac{15}{8}} + C$； (2) $-\cot x - \tan x + C$；

(3) $\dfrac{x^{n+1}}{n+1} + \dfrac{x^n}{n} + \cdots + \dfrac{x}{2} + x + C$； (4) $\dfrac{9^x}{2\ln 3} - 2x - \dfrac{9^{-x}}{2\ln 3} + C$；

(5) $\sin x + \cos x + C$； (6) $\dfrac{1}{2}\tan x + C$.

7. (1) 27 m； (2) $2\sqrt[3]{45}$ s.

8. $-\dfrac{2}{x\sqrt{1-x^4}}$.

习 题 4.2

2. (1) $-\dfrac{3}{2}\sqrt[3]{(2-x)^2}+C$;　(2) $-\dfrac{1}{12}(1-3x)^4+C$;　(3) $\sin(x^2-1)+C$;

(4) $\dfrac{1}{2}\sin x^2+C$;　(5) $\dfrac{1}{2}\arctan^2 x+C$;　(6) $\dfrac{1}{12}(2x-1)^6+C$;

(7) $\ln(e^x+1)+C$;　(8) $\dfrac{2}{3}\sqrt{(2+e^x)^3}+C$;　(9) $-\dfrac{1}{4}\dfrac{1}{\ln^4 x}+C$;

(10) $\dfrac{1}{2}\ln(x^2+3)+C$;　(11) $\sec x+C$;　(12) $\ln\left|\dfrac{2x-1}{2x+1}\right|+C$.

3. (1) $\dfrac{1}{3}$;　(2) -1;　(3) -2;　(4) $-\dfrac{1}{5}$.

4. (1) $\dfrac{1}{6}\sin(2+3x^2)+C$;　(2) $\dfrac{1}{2}e^{x^2}+C$;　(3) $e^{\sin x}+C$;　(4) $e^{-\frac{1}{x}}+C$;

(5) $-\dfrac{1}{2}\cot(x^2+1)+C$;　(6) $\arcsin e^x+C$;　(7) $-\dfrac{10^{\arccos x}}{\ln 10}+C$;

(8) $-\dfrac{1}{3}\sqrt{2-3x^2}+C$;　(9) $-\dfrac{3}{4}\ln|1-x^4|+C$;　(10) $-\dfrac{1}{3\omega}\cos^3(\omega t)+C$;

(11) $e^{\sqrt{1+x^2}}+C$;　(12) $-\dfrac{1}{\arcsin x}+C$.

习 题 4.3

1. (1) $2\sqrt{1+\ln x}+C$;　(2) $2\sqrt{x}+\dfrac{1}{3}(\ln x)^3+C$;

(3) $2\sqrt{x}-3\sqrt[3]{x}+6\sqrt[6]{x}-6\ln(1+\sqrt[6]{x})+C$;　(4) $2\sqrt{x}-2\ln(\sqrt{x}+1)+C$;

(5) $\ln(x+1+\sqrt{x^2+2x+2})+C$;　(6) $-\dfrac{\sqrt{x^2+1}}{x}+\ln(\sqrt{x^2+1}+x)+C$;

(7) $\dfrac{1}{24}\ln\dfrac{x^6}{x^6+4}+C$;　(8) $\sqrt{x^2-9}-3\arccos\dfrac{3}{x}+C$.

4. $2\sqrt{1+x}-1$.

5. (1) $\sqrt{2x}-\ln(1+\sqrt{2x})+C$;　(2) $\dfrac{x}{\sqrt{x^2+1}}+C$;

(3) $\dfrac{2\sqrt{3}}{3}\arctan\dfrac{2\sqrt{3}\left(x+\dfrac{1}{2}\right)}{3}+C$;　(4) $\dfrac{1}{2}\ln(2x-1+\sqrt{4x^2-4x-1})+C$.

(5) $\dfrac{9}{2}\arcsin\dfrac{x}{3}-\dfrac{x}{2}\sqrt{9-x^2}+C$;　(6) $\ln(x+\sqrt{x^2+3})+C$.

6. $-\dfrac{1}{2(1+x^2)}+C$.

习 题 4.4

1. (1) $x\ln(1+x^2) - 2x + 2\arctan x + C$;   (2) $\dfrac{1}{3}x^3\ln x - \dfrac{1}{9}x^3 + C$;

(3) $\dfrac{1}{2}x^2\arctan x - \dfrac{1}{2}x + \dfrac{1}{2}\arctan x + C$;   (4) $x\arcsin x + \sqrt{1-x^2} + C$;

(5) $x\sin x + \cos x + C$;   (6) $-\dfrac{1}{2}x\mathrm{e}^{-2x} - \dfrac{1}{4}\mathrm{e}^{-2x} + C$;

(7) $\dfrac{1}{2}(x^2-1)\ln(x-1) - \dfrac{x^2}{4} - \dfrac{x}{2} + C$;   (8) $x\arccos x - \sqrt{1-x^2} + C$;

(9) $\dfrac{x}{2}(\cos(\ln x) + \sin(\ln x)) + C$;   (10) $x\tan x + \ln\cos x - \dfrac{x^2}{2} + C$;

(11) $-2\sqrt{x}\cos\sqrt{x} + 2\sin\sqrt{x} + C$;   (12) $\dfrac{1}{n+1}x^{n+1}\ln x - \dfrac{1}{(n+1)^2}x^{n+1} + C$.

2. $-\sin x - \dfrac{2\cos x}{x} + C$.

3. $\mathrm{e}^x + C$.

4. (1) $-\dfrac{1}{4}x\cos 2x + \dfrac{1}{8}\sin 2x + C$;   (2) $2\sqrt{x}\mathrm{e}^{\sqrt{x}} - 2\mathrm{e}^{\sqrt{x}} + C$;

(3) $(1+x^2)\ln(1+x^2) - x^2 + C$;   (4) $x^2\sin x^2 + \left(1 - \dfrac{1}{2}x^4\right)\cos x^2 + C$;

(5) $\dfrac{x}{2}\left[\sin(\ln x) - \cos(\ln x)\right] + C$;   (6) $\dfrac{1}{2}\dfrac{1+x}{\sqrt{1+x^2}}\mathrm{e}^{\arctan x} + C$.

5. $2\ln x - (\ln x)^2 + C$.

总 习 题 4

(A)

1. (1) C;   (2) D;   (3) C;   (4) A;   (5) B.

2. (1) $\dfrac{\sqrt{2}}{2}$;   (2) $x + 2\ln(x-1) + C$;   (3) $y = -\cos x + 1 + \dfrac{\sqrt{3}}{2}$;

(4) $x + 2\mathrm{e}^x + C$;   (5) $x^3 - 6x^2 - 15x + 2$.

3. (1) $-\dfrac{1}{x} - \arctan x + C$;   (2) $\dfrac{1}{4}(\mathrm{e}^x - 1)^4 + C$;   (3) $\dfrac{1}{10}(x^2-1)^5 + C$;

(4) $\dfrac{1}{8}x - \dfrac{1}{32}\sin 4x + C$;   (5) $-4\cot x + C$;   (6) $\ln|\csc 2x - \cot 2x| + C$.

4. $\cos x - \dfrac{2\sin x}{x} + C$.

5. (1) $\dfrac{1}{4}x^4 + \dfrac{1}{4}\ln(x^4+1) - \ln(x^4+2) + C$;   (2) $\mathrm{e}^{2x}\tan x + C$;

(3) $-\dfrac{\arctan x}{x} + \ln\dfrac{x}{\sqrt{1+x^2}} - \dfrac{1}{2}(\arctan x)^2 + C$;

(4) $\dfrac{1}{2\cos^2 x}+\ln|\csc 2x-\cot 2x|+C$;

(5) $\dfrac{1}{8\cos^2 \frac{x}{2}}+\dfrac{1}{4}\ln|\csc x-\cot x|+C$;　(6) $\dfrac{x-1}{2\sqrt{1+x^2}}e^{\arctan x}+C$.

6. $(\arcsin\sqrt{x})^2+C$.

(B)

1. (1) $\dfrac{2^x e^x}{\ln 2+1}+C$;　(2) $f(x)dx$, $f(x)+C$, $f(x)$, $f(x)+C$;

(3) $\dfrac{f(x)}{1+x^2}$;　(4) $3e^{\frac{x+1}{3}}+C$;　(5) $2x^2-x+C$.

2. (1) D;　(2) B;　(3) B;　(4) D;　(5) D.

3. (1) $\dfrac{1}{2}\tan^2 x+\ln|\cos x|+C$;　(2) $\dfrac{\ln x}{1-x}+\ln\left|\dfrac{1-x}{x}\right|+C$;　(3) $2\sqrt{f(\ln x)}+C$;

(4) $-\dfrac{2}{17}e^{-2x}\left(\cos\dfrac{x}{2}+4\sin\dfrac{x}{2}\right)+C$;　(5) $x\ln^2 x-2x\ln x+2x+C$;

(6) $-\dfrac{1}{x}+\dfrac{\sqrt{1-x^2}}{x}+\arcsin x+C$;　(7) $\dfrac{1}{6}x^3+\dfrac{1}{2}x^2\sin x+x\cos x-\sin x+C$;

(8) $\dfrac{1}{2}(1-x^2)\cos 2x+\dfrac{1}{2}x\sin 2x+\dfrac{1}{4}\cos 2x+C$;　(9) $(\arctan\sqrt{x})^2+C$;

(10) $\dfrac{1}{2}e^x-\dfrac{1}{10}e^x(\cos 2x+2\sin 2x)+C$;　(11) $2\ln(e^x-1)-x+C$;

(12) $\dfrac{1}{2}\dfrac{1}{(1-x)^2}-\dfrac{1}{1-x}+C$.

4. $\dfrac{1}{4}\cos 2x-\dfrac{1}{4}\dfrac{\sin 2x}{x}+C$.

5. (1) $\dfrac{1}{2}\ln|\sin x+\cos x|+\dfrac{1}{2}x+C$;　(2) $\dfrac{1}{2\sqrt{2}}\ln\left|\dfrac{e^x-\sqrt{2}}{e^x+\sqrt{2}}\right|+C$;　(3) $e^{\sin x}(x-\sec x)+C$;

(4) $x\arctan x-\dfrac{1}{2}\ln(1+x^2)-\dfrac{1}{2}(\arctan x)^2+C$;

(5) $-\dfrac{1}{2}(e^{-2x}\arctan e^x+e^{-x}+\arctan e^x)+C$;

(6) $\dfrac{1}{4}\ln\left|\dfrac{x-1}{x+1}\right|-\dfrac{1}{2}\arctan x+C$.

6. $x-(e^{-x}+1)\ln(1+e^x)+C$.

习　题　5.1

1. $4,\ -4,\ 2$.

2. (1) 0;　(2) $\dfrac{3}{2}$.

3. (1) $[2, 34]$;   (2) $[2e^{-4}, 2]$;   (3) $[1/2, 1]$;   (4) $[0, \pi/2]$.

4. (1) $>$;   (2) $<$.

5. (1) 1;   (2) π.

6. (1) $<$;   (2) $<$.

7. $\displaystyle\int_0^1 \sqrt{1+x}\,\mathrm{d}x$.

习 题 5.2

1. (1) $\dfrac{22}{3}$;   (2) $\dfrac{1}{4}$;   (3) $\dfrac{1}{2}(e^2-1)$;   (4) $\dfrac{29}{6}$;   (5) $\dfrac{2}{\ln 3}+\dfrac{1}{5}$;   (6) 4;   (7) 0;

   (8) $1+\dfrac{\pi}{4}$.

2. $\dfrac{\sqrt{1+x}}{2\sqrt{x}}$.

3. $5/2$.

4. $7/6$.

5. (1) $\dfrac{8\sqrt{2}}{5}+\ln 2-\dfrac{2}{5}$;   (2) $\dfrac{\pi}{6}$;   (3) -4.

6. $-e/2$.

7. $17/6$.

9. $f(x) = x - \dfrac{2}{3}$.

习 题 5.3

1. (1) $-\dfrac{2}{15}$;   (2) $\ln(1+\ln 3)$;   (3) $\dfrac{1}{4}$;   (4) $\dfrac{\pi}{6}-\dfrac{\sqrt{3}}{8}$;   (5) $\dfrac{1}{3}(\ln 2-\ln 5)$;

   (6) $2(2-\ln 3)$;   (7) $1-e^{-2}$;   (8) $2\left(\dfrac{5^{3/2}}{3}+\dfrac{2}{3}-\sqrt{5}\right)$.

3. 0.

4. (1) $\dfrac{9}{2}\ln 3-2$;   (2) 1;   (3) $\dfrac{1}{e-1}-\dfrac{2}{e^2-1}+\ln(e+1)-1$;   (4) $6\ln 6-5$;

   (5) $\dfrac{\pi}{12}+\dfrac{\sqrt{3}}{2}-1$;   (6) $\dfrac{1}{2}e^{\pi/2}+\dfrac{1}{2}$.

5. (1) 9π;   (2) $\sqrt{2}$;   (3) $\dfrac{1}{5}(\ln 4-\ln 3)$;   (4) $\dfrac{\pi}{2}$;   (5) $6\ln\dfrac{4}{3}$;   (6) $e^{-1/2}-e^{-1}$.

6. 2.

7. 0.

8. (1) $\dfrac{\pi}{4}-\dfrac{1}{2}\ln 2$;   (2) 0;   (3) $e-2$.

习 题 5.4

1. $\dfrac{8}{3}\sqrt{2}$.

2. $\dfrac{\pi}{2}+\dfrac{1}{3}$ 和 $\dfrac{3\pi}{2}-\dfrac{1}{3}$.

3. $\dfrac{\pi^2}{2}$.

4. (1) 36; (2) $\dfrac{3}{2}-\ln 2$.

5. (1) $\dfrac{32\pi}{3}$; (2) $\dfrac{3\pi}{10}$.

6. 8.4×10^7.

总 习 题 5

(A)

1. (1) D; (2) A; (3) A; (4) B; (5) B; (6) C; (7) D; (8) C; (9) A; (10) A.

2. (1) 0; (2) $\sqrt{1+x^4}$; (3) 2; (4) $\dfrac{1}{(1+\sin^2 x)\displaystyle\int_0^x \dfrac{\mathrm{d}t}{1+\sin^2 t}}$; (5) 0.

3. (1) $a^3-\dfrac{1}{2}a^2$; (2) $4\mathrm{e}^9+\dfrac{1}{2}$; (3) $\dfrac{2\sqrt{2}}{3}$; (4) $\dfrac{\sqrt{3}}{3}\pi-\ln 2$.

4. $\Phi(x)=\begin{cases}1-\cos x, & x\in[0,\ \pi/2],\\ x, & x\in(\pi/2,\ \pi]\end{cases}$ 在 $x=\dfrac{\pi}{2}$ 跳跃间断.

5. (1) $\mathrm{e}+\mathrm{e}^{-1}-2$; (2) $b-a$.

7. 5.

8. (1) $-\dfrac{1}{18}$; (2) $\dfrac{1}{4}$.

9. $\pi^2/4$.

10. 680.8.

(B)

1. (1) 3/2; (2) $-f(x)$; (3) 1; (4) $f(x+b)-f(x+a)$.

2. (1) $\pi^3/324$; (2) 0.

3. $7\dfrac{2}{3}$.

4. (1) $\dfrac{1}{6}$; (2) $\dfrac{3}{2}-\ln 2$.

5. $\displaystyle\int_a^b f(a-x)\mathrm{d}x=\int_a^b f(a-x)\mathrm{d}(x-a)\xlongequal{a-x=t}-\int_a^0 f(t)\mathrm{d}t=\int_0^a f(t)\mathrm{d}t$.

6. 令 $1-x=t$ 则 $\mathrm{d}x=\mathrm{d}t$.

$$\int_0^1 x^m (1-x)^n \mathrm{d}x = -\int_1^0 (1-t)^m t^n \mathrm{d}t = \int_0^1 (1-t)^m t^n \mathrm{d}t = \int_0^1 (1-x)^m x^n \mathrm{d}x.$$

7. $s = 10.5 \int_0^t \sqrt{t} \mathrm{d}t.$

8. $S = 2, V = 3\dfrac{1}{15}\pi.$

9. 底为 2, 腰长为 3.

10. $\dfrac{1}{100}$ 亿元.

习 题 6.1

1. (1).

2. (1) $F(1)$; (2) $1-F(2)$; (3) $F(5)-F(1)$; (4) $F(5)-F(1)+P\{X=1\}$.

习 题 6.2

1. X 的分布律为

X	0	1	2
概率 p	0.25	0.5	0.25

2. (1) X 的分布律为

X	1	2	3
概率 p	3/5	3/10	1/10

(2) $EX = 3/2, DX = 9/20.$

3. X 的分布律为 $P\{X=k\} = \dfrac{C_{45}^{5-k} C_5^k}{C_{50}^5}$ $(k = 0, 1, 2, \cdots, 5).$

4. $2/7.$

5. (1) $1/5$; (2) $3/5$; (3) $11/3, 14/9.$

6. 乙机床比甲机床生产质量好.

7. $66.43(分).$

9. $110, 100.$

习 题 6.3

1. (1) 0.25; (2) $1/3, 1/18.$

2. (1) 2; (2) $2/3, 1/18.$

3. (1) $e^{-0.5}$; (2) 2000 h.

4. (1) $1/3$; (2) 7 点 15 分; (3) EX 在此说明乘客到达车站的期望时刻.

6. (1) 0.125; (2) $0, 1/6.$

7. 0，1.

<h2 style="text-align:center">习　题　6.4</h2>

1. (1) 0.9861；　(2) 0.0392；　(3) 0.9876.

2. (1) 0.7257；　(2) 0.8944；　(3) 0.6170.

3. (1) 0.6826；　(2) 0.9544；　(3) 0.9974.

4. 436.

5. 该生计算机成绩相对好些.

6. 允许标准差 σ 的最大值为 31 h.

<h2 style="text-align:center">总习题 6</h2>

(A)

1. (1) D；　(2) C；　(3) D；　(4) A；　(5) D；　(6) B.

2. (1) 7/12；　(2) 1.

3.

X	0	1	2	3
概率 p	7/24	21/40	7/40	1/120

4. 1，1/6.

5. (1) $e^{-\frac{2}{3}}$；　(2) $1-e^{-4}$.

6. (1) 0.6；　(2) 132 000 元.

7. 玻璃底片测量效果好些.

(B)

1. (1) D；　(2) A；　(3) B；　(4) C；　(5) B；　(6) C.

2. (1) 3/16；　(2) 0，12/5；　(3) 1.

3. (1) 1/3；　(2) 1/16.

4. (1) $P\{X=k\}=\dfrac{4}{5^k}$ $(k=1,2,\cdots)$；　(2) $\dfrac{1}{45}$.

5. (1) 0.1587；　(2) 0.8190.

6. (1) 0；　(2) 0.5，0.0048.

7. 0.1056.

<h2 style="text-align:center">习　题　7</h2>

3. 105.11，3.1127，9.2，29.6%.

5. (3) 均值、方差、标准差分别为 8400，1 942 108，1394；　(4) 极差为 7100，四分位极差为 1800.

6. 年龄变异程度大.

7. 存款、国债和证券投资的平均收益为 2.68，3.87，4.13，方差为 0.54，0.91，13.03，标准差为 0.74，0.95，3.61. 存款收益稳定.

附录 标准正态分布函数数值表

$$\Phi(x) = \int_{-\infty}^{x} \frac{1}{\sqrt{2\pi}} e^{-\frac{t^2}{2}} \, dx$$

x	0.00	0.01	0.02	0.03	0.04	0.05	0.06	0.07	0.08	0.09
0.0	0.5000	0.5040	0.5080	0.5120	0.5160	0.5199	0.5239	0.5279	0.5319	0.5359
0.1	0.5398	0.5438	0.5478	0.5517	0.5557	0.5596	0.5636	0.5675	0.5714	0.5753
0.2	0.5793	0.5832	0.5871	0.5910	0.5948	0.5987	0.6026	0.6064	0.6103	0.6141
0.3	0.6179	0.6217	0.6255	0.6293	0.6331	0.6368	0.6406	0.6443	0.6480	0.6517
0.4	0.6554	0.6591	0.6628	0.6664	0.6700	0.6736	0.6772	0.6808	0.6844	0.6879
0.5	0.6915	0.6950	0.6985	0.7019	0.7054	0.7088	0.7123	0.7157	0.7190	0.7224
0.6	0.7257	0.7291	0.7324	0.7357	0.7389	0.7422	0.7454	0.7486	0.7517	0.7549
0.7	0.7580	0.7611	0.7642	0.7673	0.7703	0.7734	0.7764	0.7794	0.7823	0.7852
0.8	0.7881	0.7910	0.7939	0.7967	0.7995	0.8023	0.8051	0.8078	0.8106	0.8133
0.9	0.8159	0.8186	0.8212	0.8238	0.8264	0.8289	0.8315	0.8340	0.8365	0.8389
1.0	0.8413	0.8438	0.8461	0.8485	0.8508	0.8531	0.8554	0.8577	0.8599	0.8621
1.1	0.8643	0.8665	0.8686	0.8708	0.8729	0.8749	0.8770	0.8790	0.8810	0.8830
1.2	0.8849	0.8869	0.8888	0.8907	0.8925	0.8944	0.8962	0.8980	0.8997	0.9015
1.3	0.9032	0.9049	0.9066	0.9082	0.9099	0.9115	0.9131	0.9147	0.9162	0.9177
1.4	0.9192	0.9207	0.9222	0.9236	0.9251	0.9265	0.9278	0.9292	0.9306	0.9319
1.5	0.9332	0.9345	0.9357	0.9370	0.9382	0.9394	0.9406	0.9418	0.9430	0.9441
1.6	0.9452	0.9463	0.9474	0.9484	0.9495	0.9505	0.9515	0.9525	0.9535	0.9545
1.7	0.9554	0.9564	0.9573	0.9582	0.9591	0.9599	0.9608	0.9616	0.9625	0.9633
1.8	0.9641	0.9648	0.9656	0.9664	0.9671	0.9678	0.9686	0.9693	0.9700	0.9706
1.9	0.9713	0.9719	0.9726	0.9732	0.9738	0.9744	0.9750	0.9756	0.9762	0.9767
2.0	0.9772	0.9778	0.9783	0.9788	0.9793	0.9798	0.9803	0.9808	0.9812	0.9817
2.1	0.9821	0.9826	0.9830	0.9834	0.9838	0.9842	0.9846	0.9850	0.9854	0.9857
2.2	0.9861	0.9864	0.9868	0.9871	0.9874	0.9878	0.9881	0.9884	0.9887	0.9890
2.3	0.9893	0.9896	0.9898	0.9901	0.9904	0.9906	0.9909	0.9911	0.9913	0.9916
2.4	0.9918	0.9920	0.9922	0.9925	0.9927	0.9929	0.9931	0.9932	0.9934	0.9936
2.5	0.9938	0.9940	0.9941	0.9943	0.9945	0.9946	0.9948	0.9949	0.9951	0.9952
2.6	0.9953	0.9955	0.9956	0.9957	0.9959	0.9960	0.9961	0.9962	0.9963	0.9964
2.7	0.9965	0.9966	0.9967	0.9968	0.9969	0.9970	0.9971	0.9972	0.9973	0.9974
2.8	0.9974	0.9975	0.9976	0.9977	0.9977	0.9978	0.9979	0.9979	0.9980	0.9981
2.9	0.9981	0.9982	0.9982	0.9983	0.9984	0.9984	0.9985	0.9985	0.9986	0.9986
3.0	0.9987	0.9990	0.9993	0.9995	0.9997	0.9998	0.9998	0.9999	0.9999	1.0000

注:本表最后一行自左至右依次是 $\Phi(3.0)$,…,$\Phi(3.9)$的值.

参考文献

华东师范大学数学系. 2006. 数学分析. 第 3 版. 北京:高等教育出版社.

华中科技大学数学系. 2004. 概率论与数理统计. 第 2 版. 北京:高等教育出版社.

卢介景. 数学史海览胜. Http://www. ikepu. com/book/ljj/maths_history_impressions_total. htm[2012 - 2 - 12].

钱小军. 2000. 数量方法. 北京:高等教育出版社.

吴赣昌. 2006. 微积分. 第 3 版. 北京:中国人民大学出版社.

谢季坚,李启文. 2009. 大学数学——微积分及其在生命科学、经济管理中的应用. 第 3 版. 北京:高等教育出版社.

姚孟臣. 2010. 大学文科高等数学. 第 2 版. 北京:高等教育出版社.

佚名. 2011. 数学历史发展的五个阶段. Http://xueke. maboshi. net/sx/sxgj/sxsh/shsl/62679. html[2012 - 2 - 12].

余家林,朱倩军. 2009. 大学数学——概率论及试验统计. 第 3 版. 北京:高等教育出版社.

周明儒. 2009. 文科高等数学基础教程. 第 2 版. 北京:高等教育出版社.

Tan S T. 2004. 应用微积分——管理、生命科学及社会科学专业适用. 第 5 版(英文版影印本). 北京:机械工业出版社.